微小型仿生机器鼠设计与控制

Design and Control of
a Miniature Biomimetic Robotic Rat

石青　李昌　著

北京理工大学出版社
BEIJING INSTITUTE OF TECHNOLOGY PRESS

内容简介

本书围绕微小型仿生机器鼠的系统设计与运动控制，结合仿生技术和智能控制方法，对仿生机器鼠的研制过程和运动行为控制进行了系统阐述，全书共7章，主要包括三部分内容：第1章和第2章，针对仿生机器鼠研究必要性和思路，重点阐述了机器鼠的研究意义和应用价值，动物运动的驱动结构和原理，生物感知与行为分析；第3章至第5章，从仿生学角度出发，全面阐述机器鼠结构、感知设计与灵巧运动控制，内容涉及微小型仿生机器鼠的系统设计与先进加工方法；第6章和第7章，重点阐述机器鼠的行为动物化表达及与实验鼠的行为仿生交互。书中重点突出了动物在仿生机器人设计与控制中的应用价值，实现了机器人学、动物行为学、仿生学的深度融合，创新性强，对仿生机器人前沿研究具有较强的参考价值与实践指导意义。

本书可作为普通高等院校机械、自动化、机电工程等相关专业研究生及高年级本科生的教材，也可作为致力于机器人研究的科研人员和技术工作者了解模拟动物机器人基础知识及关键技术的参考资料。

图书在版编目（CIP）数据

微小型仿生机器鼠设计与控制/石青，李昌著．—北京：北京理工大学出版社，2019.12

ISBN 978-7-5682-8033-4

Ⅰ.①微…　Ⅱ.①石…②李…　Ⅲ.①超小型机器人-仿生机器人-设计②超小型机器人-仿生机器人-机器人控制　Ⅳ.①TP242

中国版本图书馆CIP数据核字（2019）第292720号

出版发行／北京理工大学出版社有限责任公司
社　　址／北京市海淀区中关村南大街5号
邮　　编／100081
电　　话／（010）68914775（总编室）
（010）82562903（教材售后服务热线）
（010）68948351（其他图书服务热线）
网　　址／http：//www.bitpress.com.cn
经　　销／全国各地新华书店
印　　刷／保定市中画美凯印刷有限公司
开　　本／710毫米×1000毫米　1/16
印　　张／15.5
彩　　插／10
字　　数／267千字
版　　次／2019年12月第1版　2019年12月第1次印刷
定　　价／78.00元

责任编辑／孙　澍
文案编辑／孙　澍
责任校对／周瑞红
责任印制／王美丽

图书出现印装质量问题，请拨打售后服务热线，本社负责调换

前　言

利用动物行为和动作规律研究仿生机器人是国际前沿热点，也是我国科技战略的重要方向。仿生机器人是仿生学的技术综合和重要应用，也是仿生学与机器人领域结合的产物。丰富多彩的动物界一直以来就是科学创新的重要源泉，为仿生机器人的研究提供了源源不断的新思路，于是模拟各种动物的仿生机器人不断涌现。

鼠类具有体型小巧灵活、运动姿态多样、多重灵敏感知等特性，为仿生机器人结构设计和控制研究提供新思路和新方法，具备很好的研究价值。研制体积小、质量轻、隐蔽性强的仿生机器鼠，可以担任狭窄空间检测、军事侦察等重要任务，应用前景广阔。同时，实验鼠是动物行为、神经科学等生物医学最主要的实验对象，目前在所有实验动物中使用比例最高。但是由于实验鼠的行为可控性和复制性较低，很难按照预定的模式产生相应的行为反应，通过研制高仿生机器鼠可以减少动物之间的不确定性，并且能提高交互过程中实验动物行为的可控性与再现性，在生物医学领域具有重要意义。基于上述原因，20世纪90年代日本早稻田大学通过研制微小型移动机器人探究实验鼠的行为规律，拉开了仿生机器鼠研究的序幕。世界多个研究机构及大专院校纷纷加入仿生机器鼠的研究队伍中，推动这个领域快速发展。

本书主要基于作者及其科研团队在微小型仿生机器鼠方面10多年的理论与技术积累，围绕行为仿生机理、执行感知单元及仿生交互等核心问题，介绍了机器鼠仿生结构、仿生感知单元、运动控制及行为交互等方面的创新性研究成果。从基本概念、基础理论、研究方法、研究方案和实验验证等方面，开展微小型仿生机器鼠的设计与控制方面的基础理论和关键技术的系统论述。书中部分内容是已经公开发表的学术论文，部分内容则是作者对微小型仿生机器鼠技术的深度思考和见解。

全书分为 7 章，第 1 章是绪论，主要介绍了微小型仿生机器人的基本概念和研究意义，并概括了仿生机器鼠的发展历程及国内外研究现状；第 2 章通过分析动物运动的驱动结构和原理、生物感知与行为，给出了仿生机器鼠研究的基本方法和思路；第 3 章以机器鼠仿生结构设计为出发点，详细介绍了腰部、腿足等关键部位的设计、加工及组装；第 4 章阐述了机器鼠的仿生感知模块设计，包括视觉感知、微纤毛触觉感知、听觉反馈感知系统等；第 5 章主要研究机器鼠的仿生运动控制，阐述了轮式机器鼠的俯仰和偏航控制及足式机器鼠的步态控制；第 6 章重点研究了机器鼠的自主行为控制，给出了机器鼠仿生转向控制、虚拟阻抗模型控制及基于双目视觉的行为控制方法；第 7 章聚焦于机器鼠与实验鼠的行为交互研究，先后实现了机器鼠 - 实验鼠行为交互及机器鼠 - 多实验鼠行为交互的实验验证。

本书主要由石青、李昌撰写。科研团队的同事、博士生及硕士生参与了部分章节的资料整理工作，特别感谢高子航、贾广禄、魏子厚、麻孟超、王圣杰、高俊辉、陈勰、邹明杰、郝熠等。本书的编写与出版得到国家自然科学基金（61773058，61627808）、国家重点研发计划（2017YFE0117000）的资助，在此表示衷心的感谢。此外，感谢参加了项目研究的所有人员。

由于作者水平有限，时间仓促，书中难免存在疏漏及不妥之处，敬请广大读者和专家不吝指教。

作　者

2019 年 10 月

目　录

第1章

绪　论

仿生机器人是一种模仿生物的结构、形貌及运动特性的机器人，相比其他类型机器人，仿生机器人具备很多优越性能。近年来，随着对生物结构以及运动模式研究的不断深入，各种模拟生物的仿生机器人不断涌现。本章首先从仿生机器人研究概况入手，然后分别对微小型仿生机器人及仿生机器鼠进行总结，分析仿生机器人的最新研究动态。

1.1 仿生机器人研究概述

自然界的生物为科学家们提供了源源不断的解决问题的新方法和思路。作为连接生物与技术的桥梁，20 世纪 60 年代美国斯蒂尔提出了“仿生学（Bionics)”这一专门术语，从此之后，仿生学作为一门独立的学科逐渐被大家接受。仿生学是研究生物系统的结构、性状、原理、行为，为工程技术提供新的设计思想、工作原理和系统构成的技术科学，是一门包括生命科学、物质科学、数学、力学、信息科学、工程技术及系统科学等多学科融合的交叉学科[1]。仿生机器人，即模仿生物的结构、形貌及运动特性等设计的性能优越的机电系统，是仿生学的技术综合和重要应用，也是仿生学与机器人领域应用需求的产物[2]。经过亿万年进化的动物界，为仿生机器人研究提供了新方法和途径，因此近年来模拟各种动物的仿生机器人不断涌现。总的来说，国内外研究人员主要从仿生结构、感知、运动控制等几个方面开展相关的研究。

一、仿生结构设计

生物体的精巧结构、运动原理和行为方式成为机器人良好的模仿对象。研究人员已经将具备高度灵活性和柔性的仿生机构应用到各类仿生机器人上。

国外，如美国哈佛大学的 Wehner 等人研制出全柔性、全自动小型章鱼机器人 Octobot[3]，该机器人通过 3D 打印、塑形及软蚀刻技术制作而成，更为有意思的是，该机器人不需要电池，而是通过自带燃料实现动力供给。美国伊利诺伊大学香槟分校的 Ramezani 等人通过学习和研究蝙蝠的形貌特征和扑翼结构研制出超轻蝙蝠机器人 BatBot，可以模拟蝙蝠飞行时翅膀的复杂动作，实现空中飞行和转弯，具备与蝙蝠媲美的敏捷性和机动性[4]。说起腿足型仿生机器人，享誉世界的美国波士顿动力公司，研制出当今世界上动态性能最强大的仿动物四足机器人，如 Bigdog[5] 和 WildCat[6]，它们分别基于狗、猫等四足动物的腿足结构运动驱动方式，实现了在崎岖地形的平衡稳定行走、快速奔跑等，具备很强的复杂地形适应能力。

近年来，国内也掀起了仿生机器人的研究热潮，研制出了大量基于生物结构设计的先进仿生机器人。例如，北京航空航天大学的文力等人通过研究鲫鱼软体吸盘的仿生原理，研制出仿生软体吸盘水下机器人[7]；受尺蠖、树懒等生物结构的爬树原理启发，华南理工大学的江励等人研制出仿生攀爬机器人[8]；南京航空航天大学的阮鹏等人研制出的仿壁虎机器人[9]，能够很好地模拟壁虎吸盘结构；中国科学院沈阳自动化研究所的叶长龙等人研制出的模仿蛇形结构的仿生机器人[10]。从结构上来说，这些仿生机器人与被模仿对象十分接近，并且也能再现部分功能。

二、仿生感知模拟

通过研究、学习、复制和再造生物系统的结构、功能、工作原理及控制机构，对生物体各种感知如视觉、听觉、触觉等部分功能进行模拟，研制出可以获取和处理信息的仿生传感器，为仿生机器人走向实际应用奠定了重要基础。

美国哈佛大学的 Duhamel 等人利用昆虫光流导航的特征研制出 33 mg 的微型视觉传感器，实现了机器蜜蜂稳定的飞行姿态调整和控制[11]；欧盟的科学家们通过深入研究鱼在水中感知水流特性，基于微机电系统（MEMS）加工研制出微型侧向水流感知器，使得该机器鱼能更加自然、平滑地在水中游动[12]；英国西英格兰大学、法国巴黎第六大学分别研制出模仿实验鼠的机器胡须用来感知周围环境，该触觉系统可以替代视觉系统的功能，在夜间或能见度很低的环境感知触须传感器有望实现精准地确定物体的位置、形状和结构，对物体做出快速而准确的判断，并建立周围环境的电子信息地图[13]；日本东京农工大学的 Ishida 等人研制出基于气体传感器的嗅觉机器人可用来检测环境中的气体浓度，通过将气体传感器安装在伸长臂上，可以使机器人一直在气味内部搜索气味源，同时结合风向信息提高嗅觉定位机器人的工作效率[14]。

在模拟生物传感器方面的研究，国内虽然处于初级阶段，但也取得了一些原创性成果，如北京航空航天大学的申文强等人根据昆虫的复眼感光结构研制出质量轻、灵敏度高的偏振光感知仿生传感器，数据输出精度高，可以在多种环境下稳定工作[15]；中国科学院合肥智能机械研究所的孙鑫等人综合利用材料力学、有限元分析、模式识别等科学方法，研制出基于力敏导电橡胶的三维仿生柔性触觉传感器，该传感器通过三维（3D）打印技术制作模具，降低了传感器样机的制造难度，可提高各个敏感单元均一性和准确性[16]；北京理工大学的石青等人研制出可用于多种移动机器人导航与定位的全方位视觉装置，实现了机器人对周边360°范围实时检测和感知[17]。

三、仿生运动控制

分析自然界中动物及人类的运动机理，为仿生机器人的运动实现提供了重要依据。根据模仿各类动物，仿生机器人可以实现如行走、奔跑、跳跃、爬行、蠕动、游动、飞行等各式各样的运动形式。

美国波士顿动力公司研制出当今世界上动力性能最强的双足机器人Atlas[18]，当前的版本能够轻巧地跑步前进，连贯地跳过障碍物，而且可以实现后空翻、单腿跳等连人类都不易实现的高难度动作，将机器人的动态性能发挥到极致；日本东京工业大学Hirose率领的科研团队在世界上第一次研制出蛇形机器人，该机器人以其多运动步态、能够适应复杂地形多变环境的特点，在危险地段或灾区搜救方面具备客观的应用前景[19]；瑞士洛桑联邦理工学院Karakasiliotis等人研制出含多关节的仿蝾螈机器人[20]，通过中央模式生成器控制各个模块，能够实现陆地灵巧爬行和水上敏捷游动两种运动模态，与真实蝾螈的两栖运动十分接近；德国Festo公司研制的模仿海鸥设计的飞行机器人SmartBird[21]，它的飞行方式不再是单纯地上下扑动翅膀，而是能够同时进行扭转运动，进一步提高了仿鸟机器人的灵活性及其在空气动力学方面的性能，在飞行方式上非常接近自然界中的鸟类。

近年来，国内仿生机器人运动控制实现了快速发展，代表性的有中国科学院自动化研究所喻俊志等人研制的高机动仿生机器鱼[22]，可以实现与真鱼接近的水中快速游动、翻转、跳跃等多种运动方式；山东大学、哈尔滨工业大学等研制的液压驱动四足仿生机器人[23,24]，具备四足行走、慢跑、爬坡等运动能力；近期浙江大学朱秋国等人研制出的“绝影”四足机器人[25]，具备灵敏的动作、快速的反应、极强的平衡能力，实现了我国四足机器人的巨大飞跃；北京理工大学石青等人最新研制出的仿生机器鼠，可以灵活地实现攀爬、扭转、抬升等与真实实验鼠类似的动作[26]。

1.2 微小型仿生机器人研究概述

1.2.1 微小型仿生机器人简介

微小型仿生机器人是仿生机器人领域中的一个重要研究方向，是综合应用微机电系统、多元信息融合和感知、计算机控制等先进技术，通过软硬件接口高密度集成为微小型机器人系统的机电一体化技术[27]。由于具有体积小、质量轻、功耗低、便于携带的特点，微小型仿生机器人可以通过投射、空投或人工释放的方式将其布置在工作区域，在生物医疗、狭窄空间检测、国防侦察等领域具有重要的应用前景。根据微小型仿生机器人在水陆空3种不同场景的应用，我们重点介绍水下机器人、飞行机器人及爬行机器人这三类的国内外研究现状。

1.2.2 国内外研究现状

一、微小型水下仿生机器人

基于仿生学原理通过模仿生物的游动方式，产生高效率推进的微小型水下仿生机器人，在液体管道检测和医疗诊断等方面有着重大的实用价值，近年来受到各国的广泛关注[28,29]。

2016年，瑞士洛桑联邦理工学院的Bonnet等人研制出一种微型机器鱼诱饵[30]（图1-1（a））用于与活鱼直接进行水下相互作用，该机器鱼长度为7.5 cm，具备与斑马鱼相同的尺寸比，这种新的机器鱼设计有望成为鱼-机器人相互作用领域的领进者；2018年，美国麻省理工学院的Katzschmann等人成功研制了一条摆尾前进的柔性仿生机器鱼[31]（图1-1（b），外形尺寸为4.7 cm×2.3 cm×1.8 cm，质量1.6 kg，续航时间40 min），可由潜水员无线遥控操作，近距离观察海洋生物，可以0.9～1.4 Hz的频率交替向鱼尾两侧注入机油实现摆尾，驱动鱼前进，还可改变两侧注油比例，实现机器鱼转向和调头。

如1.1节所介绍的，北京航空航天大学通过研究鲫鱼软体吸盘的仿生学原理，利用3D打印研制出了仿生鲫鱼软体吸盘机器人[7]（图1-1（c）），圆盘原型长12.7 cm，宽7.2 cm，质量129 g，该机器人可实现类似鲫鱼的游动、吸附、脱离等动作，不但从生物力学角度揭示了鲫鱼的吸附机制，同时为未来的低功耗水下仿生软体机器人、水下吸附装置提供了新的思路；同年，浙江大学的李铁风等人研制出一种软体机器鱼[32]（图1-1（d）），该仿生机器鱼体长9.3 cm，质量90 g，外形与鳐鱼类似。该仿生鱼不含任何电机，仅由一个由介电弹性体和离子导电水凝胶制成的柔软电活性结构驱动，游动速度可达6.4 cm/s。

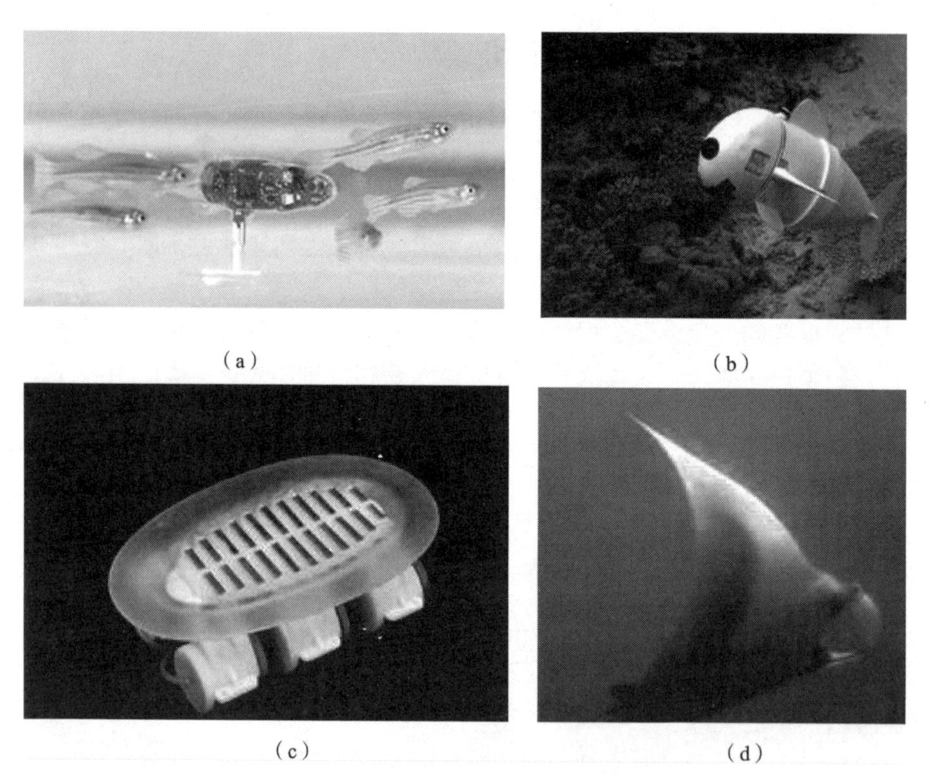

（a）　（b）　（c）　（d）

图1-1　国内外代表性微型水下仿生机器人

（a）瑞士洛桑联邦理工学院研制的微型机器鱼诱饵；（b）美国麻省理工学院研制的柔性仿生机器鱼；（c）北京航空航天大学研制的仿生鮣鱼软体吸盘机器人；（d）浙江大学研制的软体机器鱼

二、微小型仿生飞行机器人

随着对生物飞行机理的深入研究，以及在微机电系统设计制造、空气动力学、仿生学、微型传感器、微型控制器和新型材料方面的研究不断取得新成果，微小型仿生飞行机器人的发展也随之进入黄金期。微小型仿生飞行机器人因便携、易操作、机动灵活、隐蔽性好、制造成本低，在军用领域和民用领域都具有广阔的应用前景[33]。

如1.1节所介绍，美国伊利诺伊大学香槟分校的研究人员合作研制成了一个可高保真模仿蝙蝠飞行机理的仿生蝙蝠机器人 BatBot[4]（图 1-2（a））。该机器人含一种超薄（56 μm）的硅基薄膜来模拟蝙蝠的翅膀，质量仅为 93 g，形状类似蝙蝠，翼展约 30 cm，能够在翅膀拍打时通过其肩部、肘部、腕部和腿部的弯曲、伸展、扭转来改变机翼形状。哈佛大学的 Chen 等人研制出仿生蜜蜂机器人 RoboBee[34]，如图 1-2（b）所示，与硬币大小相当，质量只有 175 mg，可以在空中飞行，也可以潜入水中，并可实现在两种介质中移动速度的平滑过渡。

西安爱生公司研制生产了 ASN-211 微型扑翼飞行器[35]，总质量为 220 g，如图 1-2（c）所示。该微型仿生飞行器具有体积小、隐蔽性好、质量小、携带方便、操作简单等特点，具有自主起飞和自主巡航的能力，可用于近距离地空侦查。西北工业大学研发的仿生飞行机器人“信鸽”[36]（图 1-2（d）），质量为 200 g，整个翅膀的长度约为 0.5 m，飞行的速度最快可达 40 km/h，巡航时间最长为 0.5 h，上面装有高清的摄像头、定位天线、飞行控制程序和卫星通信数据链，利用这些硬件设备，该飞行机器人可以把拍摄到的情况实时传回基地。

图 1-2 国内外代表性微型仿生飞行机器人

（a）仿生蝙蝠机器人 BatBot；（b）仿生蜜蜂机器人 RoboBee；
（c）微型扑翼飞行器 ASN-211；（d）仿生飞行机器人“信鸽”

三、微小型仿生爬行机器人

仿生爬行机器人多采用类似生物的腿式机构进行运动，根据研究目的不同，也可以采用轮式或吸盘等方式驱动，并且研究一种具有小型化、低功耗、可无缆工作、对各种结构适应性强等特点的微小型仿生爬行机器人一直以来都是科学研究和工程研究工作不断积极探索的目标，在建筑物检测、壁面清洗、管道维护、极限环境侦测、灾害救援等领域有着广阔的应用前景。

德国 Festo 公司近期发布了仿蚂蚁机器人 BionicANT[37]（图 1 - 3（a））。该机器人体长 13.5 cm，质量 105 g，硬件系统的大部分配件含电路部分均为 3D 打印而成。该机器人有望实现与真实蚂蚁一样的自主操作，协同完成各种任务。美国哈佛大学研制出了 HAMR 系列仿蟑螂机器人[38]（图 1 - 3（b））。该微型机器人尺寸为 1 美分硬币大小，质量为 1.48 g。该机器人的行走通过静电力吸附实现，使用聚酰亚胺制作的绝缘圆形焊盘，在焊盘上贴上铜电极，通

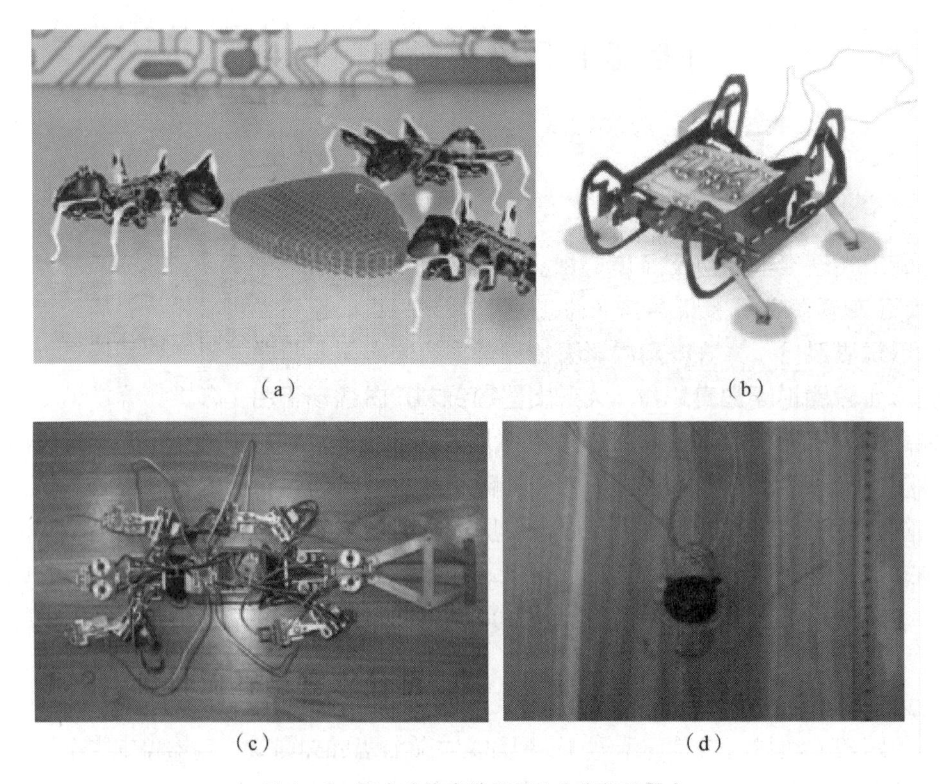

图 1 - 3　国内外代表性微型仿生爬行机器人

（a）仿蚂蚁机器人 BionicANT；（b）仿蟑螂机器人；
（c）仿壁虎机器人 IBSS - Ⅲ；（d）仿尺蠖软体机器人

电时就能在焊盘上形成导电层，进而与机器部件表面产生静电力，通过通电断电就能实现行走的效果。该机器人在检修大型机器内部故障方面有着重要的应用价值。

南京航空航天大学研究人员通过使用高速相机拍摄并分析壁虎运动体态及步态后，研制出了仿壁虎机器人 IBSS－Ⅲ[39]（图1－3（c））。该机器人足底安装了力传感器，当足部与墙面接触或脱离时，可以将信号反馈到机器人控制系统中，以实现主动脱附与吸附的实时控制。上海交通大学研制的软体机器人[40]（图1－3（d）），运动模式类似尺蠖，总质量只有2 g，身长为85 mm，主要由介电弹性体人工肌肉和静电吸附脚掌构成。该机器人最主要的功能是爬壁运动，通过介电弹性体人工肌肉和静电吸附脚掌的协同控制来实现。

1.3 仿生机器鼠简介

1.3.1 仿生机器鼠研究的意义

如前所述，利用动物行为和动作规律研究仿生机器人是国际前沿热点，也是我国科技战略的重要方向。鼠类具有体型小巧灵活、运动姿态多样、多重灵敏感知等特性[41]，可为仿生机器人结构设计和控制研究提供新思路和新方法，具备很好的研究价值。体积小、质量轻、隐蔽性强的仿生机器鼠，可以担任狭窄空间检测、军事侦察等重要任务，应用前景广阔。同时，实验鼠是动物行为、神经科学等生物医学最主要的实验对象[42－44]，当今所有的实验动物中，使用实验鼠的比例近80%。在动物行为学研究中，实验鼠经常作为实验对象进行社会性互动实验，由于实验鼠行为可控性和复制性较低，很难按照预定的模式产生相应的行为反应。仿生机器鼠的出现，可以减少动物之间的不确定性，并且能提高交互过程中实验动物行为的可控性与再现性，此外还便于长时间自动进行大量的无须人工介入的实验，在生物医学方面具有重要意义。

为此，本书以实验鼠作为仿生对象，围绕仿生建模、优化与评估，仿生微感知单元，机器鼠－动物仿生交互建模与评估进行介绍，致力于解决仿生机器人在实际应用中面临的行为能力弱、交互建模难等核心问题，具有重要的科学意义和学术价值。

1.3.2 国内外的研究现状

国内虽然在仿生机器人的研究方面较为广泛，但关于仿生机器鼠的研究较少。东北大学曾经进行过仿生机器鼠的研究[45]，制作了如图1-4（a）所示的机器鼠，但该机器鼠自由度仅有4个，类似于一个小车模型，只能实现行走、转弯等基本功能，而且外形上与实验鼠相差较远。哈尔滨工程大学基于鼹鼠的挖掘功能，制造出一种可以在三维进行挖掘的仿鼹鼠挖掘机器人[46]，如图1-4（b）所示，但是此机器鼠不仅外形不像真实的鼠类，而且只能完成前进、转弯和挖掘功能，并不能完成较为复杂的动作（如直立、理毛等动作）。

（a）

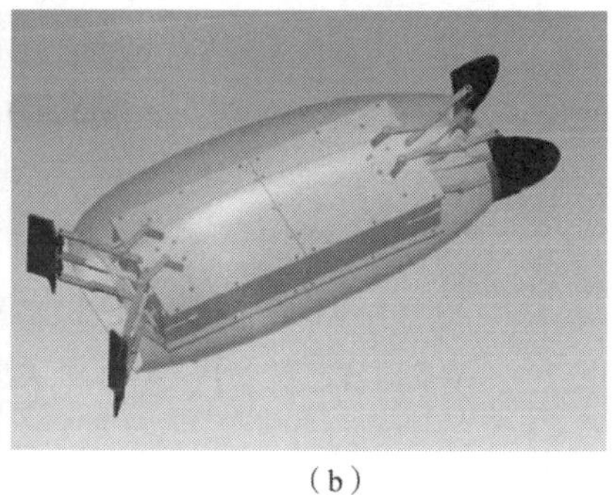
（b）

图1-4　国内代表性仿生机器鼠

（a）东北大学研制的机器鼠；（b）哈尔滨工程大学研制的仿鼹鼠挖掘机器人

国际上对于仿生机器鼠研究已经较为成熟，如美国加利福尼亚大学的Bish等人为了探究幼鼠神经行为准则研制出一种仿幼鼠机器人[47]，如图1-5（a）所示，通过建立数学模型，将动物幼鼠的感知行为复现在该机器人上。澳大利亚昆士兰大学的Wiles等人研制出与实验鼠体型大小相当，实现小范围地自主移动并能与实验鼠进行简单交互的机器鼠iRat[48]（图1-5（b））和PiRat[49]（图1-5（c））。墨西哥韦拉克鲁斯大学利用e-puck移动机器人[50]（图1-6），实现围绕一个目标移动、跟随和接近实验鼠等简单运动。法国皮埃尔玛丽居里大学研制出的大型仿生机器鼠Psikharpax[13,51]（图1-7），不仅

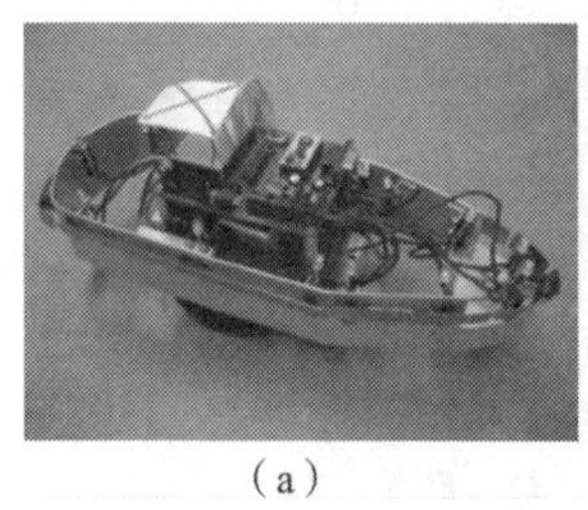
（a）

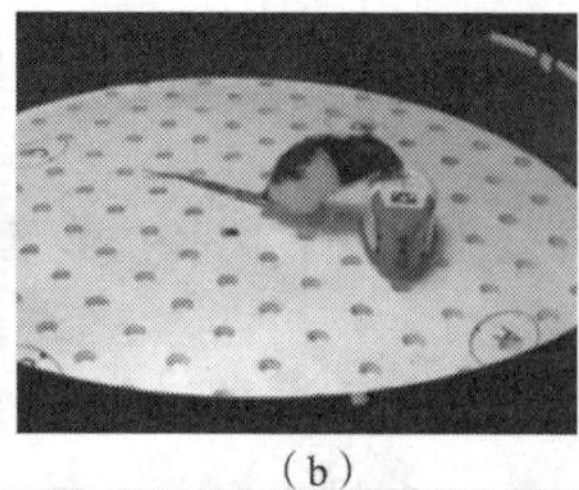
（b）

（c）

图1-5　国外代表性仿生机器鼠

（a）美国研制出的仿幼鼠机器人；（b）澳大利亚研制出的机器鼠iRat；

（c）澳大利亚研制出的机器鼠PiRat

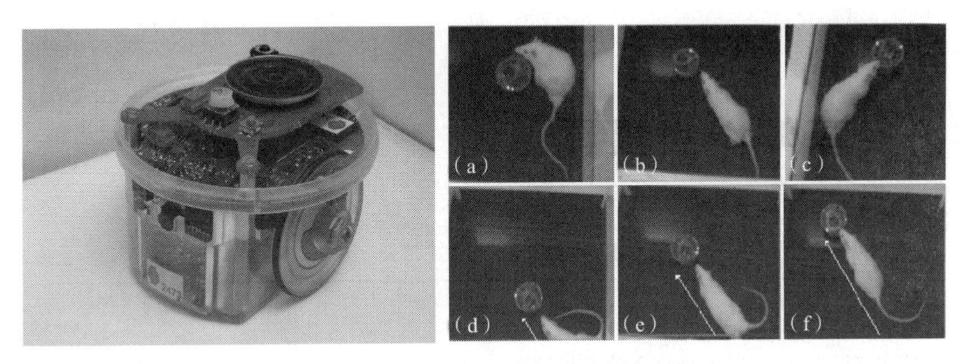

图1－6 e－puck移动机器人及其与实验鼠交互

图1－7 含触须功能的Psikharpax机器鼠

能够实现行走动作，而且通过胡须传感器能够实现识别目标以及导航的功能。但是，以上这些机器鼠都存在着同样的问题，即自由度比较少，一般只能够行走移动，并不能逼真地模仿实验鼠的典型动作（如直立、攀压、理毛等），因此与实验鼠的交互效果并不能满足实验要求。

20世纪90年代，日本早稻田大学高西淳夫教授进行了世界上最早尝试将小型移动机器人与实验鼠进行交互的实验[52,53]。之后，该课题组成员（含本书作者）通过与动物心理学家和动物行为学家合作，研制出当今先进水平的WR系列仿生机器鼠（图1－8）。该系列的机器人主要性能参数如表1－1所示，通过与实验鼠进行交互，用于研究动物行为学[54－57]。WR－1机器鼠虽然实现了腿足结构，但体型较大，质量达1 150 g，约为成年实验鼠的3倍，而且运动速度缓慢；WR－2机器鼠实现了与实验鼠体型相当的结构，但是运动稳定性不够。为了克服上述腿足型机器鼠设计的难题，WR－3和WR－4两种机器鼠均采用腿足－轮式混合驱动方式，通过后轮驱动的方式可以实现快速移动，前肢则可以完成局部抓取及嗅探和理毛动作。在此基础上，最新研制出的WR－5机器鼠，能够实现诸如直立、攀压、理毛和嗅探等多项动作[42]。但是，WR－5的前肢驱动电压过高，易烧坏驱动电路板，输出的机械直线位移

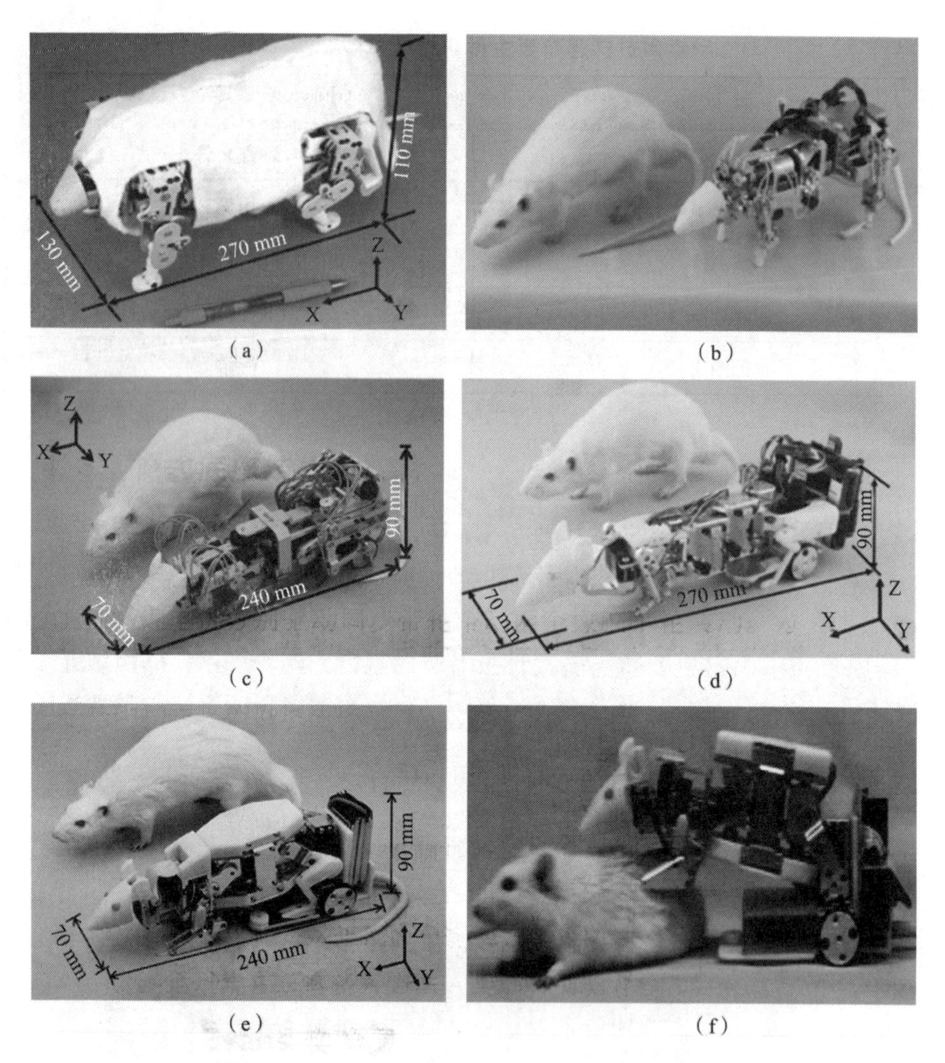

图 1－8　日本早稻田大学研制的 WR 系列仿生机器鼠

(a) WR－1；(b) WR－2；(c) WR－3；(d) WR－4；
(e) WR－5；(f) WR－5 与实验鼠交互

不能模拟实验鼠前肢的复杂运动，同时其腰部的运动空间小，并且质量和体积过大。

1.3.3　仿生机器鼠研究存在的问题及解决思路

本书主要基于作者及其研究团队在微小型仿生机器鼠方面 10 多年的理论与技术积累，介绍了在仿生机器人结构设计、微感知单元、运动控制及仿生行为交互方面的创新性研究成果。从基本概念、基础理论、研究方法、研究方案和实验验证等方面，开展了微小型仿生机器鼠的设计与控制方面的基础理论和关键技术的系统论述。具体地，本书将在表1－1所示的WR系列机器鼠基础上，详细介绍仿生结构、微感知单元、仿生运动控制及机器鼠－实验鼠行为交互方面的改进和最新研究成果。

表1－1 WR系列仿生机器鼠主要性能参数

机器鼠型号	尺寸（L×W×H）/mm	质量/g	移动方式	最大运动速度/(m·s^{-1})
WR－1	270×130×110	1 150	足式	0.02
WR－2	240×70×90	850	足式	0.03
WR－3	240×70×90	1 000	轮式	1
WR－4	270×70×90	850	轮式	1
WR－5	240×70×90	800	轮式	1

一、仿生结构设计

目前，仿生机器鼠的形态和运动空间与真实的实验鼠相差较远，部分机器鼠并没有从形态和结构上实现对实验鼠的模拟，仅仅是为了实现交互功能而进行设计的，类似一个可以在平面移动的小车模型。有些机器鼠虽然在形态和结构上实现了一定程度上的仿生，但在动作行为方面与实验鼠的灵活度相差甚远。例如，WR－2机器鼠采用腿足结构，这样克服了运动环境对轮式机器鼠的限制，但其腿部膝关节的驱动为金属丝绳驱动，该结构的弊端是金属丝具有较小的弹性，从而导致膝关节转动响应速度慢，同时金属丝与包裹其的树脂外层具有一定的摩擦，这会大大降低电机输出端的动能传递效率，导致运动缓慢且不稳定[54]。又如，WR－5机器鼠在前肢一共安装了6个超声波电机，导致该部分较为臃肿；同时，由于超声波电机的驱动电压高达36 V，比较容易烧坏电路板；更为重要的是，由于曲柄滑块结构的局限性，其输出的小范围机械直线运动远远比不上实验鼠灵活丰富的前肢运动[57]。另外，WR－5机器鼠的腰部存在有些臃肿，运动空间小的问题。

为解决上述问题，需要充分借鉴实验鼠的形态结构，在体型上更加小型化、质量上更加轻量化，外形上更加接近实验鼠，结构设计方面需要能够模拟实验鼠的典型动作，通过改进其前肢和腰部的机械结构，重新设计控制电路板，使得控制电路板和机械结构达到较好的融合，从形态上更加仿生的同时，运动空间明显增大，使其运动性能接近实验鼠，保证其能够实现与类似实验鼠一样的敏捷灵活动作。

二、微感知单元

随着机器人技术的快速发展与不断创新，国内外涌现出一系列微小型仿生机器人，为了完成某些功能，设计了一些微小型感知系统。但是，其中存在一些问题，如微动开关无法测量出接触力的大小，而且寿命短，接触位置受限。从仿生角度出发，受尺寸限制，当前比较容易在机器鼠身上安装的主要为视觉和触觉传感器。在视觉方面，单目摄像头虽然易于安装，但是单目视觉系统无法通过单张图像获取目标的深度信息和尺度信息，而且没有较好地遵循仿生学的研究思路；采用外置摄像头进行捕捉限制了机器鼠与实验鼠的交互运动范围，而且复杂的实验环境对目标的遮挡问题会影响识别与定位的精度。在触觉方面，对于仿生机器鼠来说，从仿生学角度考虑红外传感器虽然功能与实验鼠胡须类似，可以测量机器人与目标之间的距离，但是比胡须的功能还有差距（如形状识别，区分粗糙度等[58]）。总的来说，现有的胡须传感器尺寸普遍偏大，难以实现微小型系统集成和多元感知。

无论考虑到实际应用中机器鼠自身的定位控制，还是对周围环境的实时观测，都很有必要设计一套嵌入到机器鼠自身上的仿生感知系统。为了克服现有机器鼠无自身感知系统的问题，本书提出了设计新的微型双目视觉和微触须感知系统。双目视觉能够实现机器鼠对目标、障碍物等周围环境的感知及对自身的定位，触觉系统可以测出物体的纹理特征，而且可以在昏暗环境下感知，一定程度上补充视觉感知的不足，从而实现机器鼠在复杂环境中的智能自主控制，为其应用到狭窄空间检测和与真实动物进行交互提供感知能力。

三、仿生运动控制

部分机器鼠由于尺度限制缺乏足够的自由度，因此只能实现整体的移动和转动，不能实现丰富的局部动作，如俯仰和扭转等。部分机器鼠虽然具备较多的自由度，但是也带来了控制系统和方法方面的一些问题。一方面，由于多自由度带来的复杂控制电路使得整个控制电路板未能与机械结构融为一体，需要平衡整体形态学设计等多个因素；另一方面，电机的驱动电路存在一定缺陷，导致电机达不到快速响应、稳定运转的控制要求，输出的机器鼠动作仿生程度较低。同时，现有机器鼠的运动控制普遍缺乏对运动性能和仿生运动程度的相似性评价：一是缺乏仿鼠运动性能方面的评估参数；二是难以建立机器鼠与实验鼠的运动相似性量化评价模型。因此，不能得到与实验鼠运动的差异，也难以实现对仿生运动的自主修正和优化[26]。此外，对于腿足型仿生机器鼠的步态控制，目前比较常见的有建模法和生物控制方法，前者难以适应非结构环境，在运动规划中会出现解不唯一的问题，后者规划的足端轨迹线存在尖点，且固定适应性差。

针对上述问题，本书首先提出了一种遵循实验鼠运动规律的控制方法。首先，通过对实验鼠运动进行观察和分析，俯仰和偏航运动是实验鼠典型的运动，俯仰运动主要出现在实验鼠的攀压、直立、嗅探等系列动作中，偏航运动则在实验鼠的理毛、转身、嗅探等动作中经常出现。因此，基于机器鼠的运动学和动力学模型，对该两种类型分别进行建模和分析。其次，提出了一种可以定量评估仿鼠运动性能的静态和动态参数指标，建立机器鼠与实验鼠的仿生运动相似性评估模型，通过对机器鼠运动控制进行不断改进，以期实现对实验鼠仿生运动的高程度模拟。

四、机器鼠－实验鼠行为交互

为了模仿实验鼠的形态，机器鼠的自由度设置就需要进行简化，而这样很容易导致运动模式的机械化。因此，在有限尺度一定的自由度数下实现类似真实动物那样的快速、灵活和稳定运动是一个很大的挑战。由于现有的机器鼠大部分由于行为模式控制简单，模仿的动物行为种类也比较单一，所以与实验鼠进行交互的行为种类偏少，这样就比较难以达到替换实验鼠的研究目的。如果与多个实验鼠进行交互，即将机器鼠放置于多个实验鼠的场景中，机械鼠行为生成目的可看成是追随目标鼠且同时规避旁观者，这就是动态障碍回避的具体策略。在动态避撞控制的领域中，已经有很多先例。特别是有一些算法能够为一个小型移动机器人提供最优轨迹，其中包括势场法（PFM）[59]以及维诺图法（VDM）[60]。不过，PFM 法在多重动态避障中的计算成本非常高，从而导致严重的延迟。VDM 法执行起来非常迅速，但它并不适用于控制一只由多连杆组成的机器鼠。

本书针对有限尺度下简化自由度导致的运动弱化问题，在机器鼠稳定的前提下，通过优化关节角轨迹与运动时间，实现了机器鼠快速灵活稳定的行为动作。针对机器鼠与多个实验鼠交互的场景，将机器鼠各个关节简化为虚拟的弹簧－阻尼模型，即采用虚拟阻抗模型进行分析，有效避免了关节内部复杂作用力分析求解，准确地再现了实验鼠各种动作姿势。该控制方法使得机器鼠能够精准地模拟实验鼠理毛、嗅探等需要腰部及颈部弯曲动作的行为，为机器人行为动物化表达提供了新的思路。

参考文献

[1] 路甬祥. 仿生学的意义与发展［J］. 科学中国人，2004，(4)：22－24.

[2] 王国彪，陈殿生，陈科位，等. 仿生机器人研究现状与发展趋势［J］. 机械工程学报，2015，51（13）：27－44.

[3] Wehner M，Truby R L，Fitzgerald D J，et al. An integrated design and fabrication strategy for entirely soft，autonomous robots［J］. Nature，2016，536 (7617)：451－455.

[4] Ramezani A，Chung S J，Hutchinson S. A biomimetic robotic platform to study flight specializations of bats［J］. Science Robotics，2017，2（3）：eaal2505.

[5] Bostondynamics. BigDog［OL］.［2019－07－01］. https://www. bostondynamics. com/legacy.

[6] Bostondynamics. WildCat［OL］.［2019－07－01］. https://www. bostondynamics. com/legacy.

[7] Wang Y，Yang X，Chen Y，et al. A biorobotic adhesive disc for underwater hitchhiking inspired by the remora suckerfish［J］. Science Robotics，2017，2 (10)：8072.

[8] 江励，管贻生，蔡传武，等. 仿生攀爬机器人的步态分析［J］. 机械工程学报，2010，46（15）：17－22.

[9] 阮鹏，俞志伟，张昊，等. 基于 ADAMS 的仿壁虎机器人步态规划及仿真［J］. 机器人，2010，32（4）：499－504.

[10] 叶长龙，马书根，李斌，等. 三维蛇形机器人巡视者 II 的开发［J］. 机械工程学报，2009，45（5）：128－133.

[11] Pierre－Emile J，Duhamel C O P－A，Geoffrey L，et al. Biologically inspired optical－flow sensing for altitude control of flapping－wing microrobots［J］. IEEE/ASME Transactions on Mechatronics，2013，18（2）：556－568.

[12] Kruusmaa M，Paolo Fiorini，William Megill，et al. Filose for svenning：a flow sensing bioinspired robot［J］. IEEE Robotics & Automation Magazine，2014，21（3）：51－62.

[13] Caluwaerts K，Staffa M，N'guyen S，et al. A biologically inspired meta－control navigation system for the Psikharpax rat robot［J］. Bioinspiration & Biomi-

metics, 2012, 7 (2): 025009.

[14] Ishida H, Nakayama G, Nakamoto T, et al. Controlling a gas/odor plume – tracking robot based on transient responses of gas sensors [J]. IEEE Sensors Journal, 2005, 5 (3): 537 – 545.

[15] 申文强，周冠华，徐武健. 基于 FPGA 大气偏振光仿生传感器设计 [J]. 电子测量技术，2014, 37 (2): 100 – 104.

[16] 孙鑫. 新型柔性三维力触觉传感器结构设计与仿真 [D]. 北京：中国科学院大学，2013.

[17] Shi Q, Li C, Wang C, et al. Design and implementation of an omnidirectional vision system for robot perception [J]. Mechatronics, 2017, (41): 58 – 66.

[18] Bostondynamics. Atlas [OL]. [2019 – 07 – 06]. https://www. bostondynamics. com/atlas.

[19] Kousuke S, Atsushi N, Gen E, et al. Development of multi – wheeled snake – like rescue robots with active elastic trunk [C]//IEEE/RSJ International Conference on Intelligent Robots & Systems. IEEE, 2012.

[20] Karakasiliotis K, Thandiackal R, Melo K, et al. From cineradiography to biorobots: an approach for designing robots to emulate and study animal locomotion [J]. Journal of The Royal Society Interface, 2016, 13 (119): 20151089.

[21] Send W, Fischer M, Jebens K, et al. Artificial hinged – wing bird with active torsion and partially linear kinematics [C]//28th International Congress of the Aeronautical Sciences. 2012.

[22] 孙飞虎，喻俊志，徐德. 具有嵌入式视觉的仿生机器鱼头部的平稳性控制 [J]. 机器人，2015, 37 (2): 188 – 195.

[23] 李贻斌，李彬，荣学文，等. 液压驱动四足仿生机器人的结构设计和步态规划 [J]. 山东大学学报，2011, 41 (5): 32 – 37.

[24] 李满天，蒋振宇，郭伟，等. 四足仿生机器人单腿系统 [J]. 机器人，2014, 36 (1): 21 – 28.

[25] 浙江大学. “绝影”：浙大“智造”的千里马 [OL] [2019 – 07 – 06]. http: //zdxb. cuepa. cn/show_more. php?doc_id = 2454159.

[26] Shi Q, Li C, Li K, et al. A modified robotic rat to study rat – like pitch and yaw movements [J]. IEEE/ASME Transactions on Mechatronics, 2018, 23 (5): 2448 – 2458.

[27] 陈言言，丑武胜，黄荣瑛，等. 微小型仿生机器人远程监控平台的设计 [J]. 测控技术，2006, 25 (8): 14 – 16.

[28] 王扬威，王振龙，李健．微小型水下仿生机器人研究现状及发展趋势[J]．微特电机，2010，38（12）：66-69.
[29] 喻俊志，谭民，王硕．高机动仿生机器鱼设计与控制技术[M]．武汉：华中科技大学出版社，2018.
[30] Bonnet F, Kato Y, Halloy J, et al. Infiltrating the zebrafish swarm: design, implementation and experimental tests of a miniature robotic fish lure for fish-robot interaction studies [J]. Artificial Life and Robotics, 2016, 21 (3): 239-246.
[31] Katzschmann R K, Delpreto J, Maccurdy R, et al. Exploration of underwater life with an acoustically controlled soft robotic fish [J]. Science Robotics, 2018, 3 (16): eaar3449.
[32] Li T, Li G, Liang Y, et al. Fast-moving soft electronic fish [J]. Science Advances, 2017, 3 (4): e1602045.
[33] 张元开．当前小型仿生扑翼飞行机器人研究综述[J]．北方工业大学学报，2018，30（121（2））：66-75.
[34] Chen Y, Wang H, Helbling E F, et al. A biologically inspired, flapping-wing, hybrid aerial-aquatic microrobot [J]. Science Robotics, 2017, 2 (11): eaao5619.
[35] 西安爱生公司．中国爱生公司 ASN-211 微型扑翼飞行器形似飞蠓[OL]．[2019-07-06]．http://mil.news.sina.com.cn/2010-11-16/2212619388.html.
[36] 西北工业大学．真假难辨！中国新式机器鸽子能混入真鸽群实战意义重大[OL]．[2019-07-06]．http://mp.163.com/v2/article/detail/DQHLB6E60522TO5O.html.
[37] 费斯托公司．德国自动化公司费斯托发布仿生蚂蚁机器人[OL]．[2019-07-06]．https://www.gg-robot.com/asdisp2-65b095fb-52671-.html.
[38] Chen Y, Doshi N, Goldberg B, et al. Controllable water surface to underwater transition through electrowetting in a hybrid terrestrial-aquatic microrobot [J]. Nature Communications, 2018, 9 (1): 2495.
[39] 张昊．大壁虎运动行为研究及仿壁虎机器人研制[D]．南京：南京航空航天大学，2010.
[40] Gu G, Zou J, Zhao R, et al. Soft wall-climbing robots [J]. Science Robotics, 2018, 3 (25): eaat2874.
[41] Whishaw I Q, Dall V B, Kolb B. Chapter 8-analysis of behavior in laboratory

rats [M]//Suckow M A, Weisbroth S H, Franklin C L. The Laboratory Rat (Second Edition) . Burlington: Academic Press. 2006: 191 -218.

[42] File S E, Seth P. A review of 25 years of the social interaction test [J]. European Journal of Pharmacology, 2003, 463 (1 -3): 35 -53.

[43] Matthews Gillian A, Nieh Edward H, Vander Weele Caitlin M, et al. Dorsal raphe dopamine neurons represent the experience of social isolation [J]. Cell, 2016, 164 (4): 617 -631.

[44] Gunaydin Lisa A, Grosenick L, Finkelstein Joel C, et al. Natural neural projection dynamics underlying social behavior [J]. Cell, 2014, 157 (7): 1535 - 1551.

[45] 郭强. 仿生鼠机械系统设计与运动特性研究 [D]. 沈阳: 东北大学, 2010.

[46] 李艳杰. 仿鼹鼠挖掘机器人及运动特性研究 [D]. 哈尔滨: 哈尔滨工程大学, 2013.

[47] Bish R, Joshi S, Schank J, et al. Mathematical modeling and computer simulation of a robotic rat pup [J]. Mathematical and Computer Modelling, 2007, 45 (7 -8): 981 -1000.

[48] Wiles J, Heath S, Ball D, et al. Rat meets irat [C]//IEEE International Conference on Development & Learning & Epigenetic Robotics. IEEE, 2012.

[49] Heath S, Ramirez - Brinez C A, Arnold J, et al. Pirat: An autonomous framework for studying social behaviour in rats and robots [C]//IEEE/RSJ International Conference on Intelligent Robots and Systems (IROS). IEEE, 2018.

[50] Del Angel Ortiz R, Contreras C M, Guti Rrez - Garcia A G, et al. Social interaction test between a rat and a robot: A pilot study [J]. International Journal of Advanced Robotic Systems, 2016, 13 (1): 4.

[51] N'Guyen S, Pirim P, Meyer JA. Texture discrimination with artificial whiskers in the robot - rat psikharpax [J]. Communications in Computer & Information Science, 2010, 127: 252 -265.

[52] Takanishi A , Aoki T , Ito M , et al. Interaction between creature and robot: development of an experiment system for rat and rat robot interaction [C]// IEEE/RSJ International Conference on Intelligent Robots & Systems. IEEE, 1998.

[53] Aoki T, Wataabe T, Miwa H, et al. An animal psychological approach for personal robot design - interaction between a rat and a rat - robot [C]//IEEE/

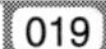

RSJ International Conference on Intelligent Robots and Systems. IEEE, 2000.

[54] Shi Q, Miyagishima S, Fumino S, et al. Development of a novel quadruped mobile robot for behavior analysis of rats [C]//IEEE/RSJ International Conference on Intelligent Robots and Systems. IEEE, 2010.

[55] Shi Q, Ishii H, Miyagishima S, et al. Development of a hybrid wheel – legged mobile robot wr – 3 designed for the behavior analysis of rats [J]. Advanced Robotics, 2011, 25 (18): 2255 – 2272.

[56] Shi Q, Ishii H, Kinoshita S, et al. A rat – like robot for interacting with real rats [J]. Robotica, 2013, 31 (8): 1337 – 1350.

[57] Shi Q, Ishii H, Sugahara Y, et al. Design and control of a biomimetic robotic rat for interaction with laboratory rats [J]. IEEE/ASME Transactions on Mechatronics, 2015, 20 (4): 1832 – 1842.

[58] Prescott T J, Pearson M J, Mitchinson B, et al. Whisking with robots [J]. IEEE Robotics & Automation Magazine, 2009, 16 (3): 42 – 50.

[59] Ferrara A, Rubagotti M. A dynamic obstacle avoidance strategy for a mobile robot based on sliding mode control [C]//IEEE Control Applications, (CCA) & Intelligent Control, (ISIC). IEEE, 2009.

[60] Garrido S, Moreno L, Abderrahim M, et al. Path planning for mobile robot navigation using voronoi diagram and fast marching [C]//IEEE/RSJ International Conference on Intelligent Robots & Systems, IEEE, 2006.

第2章

机器鼠生物学基础分析

仿生学是一门深度融合交叉的学科，不仅与机械、电子、控制、机器人等密切相关，还涉及动物学、行为学甚至心理学等学科。在进行仿生机器人设计之前，首先最关键的是要对所模仿生物的特定功能进行分析和研究。因此，在介绍仿生机器鼠之前，我们先了解一些实验鼠的生物学方面的基础知识和特性。

2.1 行为学研究中常见实验鼠品系及其应用

作为使用最多的实验动物模型[1]，实验鼠在数十年的人工杂交、选育过程中已经形成了复杂多样的、适用各类研究的实验鼠品系，部分品系树谱如图2－1所示。不同品系的实验鼠通常具有特定的研究用途，如SHR实验鼠通常用于研究高血压、心血管等疾病，而ACI实验鼠则常用于肿瘤研究。可用于行为学研究的实验鼠品系比较多，其中使用比较广泛的有Long－Evans实验鼠、Wistar实验鼠和SD实验鼠。

2.1.1 Long－Evans实验鼠

Long－Evans实验鼠是在1915—1920年由加利福尼亚大学两位教授Joseph A. Long（1879—1953年）和Herbert M. Evans（1882—1971年）为了研究实验鼠月经周期而培育的，采用野外捕捉的1只灰色雄性实验鼠（属于Norway实验鼠）与7只白色雌性Wistar实验鼠进行杂交繁殖，从而形成了新的品系实验鼠。

Long－Evans实验鼠除头部、四肢以及背部有黑色或棕色毛发以外，其余部位均呈现白色。该系实验鼠的主要特点：攻击性较弱，体型较小；视觉中枢神经元的双眼视觉较好，视网膜色素上皮层更接近人的视网膜结构。因此，Long－Evans实验鼠用于行为、认知和视觉方面的研究具有较好的优势，也可作为神经学、毒理学等一般性研究使用。Long－Evans实验鼠的外观和生长曲

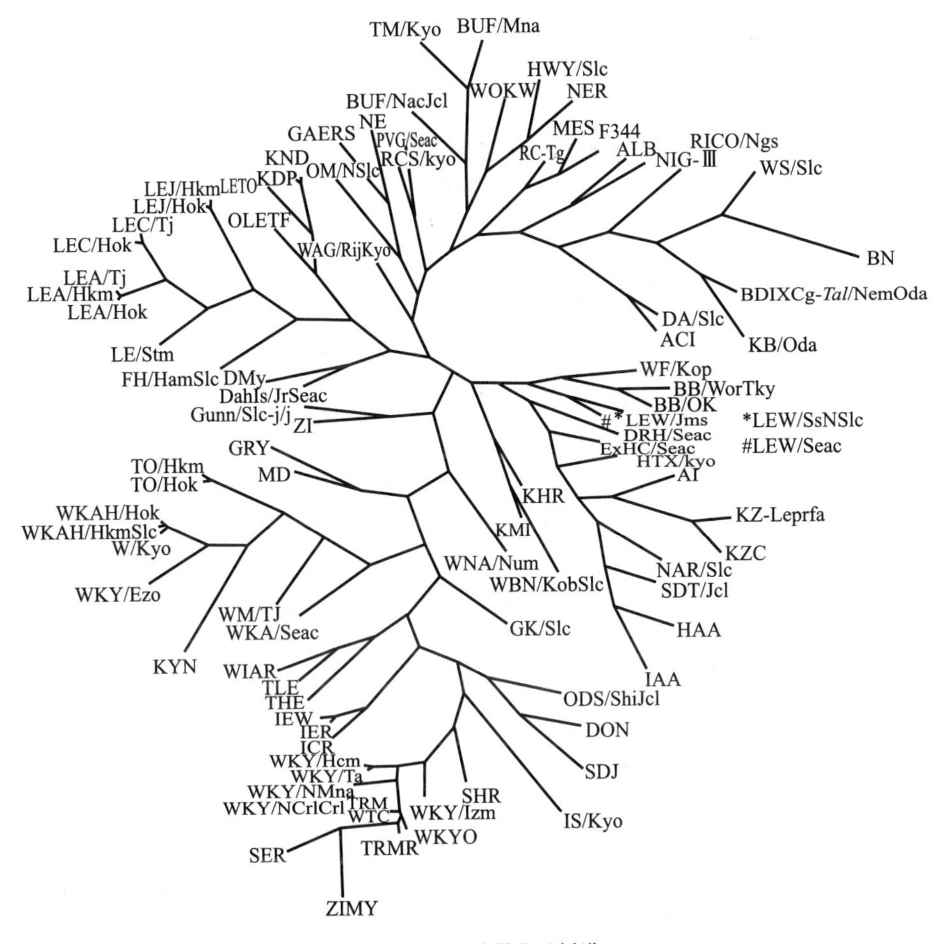

图 2-1　实验鼠品系树谱

（图片源自日本京都大学“国家生物资源计划（大鼠）” www. anim. med. kyoto-u. ac. jp/NBR/）

线如图 2-2（a）所示。

2.1.2　Wistar 实验鼠

Wistar 实验鼠是生物医学研究中最常使用的实验动物之一，它是由著名解剖学家、内科学家和教育家 Caspar Wistar 创建的 Wistar 研究所培育形成的。Wistar 实验鼠诞生的时间较长，在其诞生期间和诞生后，采用 Wistar 实验鼠又相继开发出了其他多种品系实验鼠（如 SD 实验鼠、SHR 实验鼠等）。因此，Wistar 实验鼠实际上成了最早用作实验动物基因工程的实验鼠。

Wistar 实验鼠属于白化实验鼠。该系实验鼠的主要特点：头部较宽、耳朵较长，尾的长度小于身体；繁殖能力强，生长发育快，性周期稳定；性情温顺，但比 Long – Evans 实验鼠攻击性强。10 周龄时雄性实验鼠体重为 280 ~ 300 g，雌性实验鼠体重为 170 ~ 260 g。Wistar 实验鼠的外观和生长曲线如图 2 – 2（b）所示。

2.1.3 Sprague – Dawley 实验鼠

Sprague – Dawley 实验鼠（简称 SD 实验鼠）是在 1925 年前后，威斯康星州大学 Robert W. Dawley 教授（1897—1949 年）采用一只雄性混血头巾实验鼠与雌性 Wistar 实验鼠杂交，然后再将该雄性实验鼠与雌性的子代交配，连续七代而形成的品系。该品系实验鼠以 Dawley 教授的姓氏（Dawley）和其夫人的姓氏（Sprague）组合命名。

SD 实验鼠也属于白化实验鼠，其主要特点：头部狭长、尾长接近于身长；与 Wistar 实验鼠相比性格温顺、安静；生长发育稍快，寿命较短；对性激素敏感性高。SD 实验鼠由于易于获取、价格较低，因此常被用作一般性研究使用，也用于肥胖模型、糖尿病模型等研究。SD 实验鼠的外观和生长曲线如图 2 – 2（c）所示。

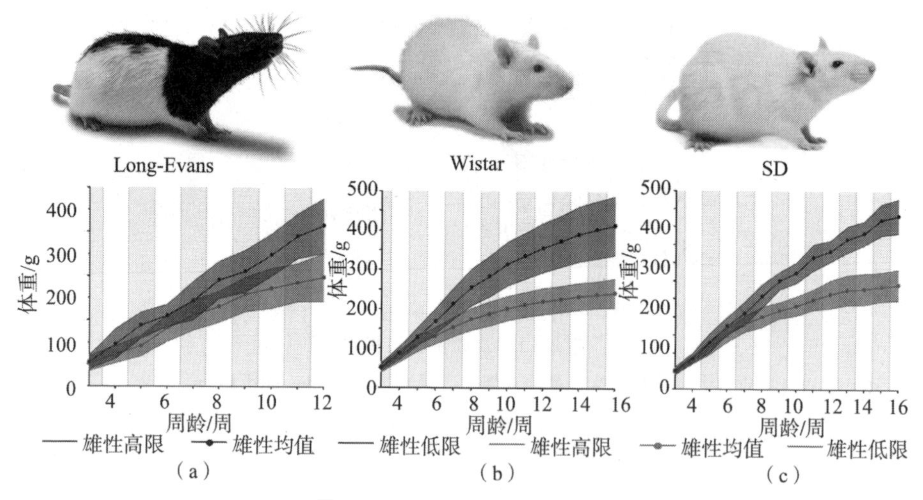

图 2 – 2 实验鼠及其生长曲线

（a）Long – Evans 实验鼠；（b）Wistar 实验鼠；（c）SD 实验鼠

（数据源自美国 TACONIC 公司 www. taconic. com）

2.2 实验鼠骨骼 – 肌肉生理结构

从生物学的角度出发，骨骼起到支撑和保护的作用，骨骼上附着的肌肉组织起到了致动的作用。在骨骼和肌肉配合作用下，动物实现了各种各样的运动形式。从仿生学的角度而言，动物的骨骼模型为我们提供了设计仿生机器人所需要参考的自由度、比例等信息，肌肉组织的分布则为我们提供了机构驱动形式的参考。因此，了解实验鼠各部位的骨骼-肌肉模型对仿生机器鼠的设计具有重要的参考。本节，以最为广泛使用的Wistar实验鼠为例，分析实验鼠的骨骼-肌肉生理结构。

2.2.1　骨骼整体观

图2-3（a）和图2-3（b）所示分别为一只实验鼠的骨骼的CT三维重建的俯视和侧视图像[2]，将其分为头颈部、肩部、腰部、臀部、尾部、前肢和后肢7个部分，其中头颈部、肩部、腰部和臀部共同构成实验鼠的躯干。若将实验鼠躯干的长度视为1 BL（Body Length），那么，根据图2-3（a）所示的骨骼图，可以得到实验鼠各部分与其体长的比例关系（近似值）。该图可以作

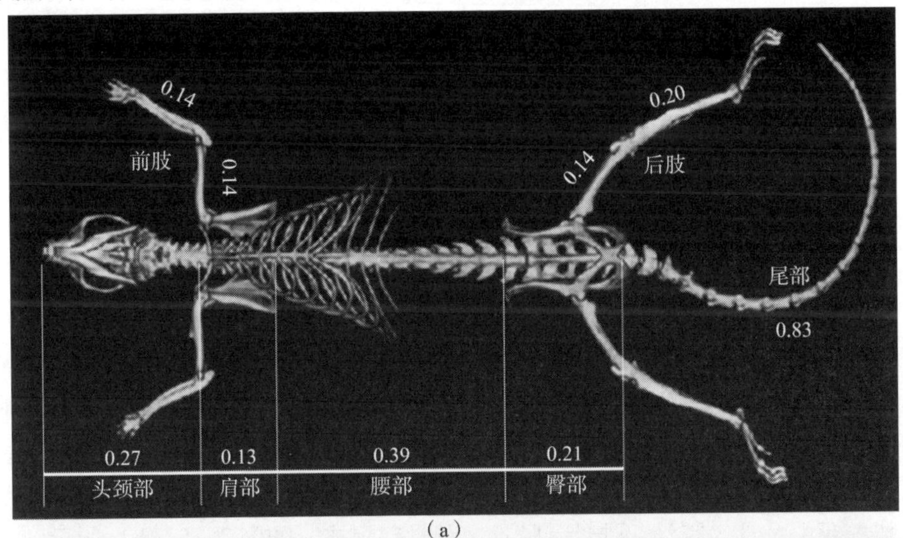

（a）

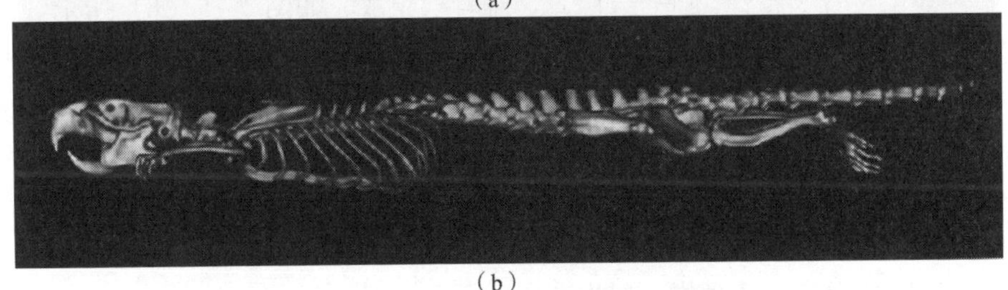

（b）

图2-3　实验鼠骨骼CT重建图及各部分比例

（a）俯视图；（b）侧视图

为仿生机器鼠设计时的比例参考和布局参考，从而使机器鼠从形态上更接近真实的实验鼠。下面，将分别介绍实验鼠主要的几个部分。

2.2.2 头颈部

实验鼠头部（图2－4（a））主要由颅骨和下颌骨组成，颈部（图2－4（b））与其他哺乳动物一样，由7块颈椎骨构成，无肋骨相连。在实验鼠的头部，分布着颜面肌、眼睑肌、耳廓肌和咀嚼肌等肌肉群，而在颈部分布着颈侧肌、舌骨上肌、舌骨下肌、脊椎前肌和脊椎侧肌等肌肉群（图2－4（c））。

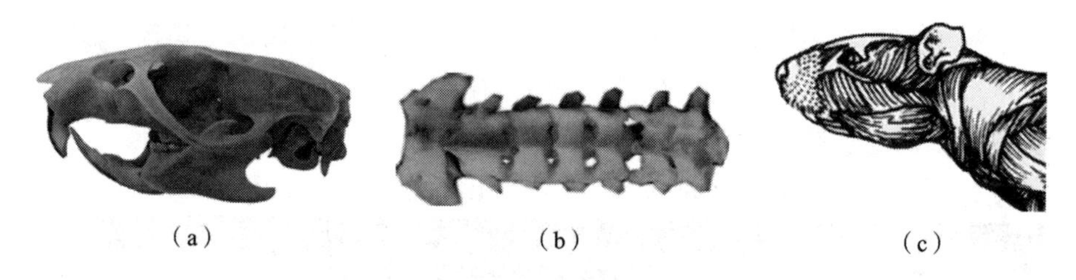

图2－4　实验鼠头部骨骼肌肉模型

（a）头骨；（b）颈椎骨；（c）头、颈部肌肉模型

在实验鼠头部分布着复杂而丰富的感知系统，包括视觉、听觉、嗅觉、胡须触觉等，是实验鼠感知外部环境的重要器官。关于实验鼠的感知系统，可参见2.3节的内容。

2.2.3 前肢与后肢

实验鼠的前肢与后肢是实验鼠实现运动的重要器官。通过协调前肢与后肢的运动，实验鼠可以实现奔跑、跳跃、攀爬、取食、玩斗、防御等行为。实验鼠的前肢主要由肩胛骨、肱骨、桡骨、前脚骨等组成，如图2－5（a）所示；后肢主要由股骨、髌骨、腓骨、胫骨、趾骨等组成，如图2－5（b）所示。

在实验鼠的前肢，分布着肩带肌、肩关节肌、肘关节肌、桡尺关节肌、腕关节肌和指关节肌等。在实验鼠的后肢，分布着臀部肌、大腿后侧肌、大腿内侧肌、盆骨内肌、膝关节肌、跗关节肌和趾关节肌等。

2.2.4 脊柱与尾部

实验鼠的脊柱（含颈椎、尾椎在内）由7块颈椎骨、13块胸椎骨、6块腰椎骨、4块荐椎骨和27～31块尾椎骨组成，其中颈胸弯曲和胸腰弯曲明显，而荐尾弯曲不明显[3]。颈胸弯曲的最低点在第二胸椎水平，棘突的最高点在胸

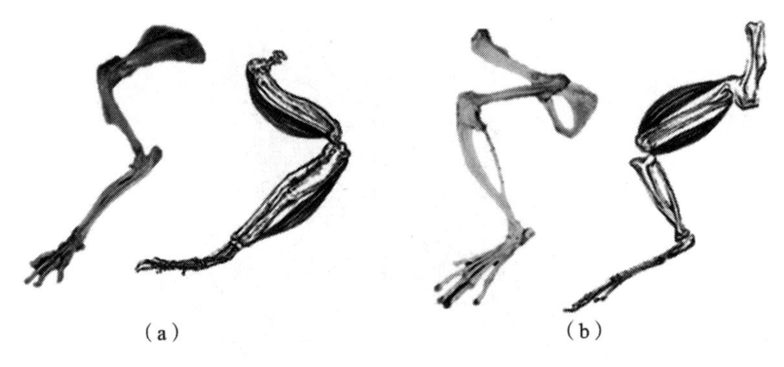

图2-5　实验鼠四肢骨骼肌肉模型

(a) 前肢骨及肌肉模型；(b) 后肢骨及肌肉模型

椎与腰椎连接处。沿脊柱分布的躯干肌肉主要包括脊柱背侧肌、脊柱腹侧肌、呼吸肌、腹壁肌和尾部肌等。图2-6所示为实验鼠的脊椎[4]及尾骨[5]。

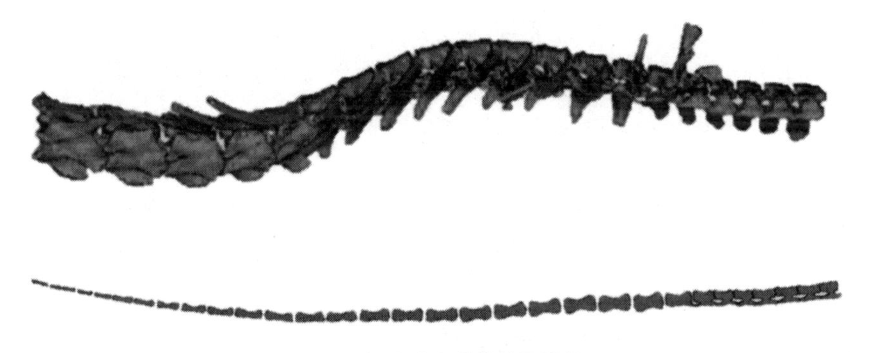

图2-6　实验鼠脊椎骨及尾骨

2.3　实验鼠感知系统分析

2.3.1　触觉系统

在介绍完实验鼠的骨骼及肌肉结构后，将进一步介绍实验鼠的感知系统。实验鼠具有十分独特而敏锐的触觉系统，其主要负责触觉传感的是处于口周的胡须触觉以及前爪的触觉，鼠脑新皮质体感区1[6]（S1区，图2-7）中负责胡须触觉和前爪触觉的部分的大小也反映了这两类触觉对实验鼠的重要性。下面将分别对两者进行介绍。

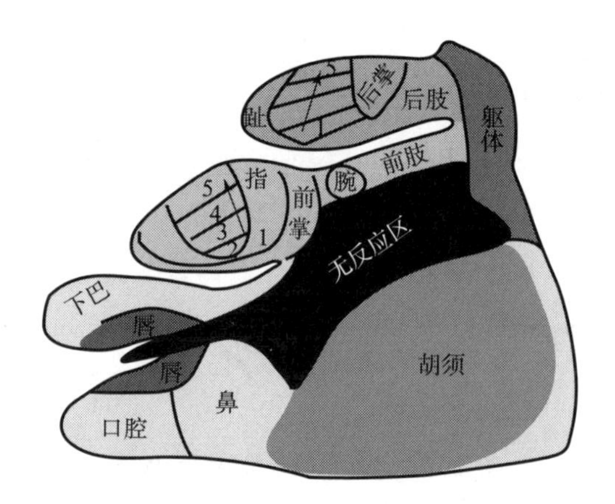

图 2－7　鼠脑新皮质体感区 1（S1）

一、胡须触觉

由于实验鼠属于夜间活动的动物，在长期进化的过程中，它们的视觉逐渐退化，但却进化出了独特的胡须触觉感知代替视觉实现对周围环境的观测。胡须根部的皮下解剖结构显示，实验鼠胡须的根部连接有桶状皮质，嵌入在囊泡结构之中。在囊泡结构周围，包围着由面部肌肉分化而来的胡须包膜肌，该包膜肌使得实验鼠能够主动地摆动其胡须，实现对触须周围环境的主动触碰，如图 2－8（a）所示[7]。当胡须触碰到物体时，胡须根部会对血窦和多层组织施

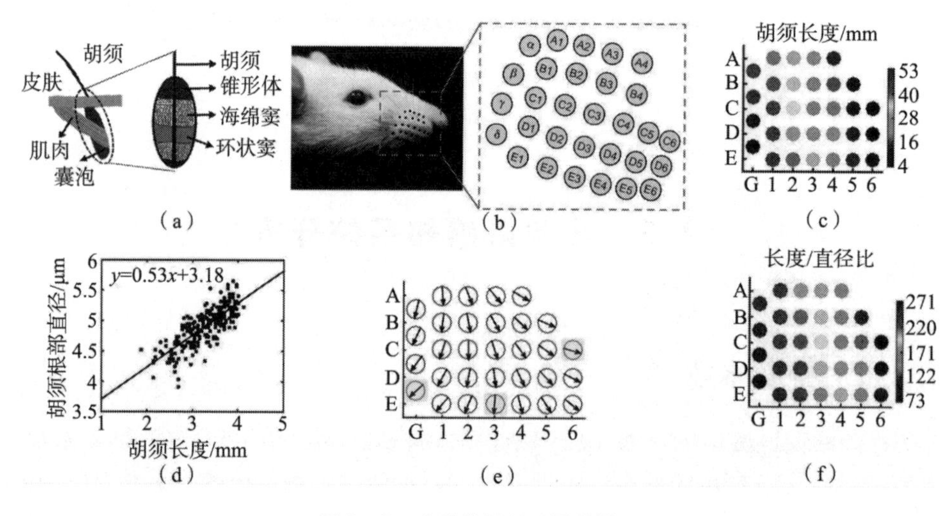

图 2－8　实验鼠胡须（见彩插）

（a）囊泡结构；（b）胡须分布；（c）胡须长度；（d）胡须长度与直径分布；
（e）胡须弯曲方向；（f）长度/直径比

加压力，从而激活分布在毛囊周围的机械感受器，通过神经将感受器信号传输至大脑皮层 S1 区进行处理[8]。其他影响触须传感的还有胡须的共振频率、阻尼系数等因素。

在实验鼠的口周，分布着 28 根长短不同的胡须。实验鼠的胡须按其排布可以分为 5 行 7 列，如图 2－8（b）所示[9]，各行以英文字母 A～E 标识，各列由 1～6 和字母 G 标识。其中，第 G 列较为特殊，其由希腊字母 α、β、γ 和 δ 标识。实验鼠的各胡须的弯曲方向也各有不同，图 2－8（e）中标记出各个胡须的弯曲方向。单个胡须的长度、粗细以及长度与粗细的比值也随着胡须的分布不同而出现明显的变化，如图 2－8（c）、（d）、（f）所示。神经科学的相关研究表明[10－12]，实验鼠的胡须可以为其提供多方面的周围环境的信息，其中包括目标位置信息、距离信息、几何信息、材质信息，甚至做到目标的识别[13]。有研究表明，在大多数的情况下，实验鼠是通过胡须来确定自己下一步前肢应该落在何处[14]。

综上所述，实验鼠的胡须是其非常重要的感知器官，大多数的触觉信息都是通过胡须获得的。因此，在机器鼠的功能仿生方面，仿生胡须的设计及其应用是十分重要的。

二、前爪触觉

除了胡须以外，实验鼠的前爪部分也是其重要的触觉感受器。实验鼠的前爪在结构上与灵长类动物类似，分为五指以及手掌等部分，但其拇指退化到只剩一个指芽，如图 2－9（a）中 D1 所示[15]。由于实验鼠的前爪十分灵活，除步行以外，还可以实现握持、攀爬、理毛等动作，因此实验鼠的前爪上分布着丰富的触觉感受区。除了前爪的指和掌以外，在其前爪与前肢连接处的腕部有一些类胡须状的毛发，这些毛发具有与实验鼠胡须类似的毛囊结构和功能，为实验鼠的前爪部分提供了丰富的触觉信息。实验鼠前肢的感受与大脑皮层 S1 区中负责前肢的部分的对应关系如图 2－9（b）所示[16]。

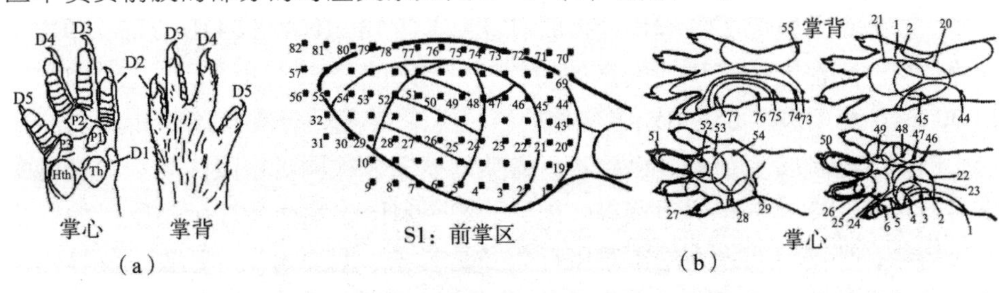

图 2－9　实验鼠前爪及 S1 区与前爪的对应关系

（a）前爪；（b）S1 区点位与前爪触觉区域映射关系

2.3.2 发声与听觉系统

一、实验鼠的发声

除了敏感的触觉系统以外，实验鼠同样具有发声和听觉系统。根据实验鼠的解剖结构，实验鼠含有声带，因此可以发出声音。但不同的是，实验鼠可以采用两种不同的方式发声[17]：第一种方式是采用与人类似的方式，通过声带振动发出声音。这类的声音通常频率较低，与人类的听觉范围重合，是我们可以听到的发声，称为 22 - kHz 发声。第二种方式属于实验鼠特有的发声方式，它通过挤压声带形成小孔，令肺部气体快速通过小孔产生振动，进而发出声音。这种发声方法类似于人类吹口哨的方式，只不过由于声带形成的孔很小，因此产生声音的频率是在人类听觉范围（20 Hz ~ 20 kHz）之外的超声，称为 50 - kHz 发声。此外，实验鼠幼崽还可以发出一类称为 40 - kHz 发声的声音[18]。下面，对这 3 类声音进行分别介绍。

（一）50 - kHz 发声

一般地，实验鼠 50 - kHz 发声的声音频率在 32 ~ 96 kHz，单次发声的频率波动为 5 ~ 7 kHz，发声的持续时间一般为 30 ~ 50 ms。通常，此类发声多见于实验鼠兴奋（或者说不厌恶）的情形。例如，交配、打斗、被熟悉的饲养者搔挠，以及青年实验鼠间玩斗等。因此，50 - kHz 的发声多表示实验鼠的一种正面情绪，伴随此类发声的实验鼠行为多是接近（另一只实验鼠）、直立、探索（周围环境）等。从频谱上来看，实验鼠 50 - kHz 发声的种类比较多，如图 2 - 10（a）~ 图 2 - 10(m）所示[19]，不仅有单种类型的发声，甚至还有不同种类发声的组合（图 2 - 10（n)）。

（二）22 - kHz 发声

一般地，实验鼠 22 - kHz 发声的声音频率在 18 kHz 到 32 kHz 之间，单次发声的频率波动在 1 ~ 6 kHz，发声的持续时间比 50 - kHz 长很多，一般为 300 ~ 4 000 ms，声压级在 65 ~ 85 dB。通常，此类发声多见于实验鼠比较厌恶的情形。例如，被捕食者捕食、遇到不可避免的痛苦、被同类击败、听到尖锐的噪声，或是遇到令其痛苦的事情等。因此，22 - kHz 的发声多表示实验鼠的一种负面情绪，伴随此类发声的实验鼠行为多是紧张、明显可见的呼吸以及静止不动等。例外的是，实验鼠在交配结束后，也会偶然性地发出 22 - kHz 的声音，此种情形下并不表示实验鼠的负面情绪。从频谱上来看（图 2 - 10（o)），实验鼠 22 - kHz 的发声比较单一，多是频率平稳的持续叫声。

图 2 - 10　实验鼠 50 - kHz 发声及 22 - kHz 发声频谱图

（三）40 - kHz 发声

40 - kHz 的发声只见于实验鼠幼崽，发声的频率在 30 ~ 65 kHz。除了 22 - kHz 发声外，实验鼠幼崽的这类 40 - kHz 发声也表示一种负面情绪。当幼崽被带离巢穴或母鼠身边时，实验鼠幼崽会发出这类声音，并伴随着搜寻或回巢等行为。

基于以上 3 种不同类型的发声，可以通过检测实验鼠的发声类型获知其内心的情绪状态，从而实现对实验鼠情绪的检测。进一步地，也可以利用检测到的实验鼠发声作为反馈，并有针对性地改变机器鼠的交互策略，从而达到控制实验鼠情绪的目的。

二、实验鼠的听觉

实验鼠的听觉范围在 500 Hz ~ 64 kHz[20]，这个范围远远超出人类可以感知的声音的范围，因此实验鼠可听到许多人类无法听到的声音，这可能会对实验鼠与机器鼠的交互产生影响。因为在机器鼠运动过程中，电机等部位将产生许多超声波，所以在将机器鼠与实验鼠进行交互时，要尽量对实验鼠进行脱敏处理，即令实验鼠失去对机器鼠超声的敏感性。

此外，由于实验鼠两耳间间距比人要小很多，因此其双耳定位功能不如人类以及许多大型动物。研究表明[21]，实验鼠双耳定位的空间分辨率为 9.7° ~ 12°，远小于人类的分辨能力（2° ~ 3.5°）。

2.3.3 视觉系统

尽管实验鼠主要活动在昏暗环境中，但其视觉系统同样具有一定功能。实验鼠的眼睛构造与人类相似，都是由角膜、虹膜、瞳孔、晶状体、视网膜及视神经等组成。当光线入射实验鼠眼睛时，会引起实验鼠瞳孔大小的变化。在昏暗的光线下，其瞳孔直径可以达到约 1.2 mm，而在明亮的光线下，瞳孔直径会缩小到约 0.2 mm，并且实验鼠的瞳孔直径变化非常快，从直径 1.2 mm 到 0.5mm 的收缩只需要 0.5 s[22]。当光线穿过瞳孔、通过晶状体时，实验鼠的晶状体会选择性地透过全部的可见光以及 50% 的紫外光[23]，这一点与人类是有很大区别的。另外，人类可以通过睫状肌改变晶状体的曲度，从而使物像聚焦在视网膜上，而实验鼠通常不具有此功能[24]，实验鼠的鼠眼只具有固定焦距，无法调焦。因此实验鼠视力是相当模糊的，视力约为 20/600（正常人类在距离 600 英尺（1 英尺 = 0.305 m）处能看清的物体，实验鼠需要距离 20 英尺才能看清）。但是，实验鼠具有比较大的焦深，焦深从 7 cm 到无穷大，而人类的焦深从 2.3 m 到无穷大（∞）[25]。

当光线透过晶状体投射到实验鼠视网膜上时，会刺激视网膜上分布的视杆细胞和视锥细胞。视杆细胞能够感知光线的强弱（明暗），而视锥细胞能够感知光线的颜色（绿色、蓝色两种）。实验鼠眼睛的解剖结构表明，实验鼠缺少感知红色的视锥细胞，因此实验鼠无法看到红色。此外，实验鼠的蓝色视锥细胞对较短的波长敏感，进而能够感知到入射的紫外光。另外，实验鼠的视锥细胞数量比人眼要少，因此实验鼠对颜色的敏感度比人类低[26]，经实验证明实验鼠的视觉敏锐度比人类的差20倍[27]。另外，如果实验鼠是白化的，其视觉情况会更糟。人类与正常实验鼠、白化实验鼠看到的图像的情况如图2－11所示。

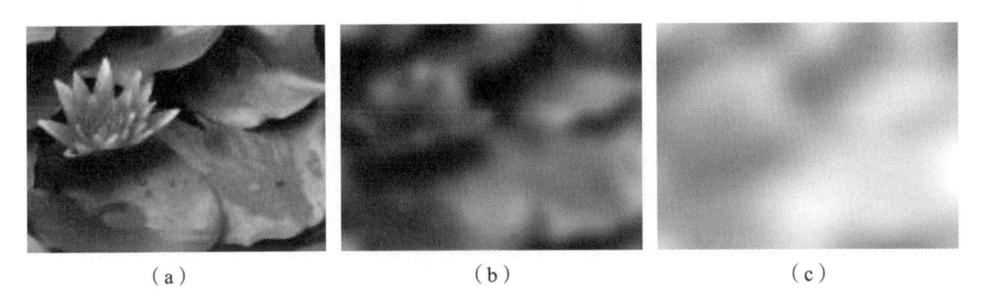

(a)　(b)　(c)

图2－11　人类与实验鼠的视觉对比

(a) 人类看到的图像；(b) 正常实验鼠看到的图像；(c) 白化实验鼠看到的图像

(图片源自个人网站“大鼠行为及其生物学” www. ratbehavior. org)

动物两只眼睛的位置对于动物而言通常具有非常重要的意义。双目位置在头部前方意味着有更多的双目重叠部分，这种眼睛的位置常见于捕食动物(虎、狮子、狗等)，深度感知对于其协调动作以捕获猎物非常有用。实验鼠的双目位于头部的两侧，这样的位置使得实验鼠在任何时刻都具有更大的视野，但是双目重叠部分较小[23]，这种眼睛的位置常见于被捕食动物（马、鸽子、兔子等)，可以让动物同时检测多个方向的威胁。实验鼠眼睛的分布类似于后者，具有较宽的单目视野（FOV）和较窄的双目视野，与人类视野对比示意图如图2－12所示[28]。但是，这并不意味着实验鼠对深度信息的感知能力弱，因为实验鼠可以利用运动视差来估计深度[29]。当实验鼠头部发生移动时，

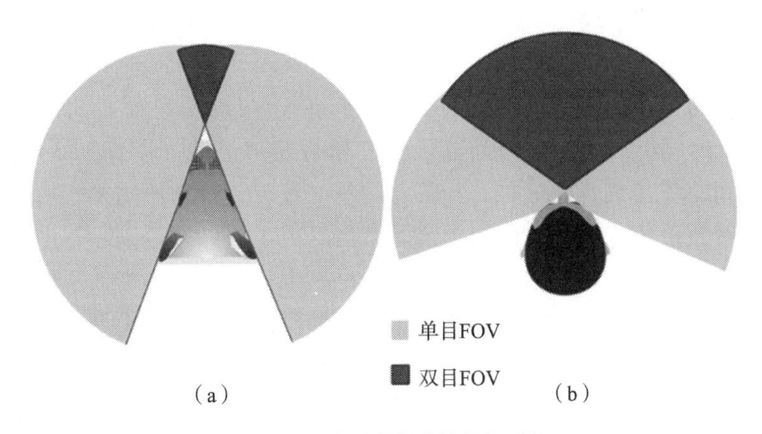

(a)　(b)

图2－12　实验鼠与人类视场对比

(a) 实验鼠视场；(b) 人类视场

所看到的物体的相对位置发生改变，近处物体比远处的物体移动得更多，称为相对运动视差。实验鼠大脑利用这种视差，结合其头部运动的幅度，可以计算眼睛与物体之间的绝对距离，称为绝对运动视差[30]。通常，对于一些远距离物体或环境而言，实验鼠会利用视觉获取信息进而进行自身的定位[31]。但是，对于特别近距离的物体或环境而言，它们更倾向于利用胡须感知而非视觉[32]。

综上所述，实验鼠视觉主要具有以下特点：①视野范围广，二元色（只能看见微弱的绿色、蓝色和紫外光，看不到红色）；②相当模糊，较低的色彩饱和度，亮度比颜色更重要；③通过运动视差来感知深度信息。

2.4 典型动作分析

作为一种高级社会化的哺乳动物，实验鼠通常能够表现出许多特异性行为，包括个体行为和群体行为。这些行为都应是机器鼠模仿和借鉴的对象，从而使机器鼠能够从行为上逼近真实实验鼠。因此，我们需要对实验鼠的典型动作进行观察和分析。

2.4.1 观察与分析方法

一、视频流分析处理

视频流是实验鼠动作、行为分析最常用的手段。通过连续的一帧帧的视频流，可以观察出实验鼠的动作，分析出动物的运动时序、步骤，为更深入地研究实验鼠行为以及为机器鼠的控制提供理论基础与数据。

视频流的采集设备通常分为普通相机和高速摄像机（图 2－13）。在记录实验鼠之间的交互或机器鼠与实验鼠之间的交互时，通常不需要相机具有较高的帧率，可以采用普通相机记录。但是，当研究实验鼠的运动时，由于实验鼠的动作通常比较迅速，采用低帧率的相机记录很容易造成拖影，不便于后续的分析。为了拍到它们快速运动的清晰图片，相机的帧率常常需要达到 100 帧/s 以上，有时甚至需要 1 000 帧/s 以上，因此必须采用高速相机。在使用高帧率相机时，必须注意要有足够的亮度，同时要避免外界的干扰，以便拍摄到足够光亮、清晰的运动图像。同时，应该注意到，实验鼠对新的环境、新的光线需要有一个适应过程，这样才不会因为亮光而表现出恐慌[33]。

(a)　　　　　　　　　　　　(b)

图 2－13　视频采集所用的相机

(a) 普通帧率相机；(b) 高帧率相机

在记录实验鼠运动时，采用两个以上的相机可以记录实验鼠多个方向上的运动。但是，在利用高速相机记录实验鼠运动时，相机的同步问题往往不好解决。因此，可以采用如图 2－14 所示的方式[34]，利用镜子实现拍摄实验鼠多个角度的运动，这样的拍摄方式可以有效解决相机同步问题，也便于实验鼠运动分析时的比较。

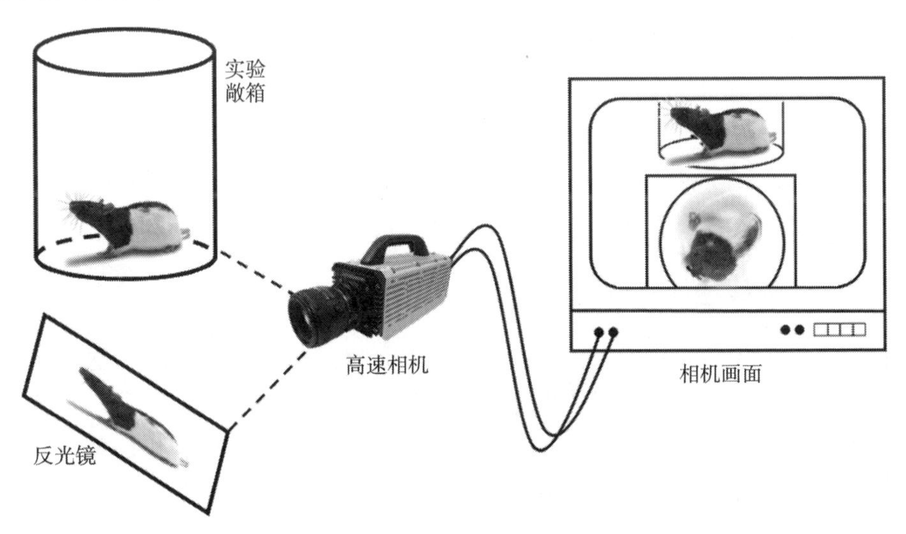

图 2－14　高速相机拍摄装置：通过斜置反光镜，相机可同时记录实验鼠的侧视和底视图

在本书中，记录实验鼠运动的装置如图 2－15 所示[28,35]，其中包括相机、荧光灯、敞箱和控制计算机。实验区域的四周围有木墙，防止实验鼠逃离实验区，敞箱周围挂有遮光窗帘，防止周围环境光对实验的干扰。相机固定在敞箱

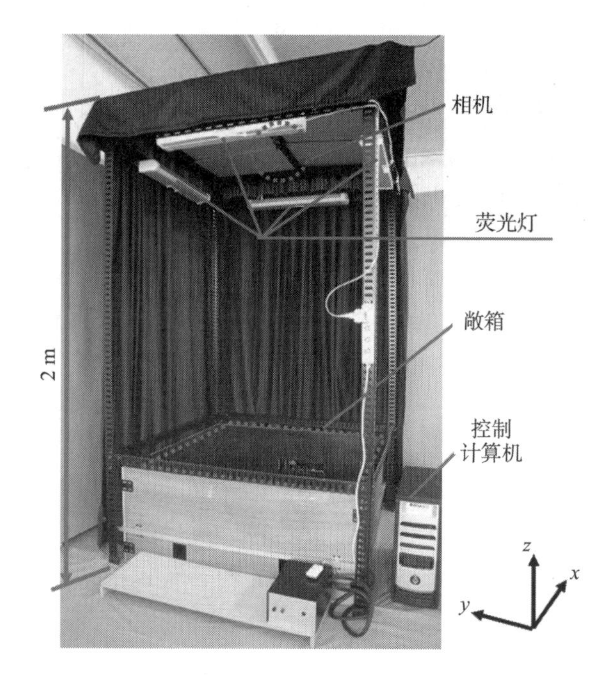

图 2－15　封闭室和操作室的前视图

顶部，距离实验鼠 2 m 处，可以为实验鼠和机器鼠的交互提供鸟瞰视角。控制计算机用于接收相机传回的图像，并负责图像处理，也可以为机器鼠发送指令，控制机器鼠与实验鼠进行交互。因此，实验可以在封闭室和操作室中自主进行，而无须人工干预。

二、X 射线透视分析处理

在机器鼠的设计和控制过程中，常常需要用到实验鼠的骨骼模型。此时，我们可以利用 X 射线透视机来观察实验鼠的运动，从而在实验鼠的每一帧运动中都能观察到其骨骼结构。将实验鼠放置在 X 射线透视机（图 2－16）的视场内，拍摄单只或多只实验鼠的运动，然后通过人工剪辑、观察、标注，从而完成实验鼠运动的分析工作。

图 2－17（a）所示为实验鼠几种典型动作的 X 射线照片[36,37]，从中可以清楚地看到实验鼠运动中的骨骼结构。经过后期处理分析后，可将实验鼠的关节与骨骼进行简化（图 2－17（b）），便于后续的机器人设计和控制。在本书中，将多次使用实验鼠的 X 射线图，用于机器鼠的设计、运动控制以及交互过程中。

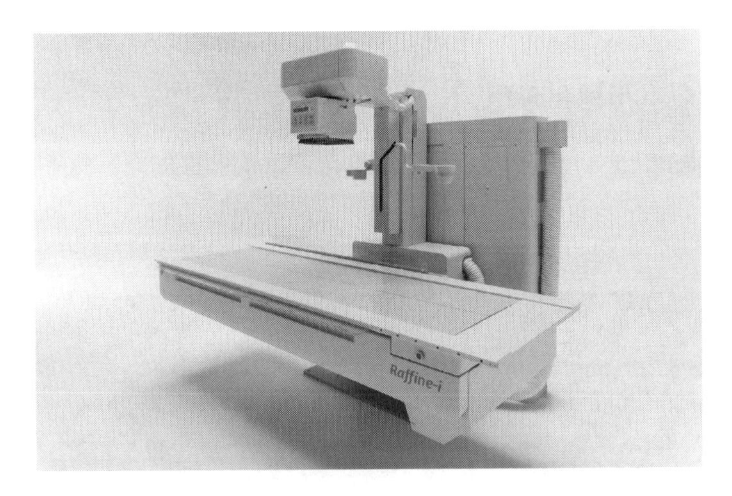

图2－16　佳能公司 Raffine™－i透视机

（图片源自佳能医疗系统株式会社 jp. medical. canon）

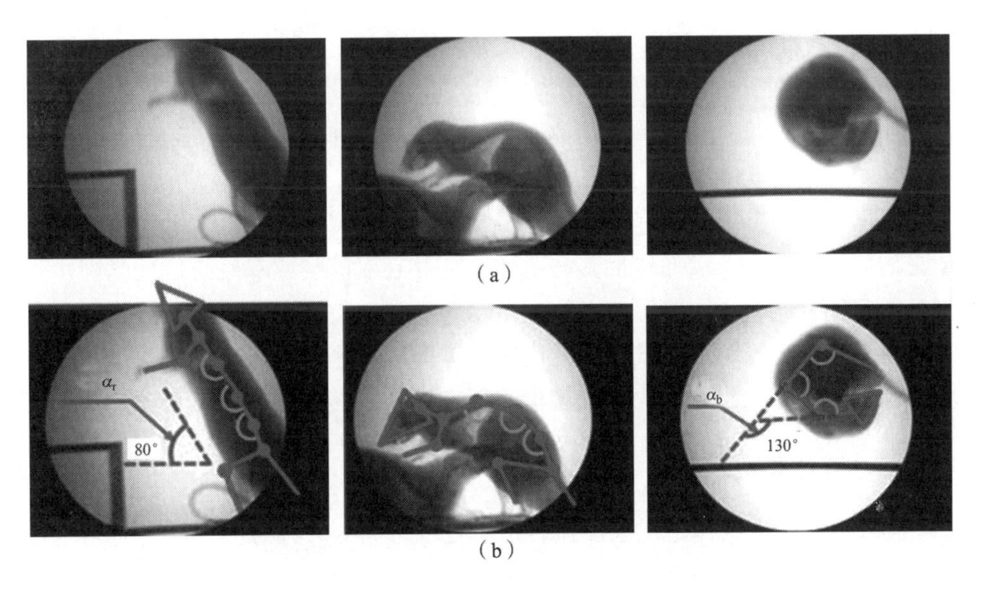

图2－17　实验鼠X射线图（见彩插）

（a）原X射线图；（b）经简化、标记后的X射线图

2.4.2　个体动作

个体性动作通常只涉及所观察或研究的实验鼠本体，而不涉及或接触到其他实验鼠个体。其中，步行、转弯等动作是关于实验鼠移动的动作，这些动作将改变实验鼠在空间中的位置或姿态；直立、理毛、木僵等动作则通常是原

地进行。

一、步行、小跑和奔跑

当实验鼠步行时，前后肢通常呈对角连带运动：首先，一侧前肢和其对侧后肢一起向前迈动；然后，另一侧前肢和其对侧后肢一起运动，以此往复循环推动实验鼠向前步行，如图 2－18 所示，其步频一般为 300～600 ms。

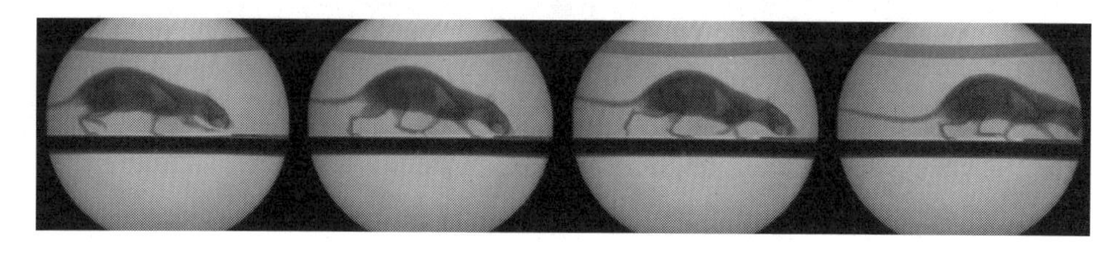

图 2－18　实验鼠步行和小跑步态图

（图片源自德国耶拿大学"X 射线影片集" www. x－ray－movies－jena. de）

类似地，实验鼠在小跑时的步态与步行时的步态相同，区别在于实验鼠小跑时的步频更高（200～300 ms），并且在小跑时，实验鼠的四肢具有类似弹簧的作用，实现缓冲和储能的功能。实验鼠步行的速度一般为 0～55 cm/s，而小跑时速度则为 55～80 cm/s。

在奔跑时，实验鼠不再通过增加步频来获取更快的速度，而是通过弯曲身体来增加它的步幅，从而增加其奔跑速度，并且双前肢或双后肢是近似同步地接触地面：首先，实验鼠弓起身体，带动双后肢向前运动并落地；然后，实验鼠伸展其身体，同时双前肢离地并向前迈进，以此往复循环实现奔跑动作。实验鼠奔跑的步频与小跑时的步频近似，速度通常能够达到 70～100 cm/s[38]。

二、转弯和旋转

实验鼠的转弯动作是实验鼠调整自身行进方向的一种方式，同时也常常作为实验鼠探查行为的一部分。在对实验鼠幼崽的探查行为的观察中发现，其转弯行为可以分为头部转动、躯体转动以及臀部转动等分动作。这些动作往往是顺序发生，转弯动作从头部逐渐转移到臀部，进而完成整个转弯动作，如图 2－19 所示[39]。

实验鼠的旋转指的是其进行原地旋转的方式。按照旋转中心的不同大致可以分为两种：一种是以身体后 1/4 部分作为锚点进行旋转；另一种是绕着身体前 1/4 进行旋转。实验鼠的旋转动作也不是独立存在的，而是作为运动、攻击、玩耍等动作的一部分而存在。另外，实验鼠的旋转动作具有性别二态性，

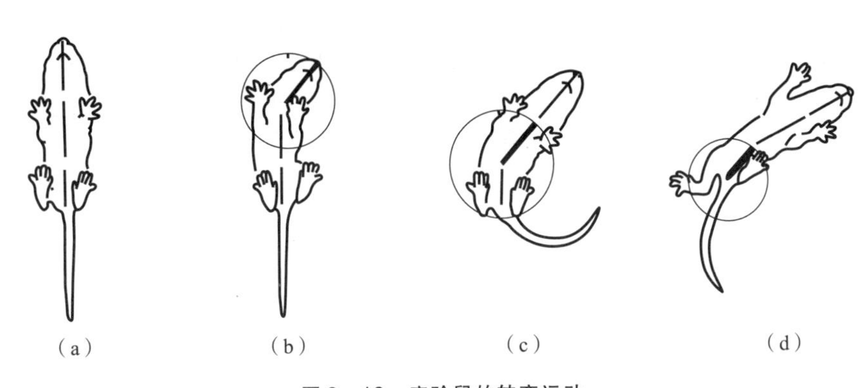

图 2－19　实验鼠的转弯运动

(a) 初始状态；(b) 头部转动；(c) 躯体转动；(d) 臀部转动

雄性通常采用前一种方式，而雌性通常采用后一种方式。

三、直立

直立动作也是实验鼠常常表现的动作之一，这种动作经常出现于探索、打斗等行为中。实验鼠首先蜷起身体使其中心靠近身体后半部分，并抬起头利用胡须触觉和嗅觉进行嗅探；然后实验鼠直立站起，后肢直立撑地，躯体伸直或微微弯曲，使其身体呈现近似垂直于地面的姿态，其前肢常常按压在墙面或另外 1 只实验鼠上，也有少数情况下前肢不受支撑[40]。

四、理毛

实验鼠的理毛行为一般是按照固定顺序进行的一系列的梳理工作的集合。首先，实验鼠舔舐前爪，利用舔舐后的前爪划椭圆形轨迹先后擦拭鼻子、脸部、耳后等部位，动作幅度也随之增大。在完成头部梳理后，实验鼠会转向身体一侧，用前爪抓住身体毛发，继续梳理躯体部分直至尾部。实验鼠的单个梳理循环从口、鼻开始、沿身体向尾部移动，整个过程包含一百多个梳理动作。图 2－20 所示为实验鼠程序性理毛示意图[41]。

五、木僵

木僵是指实验鼠在受到惊吓、电击、情绪抑郁或者身体处于不稳定状态时表现出的一种身体肌肉强直不动的状态。此时，实验鼠会将四肢着地，身体匍匐或蜷缩，保持不动。这种状态也会出现在实验鼠打斗后被同类击败时，并常常伴随 22－kHz 的发声。

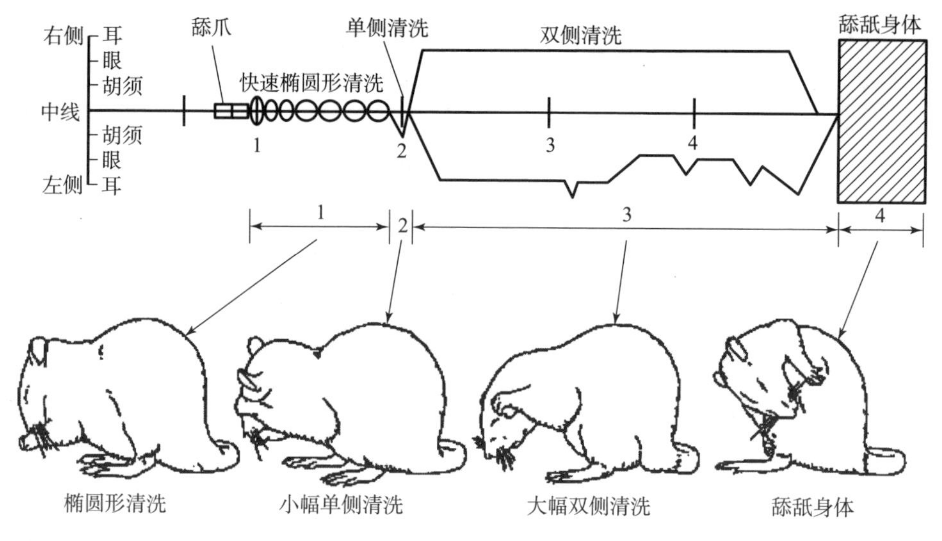

图 2-20 实验鼠程序性理毛示意图

2.4.3 群体动作

实验鼠的群体性动作出现在实验鼠与其他同类进行交互的过程中，表现出实验鼠的社会性。群体动作主要有打斗、玩耍、性行为等。

一、攻击与防御

攻击行为是实验鼠用来建立社会地位以及保护自身领地的行为，而防御行为则是实验鼠应对攻击所表现出的行为。攻击与防御行为可以分为初始阶段、攻击阶段和结束阶段。

在初始阶段，攻击鼠会表现出咬颈、侧方威胁等行为。其中，咬颈（图 2-21（a））是常常出现的行为，此时攻击鼠会抓住防御鼠的颈部，而防御鼠常常表现出木僵的行为。一旦防御鼠有任何突然的动作，则攻击鼠会立即咬住防御鼠的颈部，并伴随其后肢的蹬、踢等动作。当防御鼠快速移动，企图逃跑时，攻击鼠会立即展现出进一步的攻击行为。侧方威胁行为也称为侧方攻击（图 2-21（b）），是另一种攻击的初始表现行为。此时，攻击鼠会站立起来，身体微弓，并立起身上的毛发，展现对防御鼠的威胁。有时，防御鼠也会直立起身（图 2-21（c）），与攻击鼠呈现出相互威胁的形态。

攻击阶段开始的标志，是出现攻击性咬合行为。此时，攻击鼠首先会咬向防御鼠颈部，刺破其皮肤，并在短时间内实施多次咬合；然后会扑向防御鼠，踩在防御鼠背部，企图制服防御鼠。而防御鼠作为应对，会快速回避，并仰卧

(a)　(b)　(c)　(d)

图 2－21　实验鼠打斗的典型姿态

(a) 咬颈；(b) 侧方攻击；(c) 直立；(d) 仰卧防御

（图 (b)、(d) 源自个人网站“大鼠行为及其生物学” www.ratbehavior.org）

于地面（图 2－21（d）），使其面部朝向攻击鼠进行防御和反击。这种攻击行为往往会持续几秒到几分钟。

在野外，攻击阶段往往是由防御鼠逃跑而告终，然而在实验室条件下的结束阶段并不容易观察到上述行为。取而代之的是，攻击鼠会停止攻击，并远离防御鼠，而防御鼠则会一直保持仰卧姿势，甚至持续数分钟。

二、玩耍

玩耍行为是实验鼠任何发育阶段都可能出现的行为，但是更多的是出现在育龄阶段。玩耍的行为组成与攻击/防御的行为组成基本相同，区别在于：实施攻击的实验鼠在试图攻击伙伴的颈部时，不会咬合，而是用鼻尖触碰伙伴的颈部。这种以触碰代替撕咬的方式也是区别玩耍和攻击行为的特征。

两只实验鼠玩耍时，当实施攻击的实验鼠完成攻击后，防御的实验鼠会立即发起攻击，从而实现交替的玩耍行为。在玩耍期间，也常常会引发真正的打斗行为，此时的攻击鼠会以咬合代替触碰，攻击伙伴的颈部。

三、性行为

实验鼠的性行为通常包括两个阶段，即求偶和性行为。这里，只关注前者。求偶行为主要由3种典型行为构成，即探索、嗅雌性和尝试跨骑。探索是指雄性表现出在饲养箱内来回移动，抓取粪便或垫料等行为。嗅雌性是指雄性实验鼠尝试接近雌性，头部面向雌性并嗅闻其身体。尝试跨骑行为是指雄性实验鼠跟随在雌性鼠后，保持头部朝向实验鼠，并出现试探性跨骑的行为。

参考文献

[1] 孔琪，夏霞宇，秦川．实验动物品系数据库的建立［J］．中国比较医学杂志，2015，25（04）：78－83.

[2] 王增涛，郝丽文，李桂石，等．WISTAR大鼠解剖图谱［M］．济南：山东科学技术出版社，2009.

[3] 杨安峰，王平．大鼠的解剖和组织［M］．北京：科学出版社，1985.

[4] Jaumard N V，Leung J，Gokhale A J，et al. Relevant anatomic and morphological measurements of the rat spine：considerations for rodent models of human spine trauma［J］. Spine（Phila Pa 1976），2015，40（20）：E1084－92.

[5] Hori H，Fukutani T，Nakane H，et al. Participation of ventral and dorsal tail muscles in bending movements of rat tail［J］. Anatomical Science International，2011，86（4）：194－203.

[6] Seelke A M H，Dooley J C，Krubitzer L A. The emergence of somatotopic maps of the body in s1 in rats：The correspondence between functional and anatomical organization［J］. PLOS ONE，2012，7（2）：e32322.

[7] Wei Z H，Shi Q，Li C et al. Development of an mems based biomimetic whisker sensor for tactile sensing［C］//Proceedings of the IEEE International Conference on Cyborg and Bionic Systems. 2019.

[8] Lucianna F A，Albarrac N A L，Vrech S M，et al. The mathematical whisker：A review of numerical models of the rat's vibrissa biomechanics［J］. Journal of Biomechanics，2016，49（10）：2007－2014.

[9] Yu Y S W，Graff M M，Hartmann M J Z. Mechanical responses of rat vibrissae to airflow［J］. The Journal of experimental biology，2016，219（7）：937－948.

[10] Petersen C C. The functional organization of the barrel cortex［J］. Neuron，2007，56（2）：339－355.

[11] Arabzadeh E, Zorzin E, Diamond M E. Neuronal encoding of texture in the whisker sensory pathway [J]. PLoS Biology, 2005, 3 (1): 155 - 165.

[12] Carvell G E, Simons D J. Biometric analyses of vibrissal tactile discrimination in the rat [J]. The Journal of Neuroscience, 1990, 10 (8): 2638 - 2648.

[13] Dyck R. Vibrissae [M]//Whishaw I Q, Kolb B. The behaviour of the laboratory rat: A handbook with tests. New York: Oxford University Press. 2005: 81 - 89.

[14] Hermer - Vazquez L, Hermer - Vazquez R, Chapin J K. Somatosensation [M]//Whishaw I Q, Kolb B. The behaviour of the laboratory rat: A handbook with tests. New York: Oxford University Press. 2005: 60 - 68.

[15] Oliveira J T, Bittencourt - Navarrete R E, De Almeida F M, et al. Enhancement of median nerve regeneration by mesenchymal stem cells engraftment in an absorbable conduit: improvement of peripheral nerve morphology with enlargement of somatosensory cortical representation [J]. Front Neuroanat, 2014, 8: 111.

[16] Chapin J K, Lin C S. Mapping the body representation in the SI cortex of anesthetized and awake rats [J]. The Journal of comparative neurology, 1984, 229 (2): 199 - 213.

[17] Brudzynski S M. Communication of adult rats by ultrasonic vocalization: Biological, sociobiological, and neuroscience approaches [J]. ILAR Journal, 2009, 50 (1): 43 - 50.

[18] V Portfors C. Types and functions of ultrasonic vocalizations in laboratory rats and mice [J]. Journal of the American Association for Laboratory Animal Science : Jaalas, 2007, 46 (1): 28 - 34.

[19] Wright J M, Gourdon J C, Clarke P B S. Identification of multiple call categories within the rich repertoire of adult rat 50 kHz ultrasonic vocalizations: effects of amphetamine and social context [J]. Psychopharmacology, 2010, 211 (1): 1 - 13.

[20] Heffner H E, Heffner R S. Hearing ranges of laboratory animals [J]. Journal of the American Association for Laboratory Animal Science, 2007, 46 (1): 20 - 22.

[21] Heffner H E, Heffner R S. Sound localization in wild norway rats (rattus norvegicus) [J]. Hearing Research, 1985, 19 (2): 151 - 155.

[22] Block M T. A note on the refraction and image formation of the rat's eye [J]. Vision Research, 1969, 9 (6): 705 - 711.

[23] Gorgels T G M F, Norren D V. Spectral transmittance of the rat lens [J]. Vision Research, 1992, 32 (8): 1509 - 1512.

[24] Woolf D. A comparative cytological study of the ciliary muscle [J]. The Anatomical Record, 1956, 124 (2): 145 - 163.

[25] Powers M K, Green D G. Single retinal ganglion cell responses in the dark - reared rat: Grating acuity, contrast sensitivity, and defocusing [J]. Vision Research, 1978, 18 (11): 1533 - 1539.

[26] Birch D, Jacobs G H. Spatial contrast sensitivity in albino and pigmented rats [J]. Vision Research, 1979, 19 (8): 933 - 937.

[27] Artal P, De Tejada P H, Tedó C M, et al. Retinal image quality in the rodent eye [J]. Visual Neuroscience, 1998, 15 (4): 597 - 605.

[28] 邹明杰. 仿生机器鼠视觉感知研究 [D]. 北京: 北京理工大学, 2019.

[29] Legg C R, Lambert S. Distance estimation in the hooded rat: Experimental evidence for the role of motion cues [J]. Behavioural Brain Research, 1990, 41 (1): 11 - 20.

[30] Kral K. Behavioural - analytical studies of the role of head movements in depth perception in insects, birds and mammals [J]. Behavioural Processes, 2003, 64 (1): 1 - 12.

[31] Mostafa R M, Michalikova S, Ennaceur A. A 3D spatial navigation task for assessing memory in rodents [J]. Neuroscience Research Communications, 2002, 31 (1): 19 - 28.

[32] Schiffman H R, Lore R, Passafiume J, et al. Role of vibrissae for depth perception in the rat (rattus norvegicus) [J]. Animal Behaviour, 1970, 18 (2): 290 - 292.

[33] Whishaw Ian Q, Forrest H, Kolb B. 实验啮尺目动物的行为学分析 [M]// Windhorst U, Johansson H. 现代神经科学研究技术. 北京: 科学出版社. 2006: 1130 - 1160.

[34] Pinel J P J, Jones C H, Whishaw I Q. Behavior from the ground up: Rat behavior from the ventral perspective [J]. Psychobiology, 1992, 20 (3): 185 - 188.

[35] Shi Q, Ishii H, Kinoshita S, et al. Modulation of rat behaviour by using a rat - like robot [J]. Bioinspiration & Biomimetics, 2013, 8 (4): 046002.

[36] Shi Q, Ishii H, Sugita H, et al. A rat - like robot WR - 5 for animal behavior research [C]//IEEE International Conference on Robotics and Biomimetics

(ROBIO). 2012.

[37] Shi Q, Ishii H, Sugahara Y, et al. Design and control of a biomimetic robotic rat for interaction with laboratory rats [J]. IEEE/ASME Transactions on Mechatronics, 2015, 20 (4): 1832 - 1842.

[38] Muir G. Locomotion [M]//Whishaw I Q, Kolb B. The behaviour of the laboratory rat: A handbook with tests. New York: Oxford University Press. 2005: 150 - 161.

[39] Golani I, Benjamini Y, Dvorkin A, et al. Locomotor and exploratory behavior [M]//WHISHAW I Q, Kolb B. The behaviour of the laboratory rat: A handbook with tests. New York: Oxford University Press. 2005: 171 - 182.

[40] Makowska I J, Weary D M. The importance of burrowing, climbing and standing upright for laboratory rats [J]. Royal Society open science, 2016, 3 (6): 160136.

[41] Aldridge J W. Grooming [M]//Whishaw I Q, Kolb B. The behaviour of the laboratory rat: A handbook with tests. New York: Oxford University Press. 2005: 150 - 161.

第3章

机器鼠仿生结构设计

机器鼠的仿生结构设计是整个仿生机器鼠系统的基础，相当于机器人的“骨骼”和“身躯”。只有合理的结构才能使机器鼠实现各种仿生动作，保证稳定地完成指定任务。因此，本章基于第2章所述的生物学研究基础分析，并结合仿生设计学的基本理论，对机器鼠的各个部位进行设计。

3.1 结构仿生设计思路

3.1.1 设计原则

仿生结构是仿生机器人最基础的组成部分，也是完成任务的主要执行单元。在设计仿生结构时，主要根据生物体和自然界物质存在的内部结构、原理等进行设计[1]，这不但涉及生物学、解剖学、机器人学等学科，也受现有技术水平等因素的影响，是多方面综合考量的结果。为此，提出了以下几点设计原则，用于指导结构设计：

（1）相似性原则。由于机器鼠的最终目标是用于与实验鼠进行交互[2-4]，因此其结构设计应极大程度地符合真实实验鼠形态大小与比例；在外观设计上应尽量还原真实实验鼠的形貌特征。

（2）功能性原则。仿生机器鼠的结构设计应实现真实实验鼠最基本的运动与行为动作，如俯仰、偏航、移动等基本运动，理毛、嗅探等基本行为。

（3）可行性原则。在设计仿生机器鼠时，应结合现有设计与制造水平，在不影响相似性和功能性的基础上，允许对某些要素的取舍。

3.1.2 设计流程与自由度规划

本书中仿生结构的设计流程如图 3－1 所示。首先，对第 2 章中实验鼠的骨骼、肌肉模型进行进一步简化，保证仿生性的同时降低设计难度；其次，根据简化的模型规划机器鼠相应的自由度；再次，合理设计各自由度的实现方式与机构原理，并做必要的受力分析，用于电机选型；最后，综合应用各种技术手段，建立机器人三维模型。

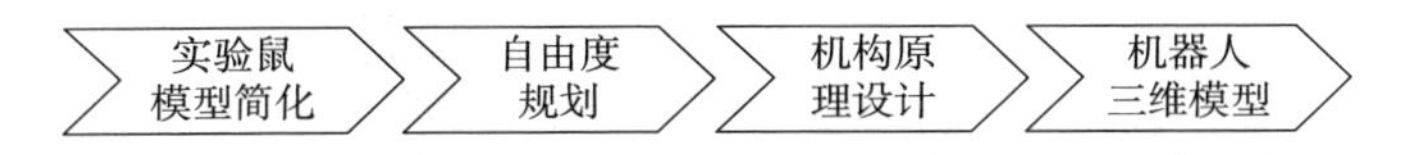

图 3－1　仿生结构设计流程

通过第 2 章中图 2－3 对仿生目标鼠骨骼－肌肉生理结构进行的分析，我们知道了实验鼠整体尺寸与各个部位比例参数。因此，在机器鼠结构设计中，各个部位的尺寸将均参照该比例进行设计。同时，根据实验鼠骨骼肌肉模型，与运动相关的部位主要有头颈部、腰部、臀部以及前、后肢等。根据功能性和可行性原则，考虑到现有尺度下的技术水平，我们将仿生机器鼠的结构设计分为轮式与足式两种，分别用于模仿实验鼠的不同运动。

轮式机器鼠的结构采用抛弃后肢肢体的结构形式，将后肢运动转化为两个自由度的轮式转动[5,6]。该种设计结构相较于足式机器鼠而言具有较快的移动速度，从而便于其与实验鼠的交互[7-9]。由于后肢的轮式结构已经能够保证机器鼠的运动速度，故前肢肢体结构将采用类鼠前肢的结构形式，增强轮式机器鼠与实验鼠的相似性。在规划机器鼠腰部自由度的过程中，由于实验鼠腰部由 30 个椎骨组成，其自由度之多给仿生设计带来不小的挑战，因此需要做出适当的简化。图 3－2 所示为实验鼠在进行攀爬和理毛运动时的 X 射线图片。经过分析我们发现，若将实验鼠的腰部分为腰前和腰后两个部分，并分别在两个部分添加一个俯仰方向和一个偏航方向的自由度，则其简化后的躯体将能够近似地模拟实验鼠攀爬（图 3－2（a））和理毛（图 3－2（b））动作。因此，关于机器鼠的腰部，只考虑实现实验鼠的俯仰和偏航两个方向上的动作，并且忽略前肢、后肢对动作的影响，机器鼠躯体的复杂动作可由俯仰和偏航两个方向的动作耦合而成[10]。由此，将轮式机器鼠的整体自由度规划为如图 3－3 所示的 11 个主动自由度。其中，头部两个自由度，腰前部与腰后部各两个自由度。此外，为了模仿实验鼠胯部在实验鼠攀爬时的作用，增强机器鼠的俯仰能力，在机器鼠臀部额外地设置了一个俯仰方向的自由度。轮式机器鼠的臀部有两个车轮，机器鼠的两个前肢各设计了一个主动自由度和两个被动自由度，用于模仿实验鼠的前肢运动[11,12]。

足式机器鼠的设计采用保留后肢肢体的结构。该结构相较于轮式机器鼠有优秀的越障能力[13,14]，可用于研究实验鼠的运动步态与交互等方面[15]。由于

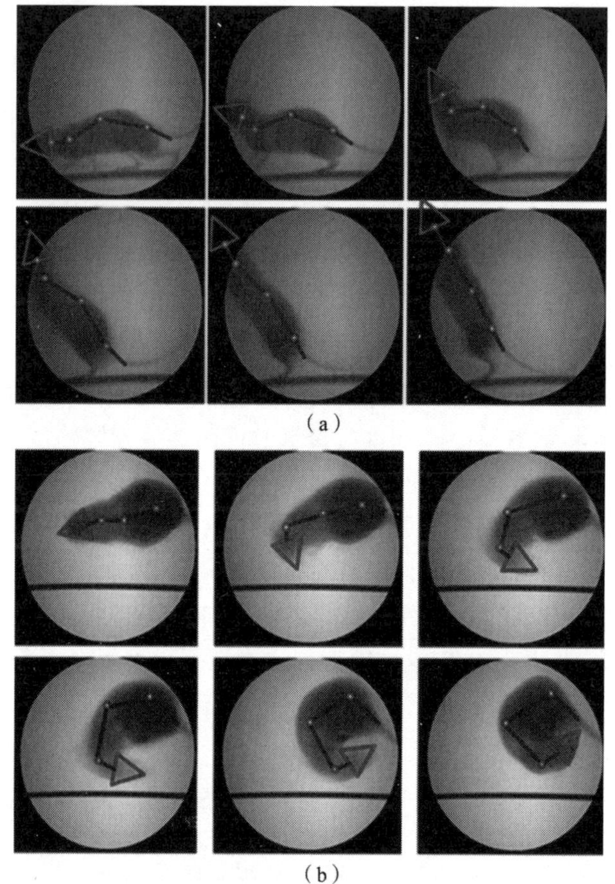

图 3-2　实验鼠俯仰与偏航运动 X 射线图像与分析[5]（见彩插）

(a) 攀爬运动；(b) 理毛运动

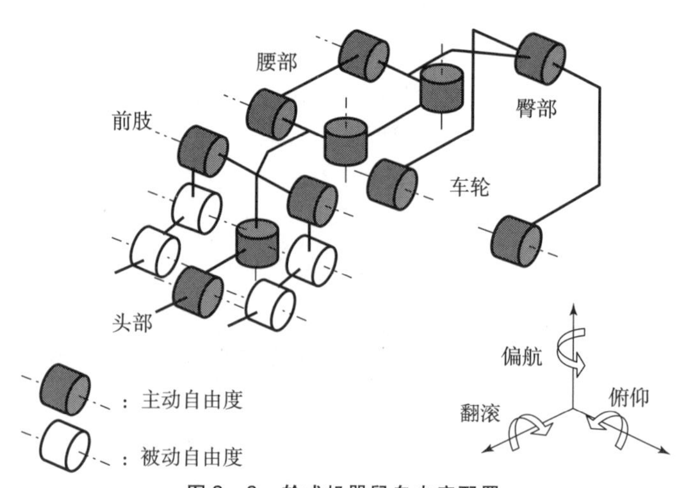

图 3-3　轮式机器鼠自由度配置

采用四足结构，因此将利用实验鼠 X 射线图片着重分析实验鼠前肢与后肢的动作。根据第 2 章可知，实验鼠四肢的 3 个关节从上到下依次为肩/髋关节、肘/膝关节和腕/踝关节。各个关节的自由度数依次为 3、2、2。类似地，现有条件下很难将如此多的自由度集成到足式机器鼠上，而且不影响其体态大小，因此我们需要对实验鼠四肢的自由度进行合理简化。在图 3 – 4（a）和（b）中，分别标记了实验鼠前肢与后肢的运动，并将前肢与后肢简化为三段串联的连杆，各关节处仅保留一个屈伸方向自由度，用于机器鼠的步行运动。为了更好地实现机器鼠的转弯运动，在分析实验鼠转弯 X 射线躯干图像（图 3 – 4（c））的基础上，在机器鼠腰部添加了两个偏航方向的自由度，用于辅助机器鼠转弯，同时保持机器鼠头部两个自由度，从而保证在运动和交互过程中其头部的灵活性。

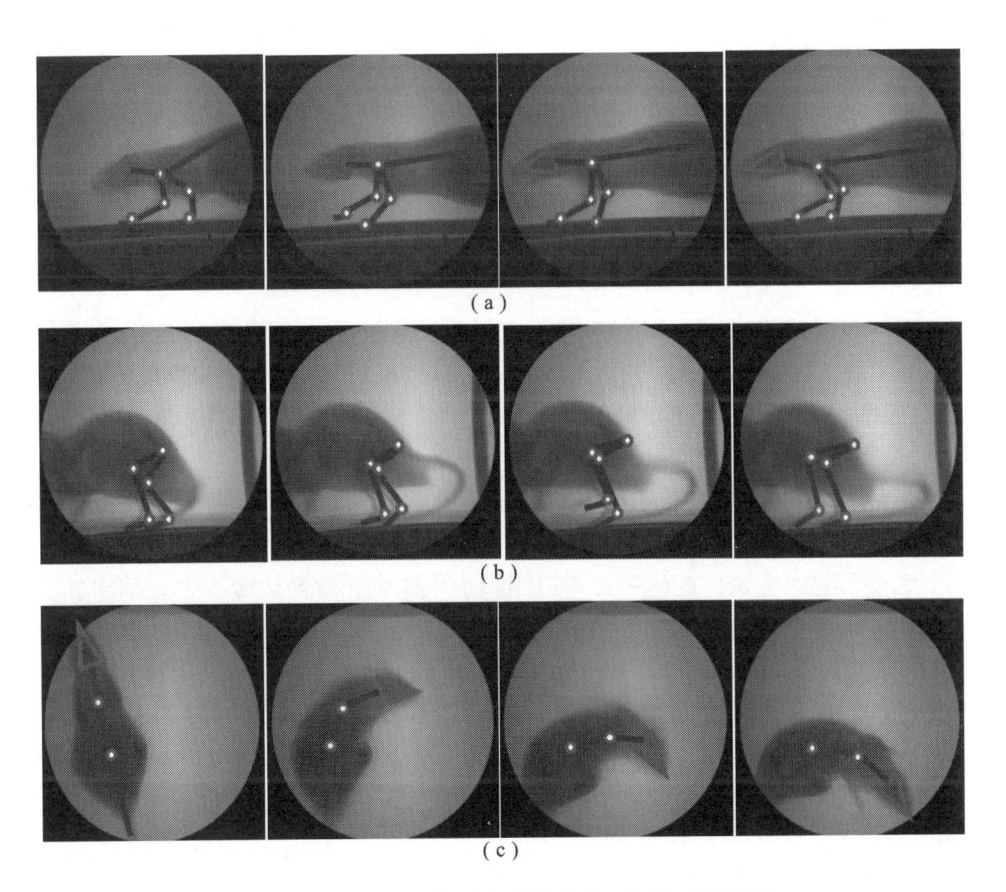

图 3 – 4　实验鼠四肢运动 X 射线图像与分析（见彩插）

（a）前肢；（b）后肢；（c）转弯运动时的躯干

足式机器鼠的整体自由度配置如图 3 – 5 所示，其中腕/踝关节的自由度设计为被动自由度，在降低驱动器要求的同时，可以保证一定的抗冲击能力。

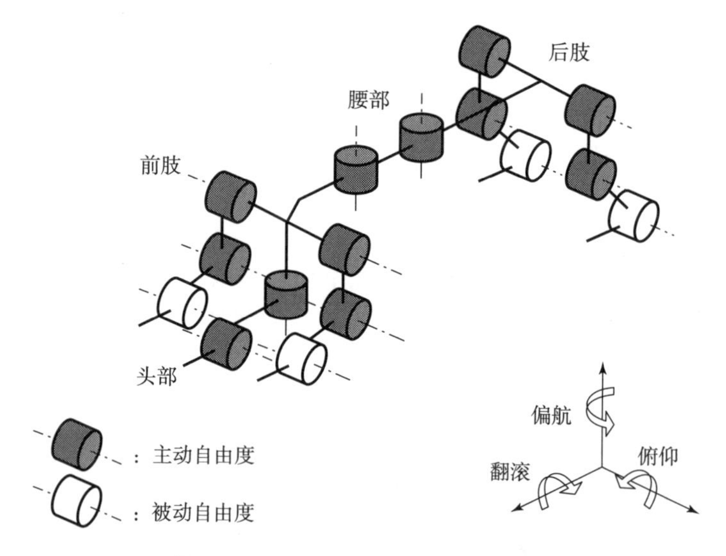

图 3 – 5　足式机器鼠的整体自由度配置

3.1.3　常用设计软件

有了机器鼠的自由度规划，就可以设计用于实现各部分自由度的机构原理，并在计算机辅助设计（CAD）软件中进行机器鼠工程技术模型的设计。工程上常用的 CAD 软件有 AutoCAD、UG、Creo、CATIA 和 SolidWorks 等，这些设计软件都具有不同的特点，简单介绍如下。

（1）**AutoCAD** 是由美国 Autodesk 公司出品的一款自动计算机辅助设计软件，可以用于二维制图和基本三维设计，通过它无须懂得编程，即可自动制图。因此，它在全球广泛使用，可以用于土木建筑、装饰装潢、工业制图、工程制图、电子工业、服装加工等多方面领域。

（2）**UG** 是 Siemens PLM Software 公司出品的一个产品工程解决方案。它为用户的产品设计及加工过程提供了数字化造型和验证手段。它是一个交互式 CAD/CAM（计算机辅助设计/计算机辅助制造）系统，功能强大，可以轻松实现各种复杂实体及造型的建构。尤其在曲面设计、三维设计方面功能很强大，操作简单，其模具设计模块非常简单易用，在模具设计与制造领域有超过 80% 的模具设计人员在使用。

（3）**Creo** 是美国 PTC 公司于 2010 年 10 月推出 CAD 设计软件包。Creo 是整合了 PTC 公司的 3 个软件 Pro/Engineer 的参数化技术。Creo 具备互操作性、开放、易用三大特点。其参数化设计非常强大，特别适合做产品结构设计。

（4）**CATIA** 是法国达索公司的产品开发旗舰解决方案。曲面功能、三维功能都非常强大，非常擅长做高品质的曲面造型，常用于汽车、航空等行业，尤其在造型设计人员中使用非常广泛。

（5）**SolidWorks** 是法国达索旗下的子公司研发的机械设计软件。其特点是操作非常简单，符合大部分人的操作习惯，功能满足绝大部分工业设计需要，普及程度很高，包容性好，与其他软件的互相导入导出协作都做得很好，并且简单的渲染、仿真、模具设计等都很容易上手。

为了加快设计速度，实现模型的快速迭代，本书中所涉及的机器鼠的零部件设计、装配以及应力/应变仿真等工作均在 SolidWorks 中完成，零件二维工程图采用 AutoCAD 进行绘制。

3.2　腰部机构设计

机器鼠的腰部机构对机器鼠的运动至关重要，尤其是对于轮式机器鼠的运动，是连接前肢和臀部的重要部件，也是其俯仰和偏航运动的主要执行单元。因此，首先介绍机器鼠的腰部机构设计。

3.2.1　腰部运动条件分析

首先，分析实验鼠的骨骼解剖图（图 3－6（a）），并定义实验鼠的腰部弯曲角度 $\boldsymbol{\Psi}$ 为其胸椎第一节 V_{First} 和荐椎最后一节 V_{Last} 的轴线的夹角；其次，分别考虑实验鼠腰部俯仰运动和偏航运动的弯曲范围。图 3－6（b）所示为实验鼠在俯仰运动中腰部弯曲角的变化，由图可知，实验鼠在俯仰时腰部的弯曲角 $\boldsymbol{\Psi}_p$ 为 0°～110°。同样地，我们分析了实验鼠偏航时腰部的弯曲角 $\boldsymbol{\Psi}_y$ 为 0°～140°（图 3－6（c））。区别在于实验鼠的偏航运动可以弯曲向身体不同的两侧，因此实验鼠腰部偏航的弯曲角范围应为－140°～140°。如 3.1 节中所分析的，在机器鼠的腰部分配了 4 个自由度，其中腰前与腰后各一个俯仰自由度、一个偏航自由度。因此，将机器鼠腰部弯曲角度平均分配到每个自由度上，即两个俯仰方向的弯曲角度范围为 0°～55°，两个偏航方向的弯曲角度范围为－70°～70°。

机器鼠的腰部机构的实现方式可以有多种，如齿轮形式和连杆形式等。采用齿轮形式的优点在于具有确定的传动比，而采用连杆形式的优点为可使得机器鼠

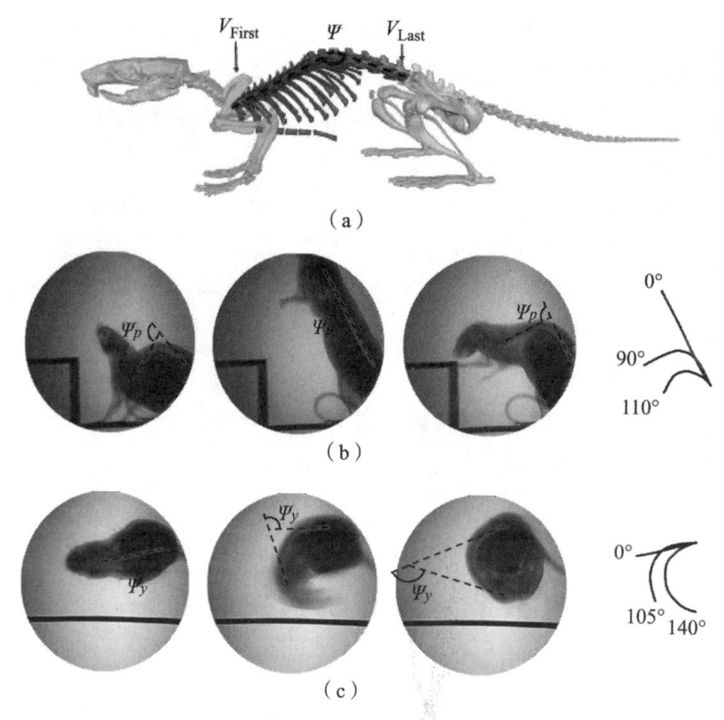

图 3－6　实验鼠腰部自由度分布分析图（见彩插）

（a）骨骼解剖图；（b）俯仰运动；（c）偏航运动

腰部紧凑轻巧。下面，将分别对这两种腰部机构的实现形式进行介绍。

3.2.2　差动齿轮腰部机构

图 3－7（a）所示为差动齿轮机构的简图。该机构的实现形式采用差动原理，即当差动齿箱的输入 1、输入 2 方向和转速相同时，其俯仰输出轴将被锁死，带动齿轮箱箱体输出偏航运动；当差动齿箱的输入 1、输入 2 转速相同但方向相反时，其俯仰输出轴将只绕其轴线转动，输出俯仰方向的运动；其他情况下，俯仰输出轴既带动转轴转动，也带动箱体转动，从而输出偏航和俯仰的耦合运动[16]。

在驱动该差动机构时，设输入 1 转过的角度为 θ_{m1}，输入 2 转过的角度为 θ_{m2}，相应地，该机构输出的偏航角度为 θ_y，俯仰角度为 θ_p，用于传动的锥齿轮为 1∶1∶1，则差动齿箱的输出与输入的关系式为

$$\begin{cases}\theta_y = \dfrac{\theta_{m1} - \theta_{m2}}{2} \\ \theta_p = \dfrac{\theta_{m1} + \theta_{m2}}{2}\end{cases} \tag{3-1}$$

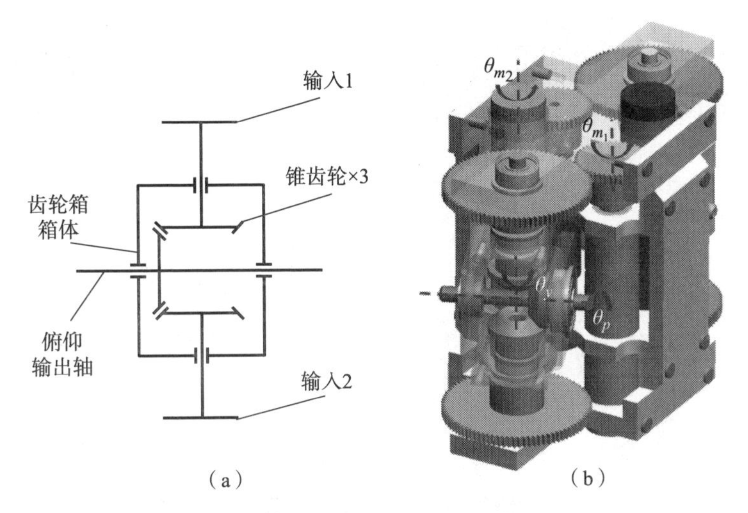

图3-7　差动齿轮腰部机构示意图（见彩插）

(a) 差动齿轮机构简图；(b) 差动齿轮腰部结构

由此可见，差动齿箱的输出与输入成线性关系，因此该型机构在俯仰和偏航的控制上并不困难。

差动齿轮腰部机构的示意图如图3-7（b）所示，4个直流电机集中放置于腰部中央，用于驱动位于腰部前、后两侧的差动齿箱。这种实现方式既满足了对腰前部、腰后部的自由度要求，其对称的机构设计也使得质心保持在腰部中心附近，便于规划机器鼠的整体质心。

本款腰部机构设计优势在于，腰前部与腰后部的自由度可独立控制，传动机构模型简单，传动比确定，有利于实现关节的位置闭环控制和腰部机构整体运动的复杂控制。同时，采用差动齿箱使得我们方便地布置电机的位置，并且能够将负载分流到两个电机上，从而降低对单个电机额定功率的需求。

3.2.3　连杆传动腰部机构

由于差动齿轮腰部机构采用了4个电机驱动，因此造成差动齿轮腰部机构的质量较大。此外，差动齿箱的机构比较复杂，采用差动机构的腰部比较臃肿。为解决上述问题，我们提出一种基于连杆传动的机器鼠腰部机构[17]。注意，实验鼠的躯体在运动时往往是呈C形的对称弯曲，极少出现S形。因此，可以将腰前部和腰后部的相应自由度进行耦合，从而减少电机的使用。

图3-8（a）所示为连杆传动腰部关节机构偏航方向的简图（俯仰类似）。该机构包含两组曲柄滑块机构，而且两组曲柄滑块机构通过滑块耦合在一起，通过滑块的往复直线运动，带动曲柄实现对称的摆动运动。整个机器鼠的腰部

关节机构可采用图 3-8（a）所示的两组机构分别用于实现俯仰与偏航方向的摆动，并通过球铰耦合两个方向的摆动（图 3-8（b）），从而使腰部能够实现复杂的空间运动。

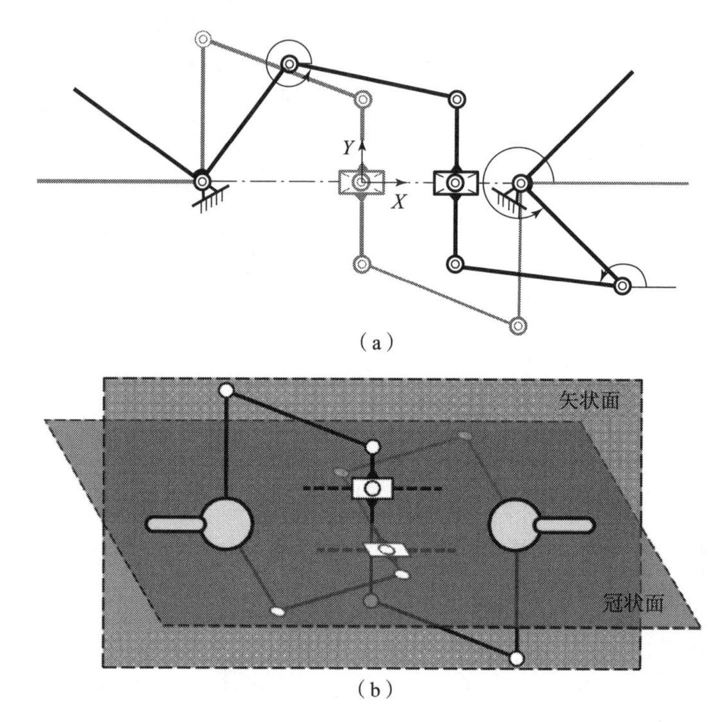

图 3-8　基于连杆传动的仿生机器鼠腰部机构简图

（a）关节机构简图；（b）耦合结构

为了简化设计，设定图 3-8（a）所示机构采用的两组曲柄滑块机构的机构参数完全相同。在此条件下，只需要取其中一个曲柄滑块机构进行分析即可[18]。图 3-9 所示为一个曲柄滑块机构，设曲柄长度为 c，连杆长为 b，偏心距为 e，p 为滑块距离 O 点的水平距离。曲柄 OA 的初始位置如图 3-9 所示，根据图中几何关系，可得

$$p = \sqrt{b^2 - (c-e)^2} \tag{3-2}$$

当曲柄 OA 转动到任意位置 OA' 时，其对应的摆角为 θ（逆时针方向为正），滑块偏移量为 d。以 O 为原点，OA 所在直线为 y 轴正半轴，垂直与 OA 的轴为 x 轴，建立坐标系，则有 A' 点的坐标为（$-c\sin\theta$，$c\cos\theta$），B' 点的坐标为（$p-d$，e）。此时，连杆 AB 的长度可表示为

$$b^2 = (p - d + c\sin\theta)^2 + (e - c\cos\theta)^2 \tag{3-3}$$

将式（3-3）化简后，可得

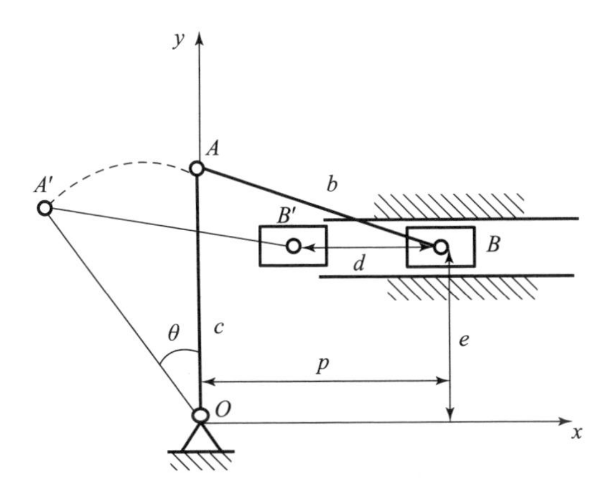

图 3－9　腰部机构局部图（曲柄滑块机构）

$$b^2=2c^2+d^2+p^2+e^2-2dc\sin\theta+2pc\sin\theta-2dp-2c^2\cos\theta+2ec\cos\theta-2ec$$

设 $d=d(\theta)$，则上式两边可对 θ 求导数并整理，可得

$$\dot{d}=\frac{c(p-d)\cos\theta+c^2\sin\theta-ec\sin\theta}{p-d+c\sin\theta} \tag{3-4}$$

由式（3－4）可知，当 e，c，b 确定时，上述方程为常微分方程，可采用龙格－库塔法进行求解。龙格－库塔法是一种在工程上应用广泛的高精度单步算法，其中包括著名的欧拉算法，用于数值求解微分方程。此算法精度极高，可以采取有效措施对误差进行抑制。通过试凑法，选取 $e=6$ mm，$c=8$ mm，$b=10$ mm，在 Matlab 中利用四阶龙格－库塔法求解上述微分方程，可得机构的输入/输出曲线，如图 3－10 所示。滑块行程在 －60°～60°近似线性变化，两边角度最大的差值仅为 3°，在机器鼠腰部机构中是一个比较合理的误差，可以认为前后关节摆动角度近似相等。

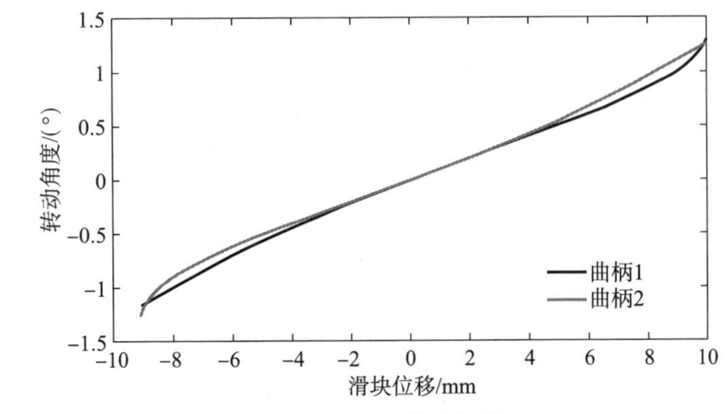

图 3－10　输入/输出曲线图

基于以上所示的机构简图，设计整体腰部结构如图3－11（a）所示，腰部结构主要由两组空间连杆机构组成：一组实现其偏航运动，另一组实现其俯仰运动。其中，俯仰运动连杆机构如图3－11（b）所示，直流减速电机驱动连杆 l_{p1} 逆时针运动，通过连杆 l_{p2} 带动滑块 l_{p3} 在直线滑轨上沿 Y 轴正方向运动。最终连杆 l_{p4}、l_{p5} 转动并通过连杆 l_{p6}、l_{p7} 使连接端口绕 X 轴做俯仰运动。偏航运动连杆机构如图3－11（c）所示，直流减速电机驱动连杆 l_{y1} 逆时针运动，通过 l_{y2} 带动连杆 l_{y3} 以及 l_{y4}、l_{y5} 在直线滑槽内沿 Y 轴正方向运动。最终连杆 l_{y6}、l_{y7} 转动使连接端口绕 Z 轴做偏航运动。

基于对机器鼠整体体积和质量的考量，该腰部机构需要选用微小型电机驱动，且力矩输出需要有保障。为此，对于电机模型的选择需要有详细清晰的计

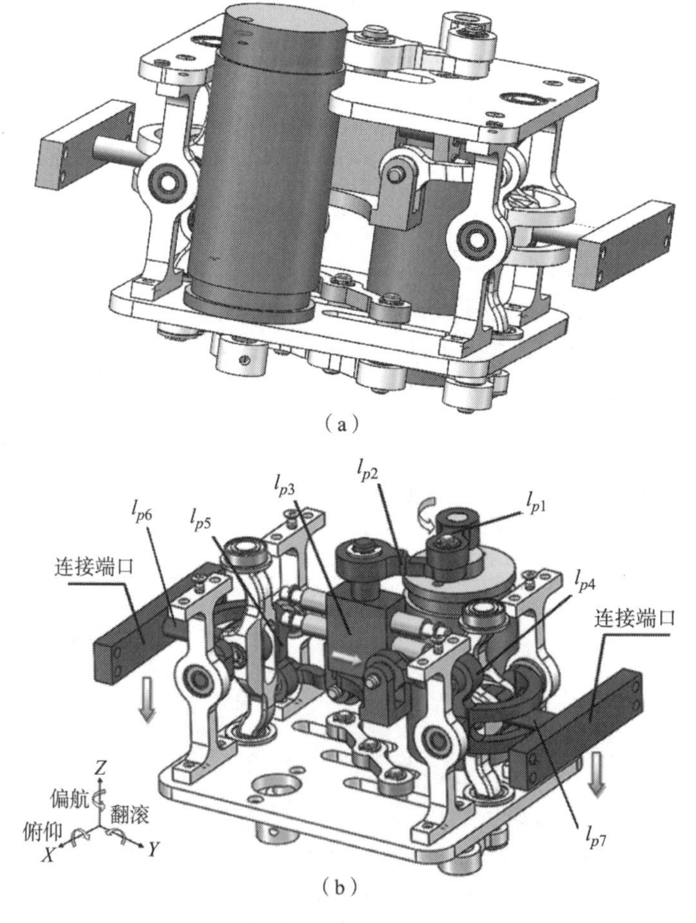

图3－11　连杆传动腰部机构示意图（见彩插）

（a）腰部结构总体示意图；（b）俯仰运动连杆机构示意图

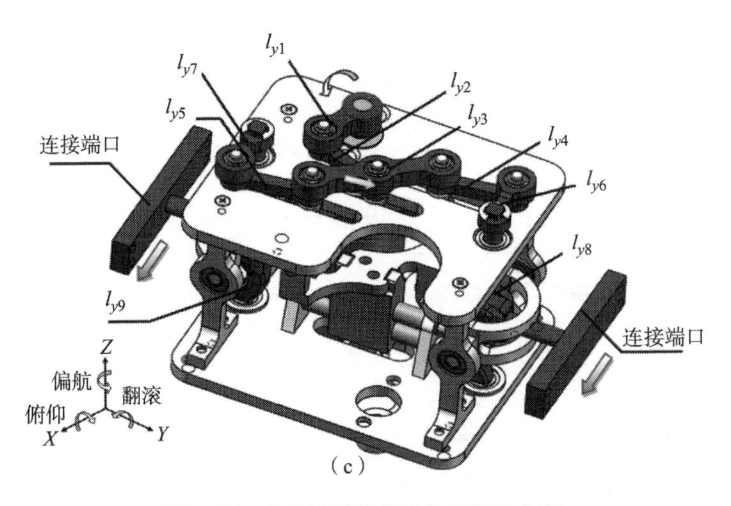

(c)

图 3－11　连杆传动腰部机构示意图（续）

（c）偏航运动连杆机构示意图

算。由于腰部进行俯仰动作时所需的电机力矩较大，故只对腰部俯仰运动的机构进行静力学分析，计算驱动所需的最大力矩。由于俯仰方向为空间连杆机构，直接进行力学计算较为复杂，故将图 3－11（b）所示的机构分解为 $X-Y$ 平面与 $Z-Y$ 平面的两个连杆机构，从而只需求出作用在 O_1、O_2 上 Y 轴的合力即可。为了简化计算过程，暂不考虑摩擦影响。

腰部 $Z-Y$ 平面连杆机构由连杆 l_{p4}、l_{p5}、l_{p6}、l_{p7} 组成，如图 3－12 所示。设头部、前肢与腰部的质量分别为 m_a、m_b、m_c，该机构所受的载荷为 F_a、F_b，在 Y 轴上的合力为 F_y，则

$$F_a=(m_a+m_b+m_c)g \tag{3-5}$$

$$F_b=(m_a+m_b)g \tag{3-6}$$

$$F_y=\frac{(m_a+m_b+m_c)gl_{p7}}{l_{p4}}+\frac{(m_a+m_b)gl_{p6}}{l_{p5}} \tag{3-7}$$

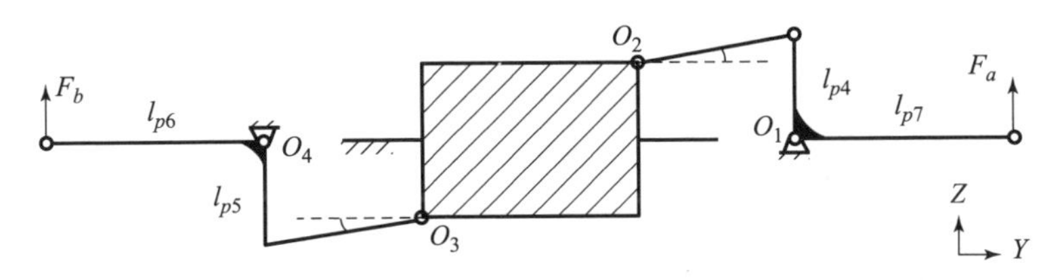

图 3－12　腰部 $Z-Y$ 平面连杆机构简图

腰部 $X-Y$ 平面连杆机构由连杆 l_{p1}、l_{p2} 组成，如图 3－13 所示，则可得最终所需电机转矩 T_m：

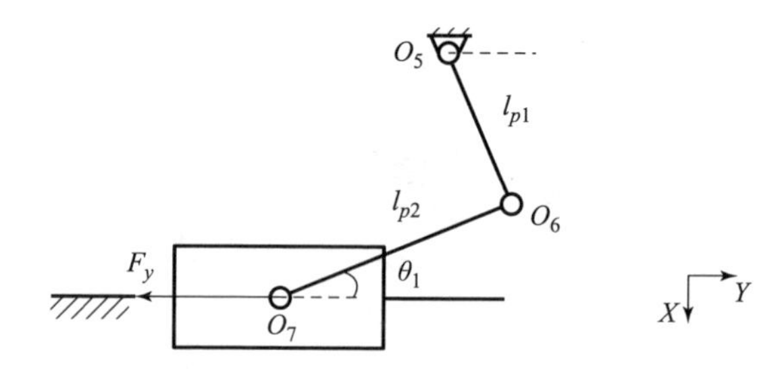

图 3－13　腰部 X－Y 平面连杆机构受力分析图

$$T_m = \frac{F_y l_{p1}}{\sin\theta_1} \tag{3-8}$$

考虑到腰部机构在装配过程中的误差以及零件的加工精度和零件间摩擦的影响，实际上所需要的静力矩将比计算值要大。同时，在机器鼠动态运动中，其自身的惯性也将增大对电机力矩的需求。为了保证新型机器鼠能够稳定地运动，需要对计算结果乘以一个较大的系数，根据经验选取该系数为 3，则有最终所需电机的额定力矩应不小于 121.92 mN · m。

通过查阅 Faulhaber 公司的选型手册[19]，选用 1516E012SR + IE2 - 16 + 15/5S 485∶1（电机 + 编码器 + 减速器）的直流电机组件，其主要参数与技术指标如表 3－1 所示。该电机自带螺纹孔，可以方便装配，且自带霍尔编码器可以实现闭环控制，是较为理想的驱动电机。

表 3－1　腰部直流电机主要参数与技术指标

参　数	指　标
长 × 直径	37 mm × ϕ15 mm
减速比	485∶1
名义电压	12 V
空载电流/空载转速	0.014 A/26.6 r · min^{-1}
额定电流/额定转速	0.14 A/5 r · min^{-1}
额定转矩	282 mN · m

至此，连杆传动的机器鼠腰部机构设计完成。该机构的主要特点在于其耦合了前后关节的自由度，在不影响腰部仿生性能的同时，减少了电机的使用数量，从而降低了腰部质量。同时，连杆传动不仅可以用于平面传动，也可以用于空间传动，这点有利于将腰部进行更加紧凑的设计。相较于差动齿轮的腰部机构而言，连杆传动的腰部机构质量和体积更小，更适合于机器鼠。此外，本书中，采用的是试凑法选取连杆参数，而参考文献［20］中对连杆的参数进行了进一步优化，有兴趣的读者可以查阅相关内容。

3.3　腿足机构设计

对于足式机器鼠而言，其四肢的机构设计将影响到机器鼠的仿生性能，甚至是其运动性能[21-23]。为此，在分析实验鼠四肢的骨骼肌肉模型的基础上，对足式机器鼠的腿足机构进行了设计。

3.3.1　机构原理

以机器鼠前肢为例，结合第2章中实验鼠前肢的生理结构并对其进行相应的简化，得到如图3-14（a）所示的自由度图。各连杆从上至下分别对应实验鼠的上肢、下肢和手掌，各关节从上至下分别对应肩关节、肘关节和腕关节，其中肩关节和肘关节设计为主动自由度，腕关节为被动自由度。根据图2-3（a）所示的前肢与体长的比例，结合机器鼠体长以及可行性原则，确定其上肢与下肢的长度均为40 mm。此外，为了使机器鼠在直立时重心不至于前倾，将机器鼠的后肢设计为与前肢相同尺寸，这种设计虽然使得后肢小腿的比例与实验鼠不相符，但相差并不大，也不会影响机器鼠行走时的步态。

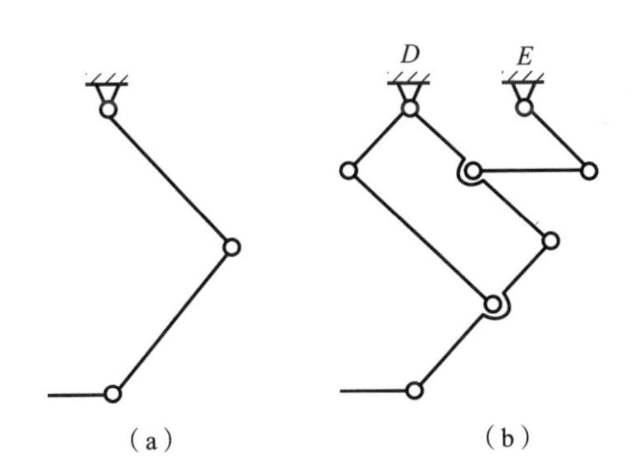

图3-14　机器鼠腿足机构简图

（a）实验鼠左前肢自由度图；（b）机器鼠左前肢机构简图

为了驱动大臂与小臂的运动，原则上需要在肩关节和肘关节上设置驱动，但由于驱动器尺寸的限制，采用上述驱动方案会使机器鼠腿足结构粗大，不符合尺寸精巧的设计要求。因此，只能将驱动器设计在机身上平行放置，选用四连杆机构将动力传动到小臂。四连杆机构可大致分为：曲柄摇杆机构、双曲柄机构和双摇杆机构。为了保证机器鼠腿足机构的两个杆件实现独立地摆动，采用并置的双平行四杆机构进行驱动，如图 3－14（b）所示，其中两个固定铰链 D、E 处各设置一个驱动，可较好实现对大鼠的仿生。

3.3.2 整机驱动选择

如图 3－15 所示，为了保证该机构正常稳定地运行，对其进行静力学分析，计算驱动所需的最大力矩。由于单腿同时受到支持力与摩擦力，故为了简化计算，设 T_{f1}、T_{f2} 为该机构仅受摩擦力时两电机的转矩，T_{n1}、T_{n2} 为该机构仅受支持力时两电机的转矩，则在支持力单独作用下，有：

$$T_{n1} = -Nl_2\cos\theta_t \tag{3-9}$$

$$T_{n2} = Nl_1\frac{\sin\theta_t - \cos\theta_f\sin(\theta_t - \theta_f)}{\cos(\theta_t - \theta_f)} \tag{3-10}$$

在摩擦力单独作用下，有：

$$T_{f1} = -fl_2\sin\theta_t \tag{3-11}$$

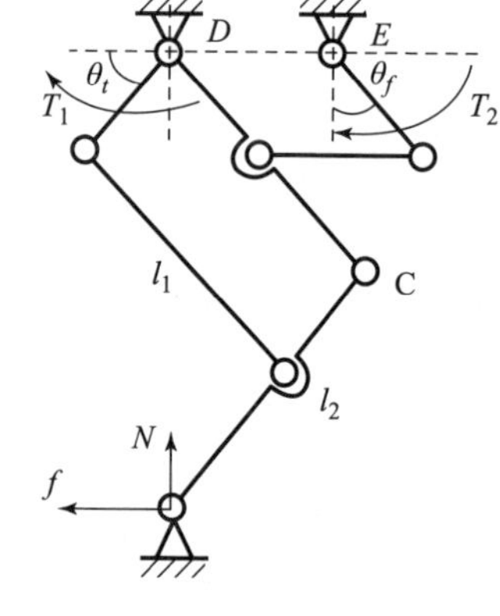

图 3－15 机器前肢受力图

$$T_{f2} = f\left[\frac{l_1}{l_5}(l_5 - 2l_2)\sin\theta_t\sin(\theta_t - \theta_f) - l_1\cos\theta_t\cos(\theta_t - \theta_f)\right] \tag{3-12}$$

因此，两电机所需要提供的力矩可通过以下公式计算：

$$T_1 = T_{f1} + T_{n1} \tag{3-13}$$

$$T_2 = T_{f2} + T_{n2} \tag{3-14}$$

根据之前所述的机器鼠整机尺寸及估算的腿足长度和总体质量，可由式（3－13）和式（3－14）计算出在正常路况下，舵机所需的最大力矩为0.69 N·m，并且出现在肩、髋关节处。考虑到电机尺寸、控制等因素，微小型舵机是适合驱动该腿足机构的驱动器。因此，本机器鼠的驱动即选定为至少可提供 1 N·m 力矩且尺寸可自由设定的直流伺服舵机。

3.3.3 结构设计

基于上述机构简图，结合现有腿足式机器人的机构特点[24－26]，设计如图 3－16 所示的机器鼠腿足结构。其中图 3－16（a）所示为机器鼠前肢结构，图 3－16（b）所示为后肢结构，其机构原理符合上面所述，各杆件尺寸也由前面的介绍所决定，材质选用铝合金，以保证质量小和强度高的特点。为保证机器鼠整体比例协调、尺寸适宜，将每个腿足所需的两个驱动器间距 20 mm 平行放置。同时，为减小机器鼠与地面接触时的冲击，在机器鼠腿足机构的腕、踝关节处设置扭簧，以吸收机器鼠手、脚掌与地面接触过程的能量。机器鼠手、脚掌通过3D打印成型，打印材料为橡胶，以便为机器鼠提供足够大的摩擦力。

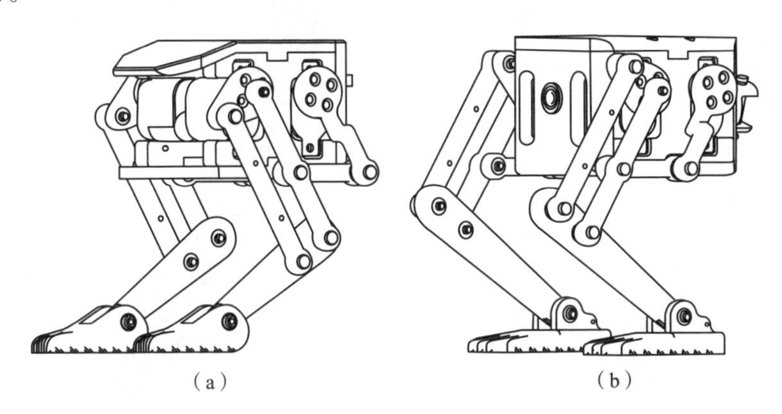

图3－16　机器鼠腿足结构设计

(a) 机器鼠前肢结构设计；(b) 机器鼠后肢结构设计

3.3.4　仿真校核

为了保证所设计的腿足结构具有可靠的强度，我们对重要的部件进行了校核。根据图3－15所示的受力图，图中所有参数均为已知量。将每个杆件简化为轻质杆，则可单独分析每个杆件所受的所有力与力矩。经过分析可知，*DC*杆上所受力与力矩最多也最为复杂，因此选定该杆件进行分析，其受力分析如图3－17所示，其中可求出的力以及力的关系式如下：

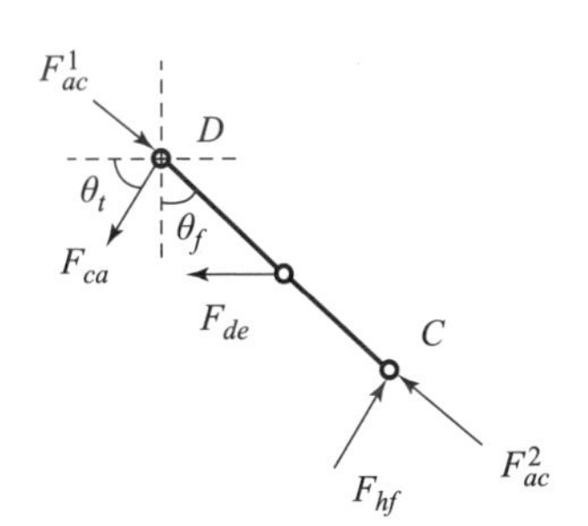

图3－17　机器鼠腿足受力分析

$$F_{ac}^2 = \frac{-N\cos\theta_t}{\cos(\theta_f-\theta_t)} + \frac{f\sin\theta_t}{\cos(\theta_f-\theta_t)} \tag{3-15}$$

$$F_{hf} = N\cdot\frac{\sin\theta_t-\cos\theta_f\sin(\theta_t-\theta_f)}{\cos^2(\theta_t-\theta_f)} - f\cdot\frac{3\sin\theta_t\sin(\theta_t-\theta_f)}{\cos(\theta_t-\theta_f)} - f\cos\theta_t \tag{3-16}$$

$$F_{de} = 2N\cdot\frac{\sin\theta_t-\cos\theta_f\sin(\theta_t-\theta_f)}{\cos(\theta_t-\theta_f)} - 2f\cdot\left[\frac{3\sin\theta_t\sin(\theta_t-\theta_f)}{\cos\theta_f} + \frac{\cos\theta_t\cos(\theta_t-\theta_f)}{\cos\theta_f}\right] \tag{3-17}$$

根据式（3－15）~式（3－17）求得的极限力与力矩输入SolidWorks simulation算例中分析，以该极限力矩作为载荷可以在极大程度上模拟机器鼠腿足结构在运动过程中所受的冲击，并添加夹具，单击算例分析后软件会得出校核结果，校核结果如图3－18所示。

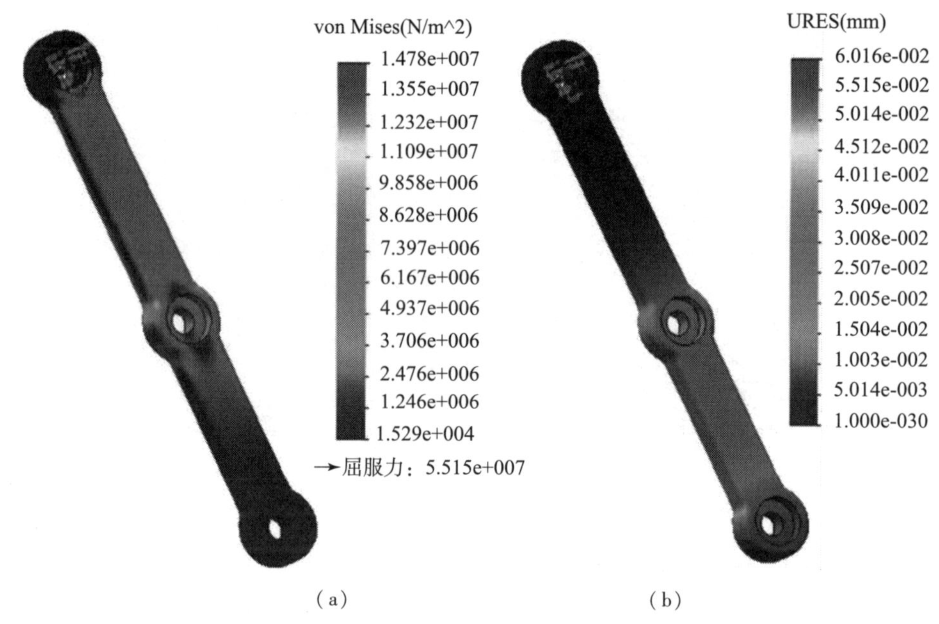

图 3－18　机器鼠前肢大臂的应力与应变位移（见彩插）

由前肢大臂的应力图 3－18 可知该杆件所受的最大应力为 28.5 MPa，低于杆件所选材料的屈服应力 55.2 MPa，说明作为最有可能出现问题的杆件在极限力矩作用下也可以保证其可靠性。由前肢大臂的应变位移图可知该杆件的最大应变位移为 6 μm，说明在极限冲击下该杆件的变形程度也在可控范围内。

3.4　其他部位机构设计

3.4.1　头部结构

头部主要由两个舵机组成，如图 3－19 所示。偏航舵机实现机器鼠偏航轴旋转，俯仰舵机实现鼠俯仰轴旋转，俯仰舵机与偏航舵机联动实现机器鼠的嗅

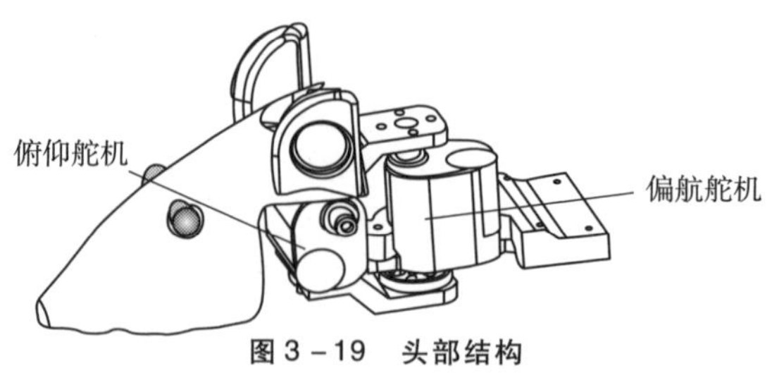

图 3－19　头部结构

探运动。

由于头部整体体积较小，而且无须大的驱动力矩，故这里不做静力学分析，只需满足尺寸条件即可。同时，为了减小加工难度与整体质量，头部结构采用光敏树脂材料。由于该舵机较小故采用定制舵机，其主要参数与技术指标如表 3－2 所示。

表 3－2　头部舵机主要参数与技术指标

参　数	指　标
长×宽×高	15.1 mm×10.8 mm×15 mm
转速	0.09 s/60°
工作频率	50 Hz

3.4.2　轮式机器鼠前肢结构

前肢部分主要由两组五杆机构组成，如图 3－20 所示。以左前肢为例，微型减速步进电机通过齿轮传动使连杆 l_{f1} 带动连杆 l_{f3} 绕着定点往复摆动。同时，连杆 l_{f2} 绕着定点往复摆动，最终连杆 l_{f5} 在连杆 l_{f1}、l_{f4} 的共同作用下实现机器鼠前肢动作。

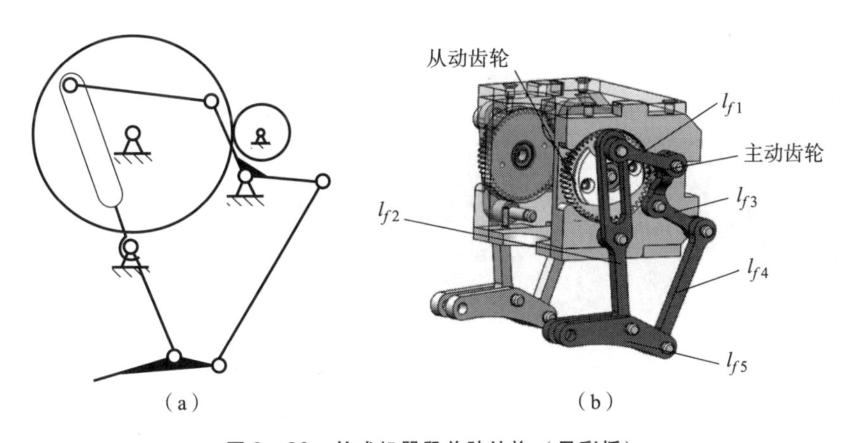

图 3－20　轮式机器鼠前肢结构（见彩插）

(a) 前肢机构简图；(b) 前肢结构设计

由于前肢只是模仿实验鼠的动作，且不需要大的驱动力矩，故并不需要对其进行静力学分析，只需要满足尺寸条件即可。通过查阅 Faulhaber 公司的选型手册，选用其 DM0620＋08/1 16∶1（电机＋减速器）步进电机组件，其主要参数与技术指标如表 3－3 所示。

表 3-3　前肢步进电机主要参数与技术指标

参　　数	指　　标
长×直径	22 mm×ϕ6 mm
名义电压	6 V
步进角	18°
保持转矩	4 mN·m
相数	两相四线

3.4.3　轮式底座结构

轮式底座结构部分如图 3-21 所示，主要由轮式行走机构和臀部舵机组成。轮式行走机构采用同步带传动方式实现新型机器鼠的行走运动，具体为由两个直流减速电机分别驱动同步带轮带动两个橡胶车轮转动。为了使行驶平稳，底座后部采用两个嵌入底座的球体进行支撑。臀部机构由舵机直接驱动，通过连接结构与腰部机构连接。

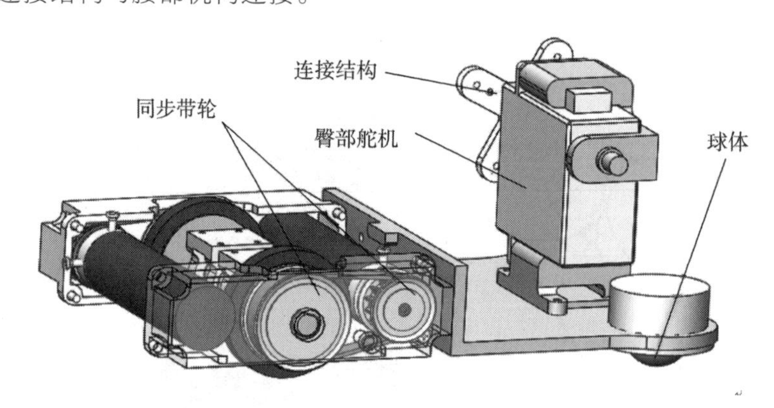

图 3-21　轮式底座结构（见彩插）

由于物体的静摩擦力大于动摩擦力，故这里只对新型机器鼠行走前的静摩擦力进行分析。摩擦力计算公式为

$$F_{wf}=\mu N_w=\mu mg \tag{3-18}$$

其中，新型机器鼠总质量 $m=293.4$ g，$g=9.8$ m/s^2，车轮材料为橡胶，经查表可知橡胶轮与水泥地面摩擦系数为 0.3，鉴于新型机器鼠的运动环境较好，这里摩擦系数 $\mu=0.2$。通过计算 $F_{wf}=0.574$ N，因而所需电机转矩可根据下式计算：

$$T_w = rF_{wf} \tag{3-19}$$

其中，轮式机器鼠车轮半径 $r=10$ mm，通过计算可知电机所需力矩为 5.74 mN·m。

通过查阅 Maxon 公司的选型手册，选用其 RE10 + MR 256 CPT + GP10A 16:1（电机 + 编码器 + 减速器）直流电机组件，其主要参数与技术指标如表 3-4 所示。

表 3-4　车轮直流电机主要参数与技术指标

参　数	指　标
长×直径	40.9 mm×ϕ10 mm
减速比	16:1
名义电压	6 V
空载电流/空载转速	0.012 A/800 r·min^{-1}
额定电流/额定转速	0.19 A/193 r·min^{-1}
额定转矩	7.87 mN·m

由于头部、前肢与腰部为串联连接，故可分别计算转矩，并进行合成，计算公式如下：

$$T_p = m_a g l_h + m_b g l_f + m_c g l_w \tag{3-20}$$

式中，l_h、l_f、l_w 分别为头部质心、前肢质心、腰部质心到臂部舵机轴的距离，其取值分别为 125 mm、105 mm、50 mm。

通过计算可得，舵机所需力矩应不小于 119.8 mN·m。考虑摩擦等因素的影响，对上述结果乘以一个补偿系数（取 2.5），可得舵机所需力矩不小于 299.5 mN·m。

通过查阅 KST 公司的选型手册，选用其 MS325 型舵机，其主要参数与技术指标如表 3-5 所示。

表 3-5　臂部舵机主要参数与技术指标

参　数	指　标
长×宽×高	27.5 mm×12 mm×23 mm
转速	0.09 s/60°
额定转矩	380 mN·m
工作频率	1 520 μs/333 Hz

3.5 总体结构

通过对机器鼠每个部位进行机构设计、电机选型、仿真校核的迭代设计，设计出了轮式机器鼠和足式机器鼠，用于实验鼠行为研究及交互研究。本节将给出两类机器鼠的总体结构及部分参数。

3.5.1 轮式机器鼠

如图 3－22 所示，轮式机器鼠的机械结构主要由轮式臀部、腰部、前肢、头部四部分组成。最终该轮式机器鼠机械结构的总体质量为 400 g，具体各部分质量分布如表 3－6 所示。

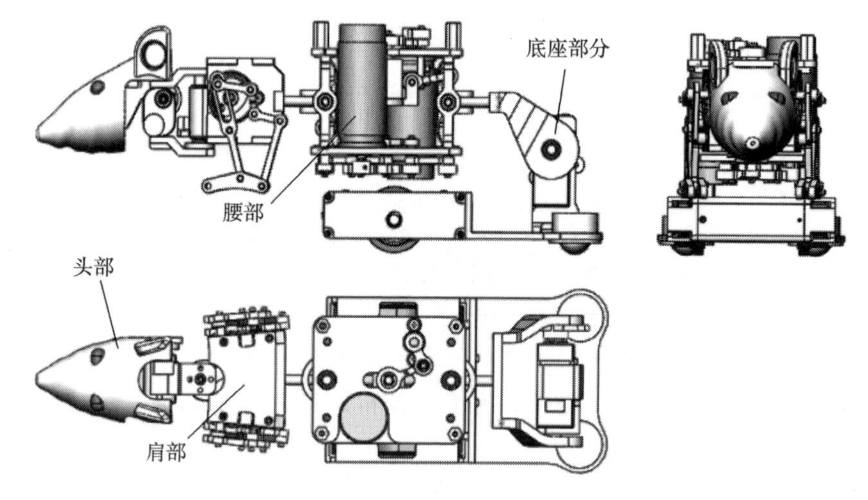

图 3－22 轮式机器鼠三视图（见彩插）

表 3－6 轮式机器鼠机械结构各部分质量分布

部位	质量/g
头部	40
肩部	73
腰部	181
底座	106

3.5.2　足式机器鼠

如图3－23所示，足式机器鼠的机械结构主要由前肢、后肢、腰部、头部四部分组成。最终该足式机器鼠机械结构的总质量为312 g，具体各部分质量分布如表3－7所示。

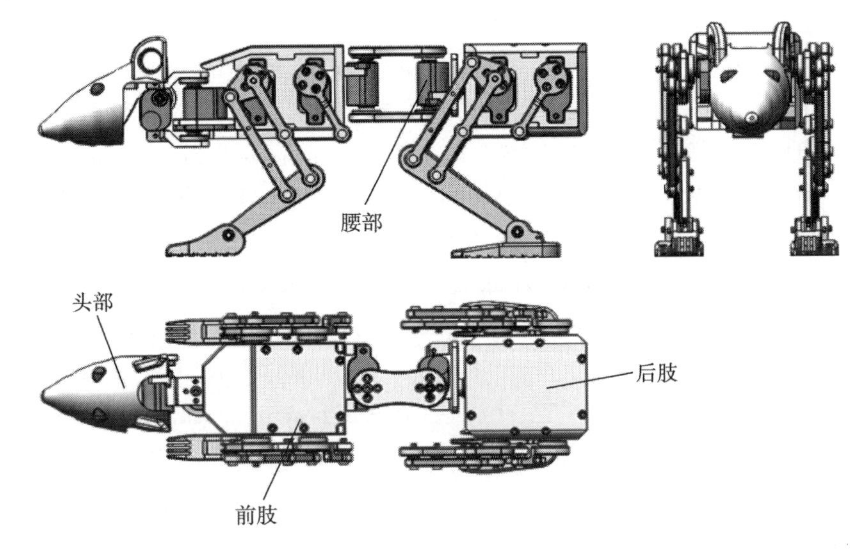

图3－23　足式机器鼠三视图（见彩插）

表3－7　足式机器鼠机械结构各部分质量分布

部位	质量/g
头部	23
前肢	130
腰部	22
后肢	137

参考文献

[1] 徐伯初，陆冀宁．仿生设计概论［M］．成都：西南交通大学出版社，2016.

[2] Shi Q, Ishii H, Fumino S, et al. A robot – rat interaction experimental system based on the rat – inspired mobile robot WR – 4 [C]// IEEE International Conference on Robotics & Biomimetics. 2011.

[3] Shi Q, Ishii H, Sugahara Y, et al. Design and control of a biomimetic robotic rat for interaction with laboratory rats [J]. IEEE/ASME Transactions on Mechatronics, 2015, 20 (4): 1832 – 1842.

[4] Shi Q, Ishii H, Kinoshita S, et al. A rat – like robot for interacting with real rats [J]. Robotica, 2013, 31 (8): 1337 – 1350.

[5] Shi Q, Ishii H, Miyagishima S, et al. Development of a hybrid wheel – legged mobile robot WR – 3 designed for the behavior analysis of rats [J]. Advanced Robotics, 2011, 25 (18): 18.

[6] Shi Q, Ishii H, Sugita H, et al. A rat – like robot WR – 5 for animal behavior research [C]//IEEEInternationalConferenceonRoboticsandBiomimetics, IEEE, 2012.

[7] Shi Q, Ishii H, Sugahara Y, et al. Control of posture and trajectory for a rat – like robot interacting with multiple real rats [C]// IEEE International Conference on Robotics and Automation (ICRA). IEEE, 2014.

[8] Shi Q, Ishii H, Kinoshita S, et al. Modulation of rat behaviour by using a rat – like robot [J]. Bioinspiration & Biomimetics, 2013, 8 (4): 046002.

[9] Shi Q, Li C, Li K, et al. A Modified robotic rat to study rat – like pitch and yaw movements [J]. IEEE/ASME Transactions on Mechatronics, 2018, 23 (5): 2448 – 2458.

[10] Shi Q, Ishii H, Konno S, et al. Mathematical modeling of robot – rat interaction for the analysis and modification of rat sociality [C]// IEEE/RSJ international conference on intelligent robots & systems. IEEE, 2012.

[11] Shi Q, Ishii H, Konno S, et al. Image processing and behavior planning for robot – rat interaction [C]// IEEE ras & embs international conference on biomedical robotics & biomechatronics. IEEE, 2012.

[12] Ishii H, Shi Q, Miyagishima S, et al. Stress exposure using small mobile robot both in immature and mature period induces mental disorder in rat [C]// IEEE ras & embs international conference on biomedical robotics & biomechatronics. IEEE, 2012.

[13] Kawasaki R, Sato R, Kazama E, et al. Development of a flexible coupled spine mechanism for a small quadruped robot [C]// IEEE international conference

on robotics and biomimetics (ROBIO). IEEE, 2016.

[14] Nikkhah A, Yousefi – Koma A, Keshavarz H, et al. Design, Dynamic modeling and fabrication of a bio – inspired quadruped robot [C]// The 3th international conference on robotics and mechatronics. IEEE, 2015.

[15] Ishii H, Masuda Y, Miyagishima S, et al. Design and development of biomimetic quadruped robot for behavior studies of rats and mice [C]// Annual international conference of the iEEE engineering in medicine and biology society. IEEE. 2009.

[16] 李康，石青，李昌，等．机器鼠的仿鼠运动程度评估［J］．机器人，2017，39（3）：347 – 354.

[17] Li C, Shi Q, Li K, et al. Motion evaluation of a modified multi – link robotic rat [C]// IEEE/RSJ international conference on intelligent robots and systems (IROS). 2017.

[18] Ma M, Shi Q, Li C, et al. Design of a compact rat – inspired waist mechanism for a biomimetic robot [C]// International conference on cyborg and bionic systems. IEEE, 2018.

[19] FAULHABER 样本 2019 [OL]. [2019 – 07 – 06]. https: //faulhaber. cn/.

[20] Li C, Shi Q, Gao Z H, et al. Design and optimization of a lightweight and compact waist mechanism for a robotic rat [J]. Mechanism and Machine Theory, 2020, 146: 103723.

[21] 盛沙．小型四足平台的机构设计与行走控制研究［D］．北京：北京理工大学，2014.

[22] 丁良宏．BigDog 四足机器人关键技术分析［J］．机械工程学报，2015，51（7）：1 – 23.

[23] 田兴华，高峰，陈先宝，等．四足仿生机器人混联腿构型设计及比较［J］．机械工程学报，2013，49（6）：81 – 88.

[24] 任瀚宇．弹性连杆机构式四足机器人设计与运动控制研究［D］．重庆：重庆大学，2017.

[25] 李贻斌，李彬，荣学文，等．液压驱动四足仿生机器人的结构设计和步态规划［J］．山东大学学报（工学版），2011，41（5）：32 – 36.

[26] 李满天，蒋振宇，郭伟，等．四足仿生机器人单腿系统［J］．机器人，2014，36（1）：21 – 28.

第4章

机器鼠感知模块

感知模块是机器鼠实现周围环境感知、完成自主交互的关键部分。为了实现机器鼠在复杂环境下的自主控制，本章在仿生机械结构设计的基础上，进一步描述了视觉、触觉、听觉相关的机器鼠感知模块设计。机器鼠感知模块不仅在形态上与实验鼠的感知系统相似，功能上也十分接近。

4.1 感知模块设计思路

4.1.1 设计原则

随着仿生机器人技术的不断发展，其相应的感知系统也趋向于智能化和多元化，自然界中生物的特征一直以来是仿生机器人各种设计思路的灵感源泉。仿生机器鼠感知模块的设计灵感来自实验鼠对环境的感知方式，包括视觉、触觉、听觉和嗅觉等。由于一般的气味传感器比较大，难以集成到机器鼠上。因此，将从视觉、触觉、听觉 3 个方面设计机器鼠的感知模块，使其不仅在形态上与实验鼠的感知系统相似，并且具有相似的感知功能[1]。由此考虑到功能与形态仿生原则，将机器鼠感知模块分为视觉感知系统、触觉感知系统和听觉感知系统 3 个部分。在功能上模仿实验鼠感知环境的方式，同时其尺寸及形态均模仿实验鼠的眼睛、胡须等感官的实际尺寸和形态。

4.1.2 设计流程与需求分析

本书中机器鼠感知模块的设计流程如图 4－1 所示。首先，根据实验鼠的感知特性，结合机器鼠的仿生结构、机器鼠与实验鼠的交互要求等方面，提出机器鼠感知模块的设计需求；其次，设计相应感知模块的硬件系统，并对该系统进行分析，建立其数学模型；再次，在不影响机器鼠运动性能和交互能力的前提下，

图 4－1　机器鼠感知模块设计流程

将各感知模块集成到机器鼠交互系统中；最后，对感知系统进行必要的测试。

实验鼠通过双目视觉感知来自环境中的威胁，并采取相应的措施，故将机器鼠视觉感知系统设计为双目视觉系统。基于形态相似性原则，仿照实验鼠眼睛与头部的尺寸及其比例[2]，应选择直径较小的微型相机。实验鼠作为被捕食动物，长期的进化使得实验鼠具有较为宽广的视野范围，以便及时发现周围环境中潜在的威胁。因此，微型相机应具有较大的视场角（FOV）。

实验鼠的胡须规律排列在脸部的两侧，十分柔软，长度略大于实验鼠自身的身体宽度[3]。因此，为了模仿实验鼠的胡须与头部的尺寸比例，胡须传感器的纤毛长度应约等于机器鼠的身体宽度。另外，实验鼠探索环境时通过胡须扫描物体的表面，根据胡须根部皮层中主要自体感觉皮质产生的电信号判断接触物体的表面特性，具有测量洞穴宽度，分辨物体的表面特性，定位等功能。由此机器鼠触觉感知系统需要具备足够的灵敏度，并且为了满足功能仿生，机器鼠触觉感知系统需要具有测距、分辨不同的物体表面特性的功能。

如 2.3.2 节所述，实验鼠的不同超声波发声频率（USV）和实验鼠的情绪状态之间存在紧密的联系[4]。由于在机器鼠交互实验中，判断实验鼠的情绪状态是非常关键的研究内容，可为实验者分析在机器鼠与实验鼠交互过程中机器鼠的行为对实验鼠所产生的影响提供判断依据。因此，针对面向与实验鼠交互的机器鼠听觉感知模块设计而言，需要满足在嘈杂环境下实时准确识别出实验鼠的超声波发声，以及具有根据不同的发声频率判断实验鼠当前情绪状态的功能。听觉感知模块的设计方法为在机器鼠与实验鼠的交互环境中安装声音采集系统，采集实验鼠在交互过程中发出的声音，并通过信号分类算法判断实验鼠当前的情绪状态。机器鼠感知模块的设计思路如图 4－2 所示。

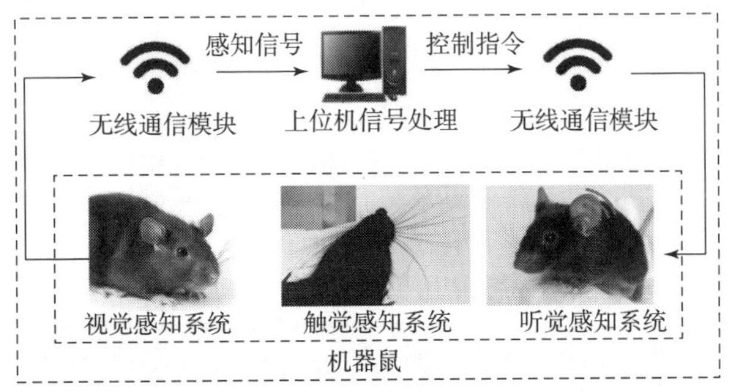

图 4－2　机器鼠感知模块

4.2 视觉感知系统

视觉感知是实验鼠感知检测运动目标、周围环境，以及估计自身位置的重要方式。为了便于机器鼠在交互过程中的自定位，并为机器鼠与实验鼠交互提供反馈信息，基于实验鼠的视觉感知特性设计了机器鼠双目立体视觉感知系统。

4.2.1 系统设计

遵循仿生设计原则，机器鼠视觉感知系统应具有与实验鼠视觉相似的形态和功能，因此选择使用双目立体视觉感知的方式。在视觉感知系统的搭建过程中，首先需要选择合适的微型双目相机，并对机器鼠头部做出改进，将双目相机集成到机器鼠的头部。同时，由于视频数据难以直接在电路板上处理，需要设计无线图传模块将数据传送到上位机进行处理。

一、微型相机选型

微型相机应该安装在机器鼠头部，受限于机器鼠头部狭窄的空间，摄像头的尺寸是相机选型中首先需要考虑的因素，符合要求的微型相机应满足直径小于4.5mm，长度约10 mm的条件。由于数字相机尺寸普遍偏大，并且引脚过多，无法满足需求，而模拟相机存在尺寸较小的型号，便于集成，因此选择小体积的模拟相机组成机器鼠的视觉感知系统。双目视觉系统能够测量的深度与基线长度成正比，由于机器鼠头部的尺寸限制，两个相机之间的基线长度较短，只能测量较近的距离，也恰好符合实验鼠的视觉特点。此外，相机的帧率需要满足30 f/s（帧/s）以上，FOV需要在60°以上。由于摄像头通过控制电路板的端口供电，摄像头的工作电压不能过高，选择在5 V左右较为合适。摄像头体积过小会导致其分辨率较低，不过由于实验鼠的视觉分辨能力本身并不高，选择分辨率稍低的相机刚好符合实验鼠的视觉感知特性，并且较低的分辨率可以提高视频传输的实时性。因此，本章提出的视觉感知系统不对相机的分辨率有特殊的要求。

综合考虑以上因素，选择两个尺寸为$\phi4$ mm × 12 mm，分辨率为320 × 240像素的微型模拟相机作为机器鼠的“双目”，相机的具体参数如表4－1所示，微型相机实物图如图4－3所示。

表 4 - 1　微型相机的具体参数

参　数	微型相机
尺寸（长×宽×高）	12 mm×4 mm×4 mm
分辨率	320×240 像素
帧率	最高 30 f/s
FOV	~70°
供电电压	5 V
供电电流	0.13 A

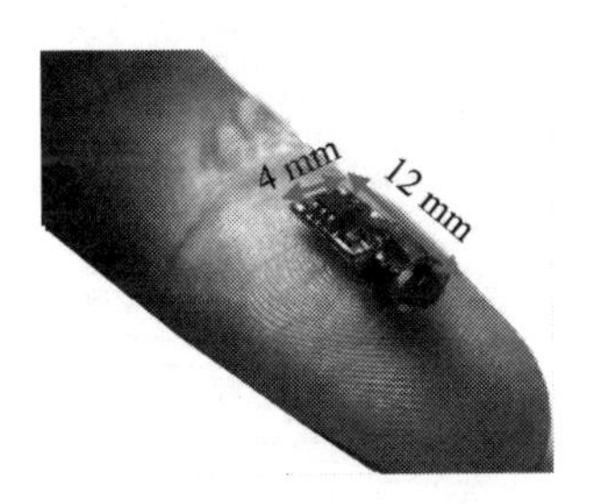

图 4 - 3　微型相机实物图

二、硬件集成

考虑到实验鼠两只眼睛之间的位置关系，双目相机的安装方式有以下两种方案。一种是模拟实验鼠两只眼睛的相对位置进行安装。实验鼠的双目位于头部的两侧，这样的位置使得实验鼠在任何时刻都具有更大的视野。但是，双目重叠部分较小，将两个相机安装在机器鼠头部的两侧，这样可以获得较大的视场范围。但是，双目重叠的部分较少，难以进行立体视觉的计算。另一种方案是两个相机平行安装在头部的前方，这样的安装方式可以获得较大的视场重叠部分，方便双目立体深度的计算，但这种安装方式的弊端为相机的视场狭窄（可以通过控制机器鼠头部摆动来克服）。综合考虑，选择第二种方案，即双目相机平行安装在头部的前方的安装方式。

三、无线图传模块选型

无线图传模块的频率分为 2.4 GHz 和 5.8 GHz 两个 ISM 频段，其中采用 5.8 GHz 频段进行图像传输具有更快的传输速度，但是穿透能力更弱，传输距离较近。由于本研究中，实际应用场景不需要较远的传输距离，因此结合实际测试我们最终选择 5.8 GHz 模拟图传模块作为本系统的无线传输模块。

本系统采用的无线发射模块型号为 VT5804pro，发射功率可三挡切换，输出功率稳定，传输距离远，具有 48 个输出频点，工作频率为 5. 300 ~ 5. 900 GHz，输入电压 7 ~ 24 V，可以通过机器鼠的主控电路板供电，输出电压 5V，可以给摄像头供电，无线发射模块体积小巧，可以安装在机器鼠腰部两侧，不影响机器鼠运动。无线接收模块型号为 RX600，工作频率为 5. 685 ~ 5. 905 GHz，无线接收模块的天线选择全向蘑菇头天线，以提高信号强度，增加稳定性。无线收发模块技术参数如表 4 - 2 所示。

表 4 - 2　无线收发模块技术参数

参　数	无线发射模块	无线接收模块
型号	VT5804	RX600
频率范围	5. 300 ~ 5. 900 GHz	5. 685 ~ 5. 905 GHz
输入电压	7 ~ 24 V	5 ~ 28 V
尺寸	≈36 mm × 36 mm × 5 mm	≈51 mm × 52 mm × 16 mm
质量	≈6 g	≈40 g

为了防止干扰，两套无线发送模块和接收模块分别选择不同的工作频率，分别为 5. 685 GHz 和 5. 905 GHz。USB 视频采集卡与无线接收模块相连并为其供电，将接收到的 AV 信号传给主控计算机进行相应的图像处理，无线收发模块与 USB 视频采集卡如图 4 - 4 所示。

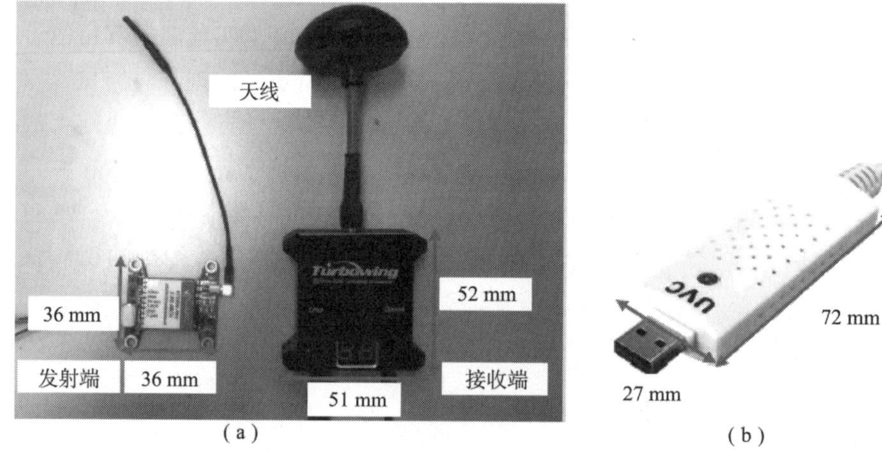

图 4 - 4　无线收发模块与 USB 视频采集卡

(a) 无线收发模块；(b) USB 视频采集卡

整个系统的通讯流程如图 4 - 5 所示。双目相机采集到 AV 信号首先传给无线发射模块，然后通过 5. 8 GHz 无线图传模块传送到接收模块，接收模块通过

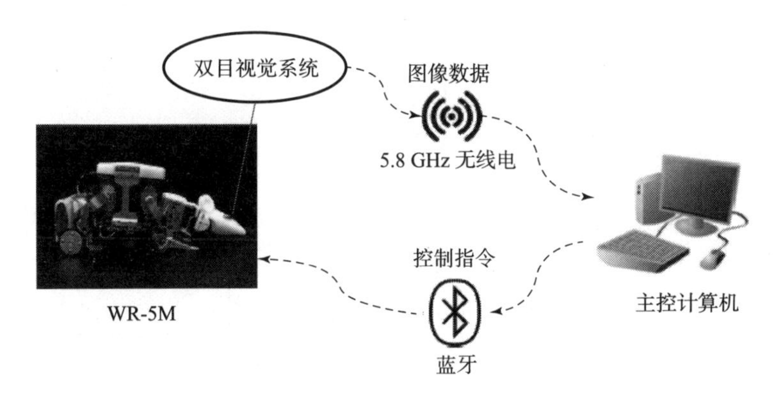

图 4-5　视觉感知系统通讯流程

USB 视频采集卡连接到主控计算机读取 AV 信号，主控计算机进行处理后将控制信号通过蓝牙传输到控制电路板以控制机器鼠的运动。

4.2.2　实验测试

在仿生机器鼠与实验鼠进行交互过程中，需要仿生机器鼠对自身位姿进行估算，建立三维地图，以及计算机器鼠与实验鼠之间的距离，这些都需要事先获得图像点的空间信息。人类视觉是根据两只眼睛位置的不同，从而得到同一个物体从不同位置获得的图像，通过融合两张图像并根据图像中的差异来获取物体的深度信息。双目立体视觉作为机器视觉的重要组成部分，利用双目相机获取图像[5]，由于存在视差，可以通过立体校正和立体匹配等方法建立两个图像特征点之间的对应关系，利用三角测量原理计算出像素之间的偏移来获取物体的三维坐标信息。

一、针孔相机模型

相机模型可以将三维世界中的坐标点通过投影映射到二维图像平面，这种相机模型种类很多，在此具体介绍的是其中最常见的针孔相机模型[6]，如图 4-6 所示，其由光心 O、光轴 OO' 和成像平面 $OX'Y'$ 三部分构成。建立如图 4-6 所示的坐标系，并设三维空间的物体点 P 坐标为（x，y，z），光心 O 到 $OX'Y'$ 平面的距离为 f（即焦距），则有 P 经过光心 O 后投影在 $OX'Y'$ 上的 P' 处，坐标为（x'，y'），根据相似三角形，可得

$$\frac{z}{f} = -\frac{x}{x'} = -\frac{y}{y'} \tag{4-1}$$

公式（4-1）中的负号（-）表示成倒立的像，数学上可以进行简化，将成像平面映射到相机的前方，即三维空间点与成像平面在相机坐标系的同

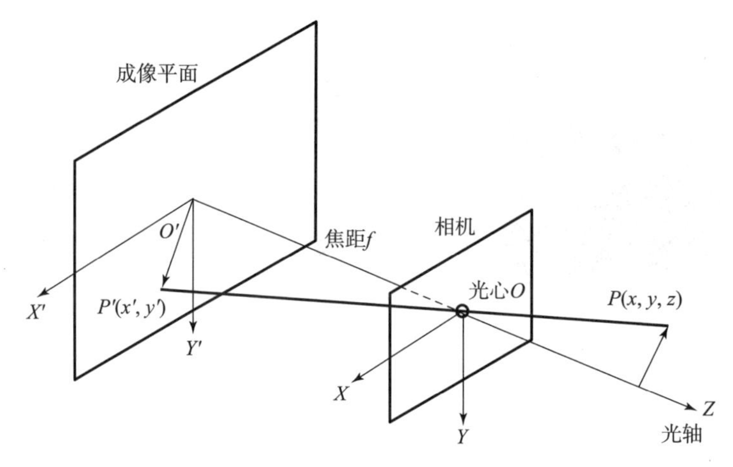

图 4－6　针孔相机模型

侧，这样可以去掉负号使公式更加简洁，将式（4－1）整理后，可得

$$\begin{cases} x' = f\dfrac{x}{z} \\ y' = f\dfrac{y}{z} \end{cases} \tag{4-2}$$

这样便得到了空间中点在相机坐标系与成像平面坐标系之间的转换。不过，相机最终获得的是像素点，这就需要在成像平面上对像进行量化处理，涉及了坐标系之间的坐标转换。

二、相机坐标系转换

与相机相关的坐标系有世界坐标系、相机坐标系、成像平面坐标系和图像坐标系。这 4 种坐标系的定义及坐标转换的过程如图 4－7 所示。

世界坐标系 $O_w-X_wY_wZ_w$满足右手法则，相机的位姿相对于世界坐标系由两个参数，即平移向量 $\boldsymbol{t}$ 和旋转矩阵 R 表示。相机坐标系 $O_c-X_cY_cZ_c$以相机的光心 O_c为原点，Z_c轴沿着光轴方向指向相机前方，X_c轴水平向左，Y_c轴竖直向下，且构成的相机平面与成像平面平行，O_cO_i为焦距长 f。世界坐标系到相机坐标系的转换为刚体变换，对应关系以齐次坐标的形式表示如下：

$$\begin{bmatrix} x_c \\ y_c \\ z_c \\ 1 \end{bmatrix} = \begin{bmatrix} \boldsymbol{R} & \boldsymbol{t} \\ \boldsymbol{0}^{\mathrm{T}} & 1 \end{bmatrix} \begin{bmatrix} x_w \\ y_w \\ z_w \\ 1 \end{bmatrix} = \boldsymbol{T} \begin{bmatrix} x_w \\ y_w \\ z_w \\ 1 \end{bmatrix} \tag{4-3}$$

其中，$\boldsymbol{R}$ 为一个 3×3 的旋转矩阵；$\boldsymbol{t}$ 为三维平移向量；$\boldsymbol{T}$ 为由 $\boldsymbol{R}$ 和 $\boldsymbol{t}$ 构成的

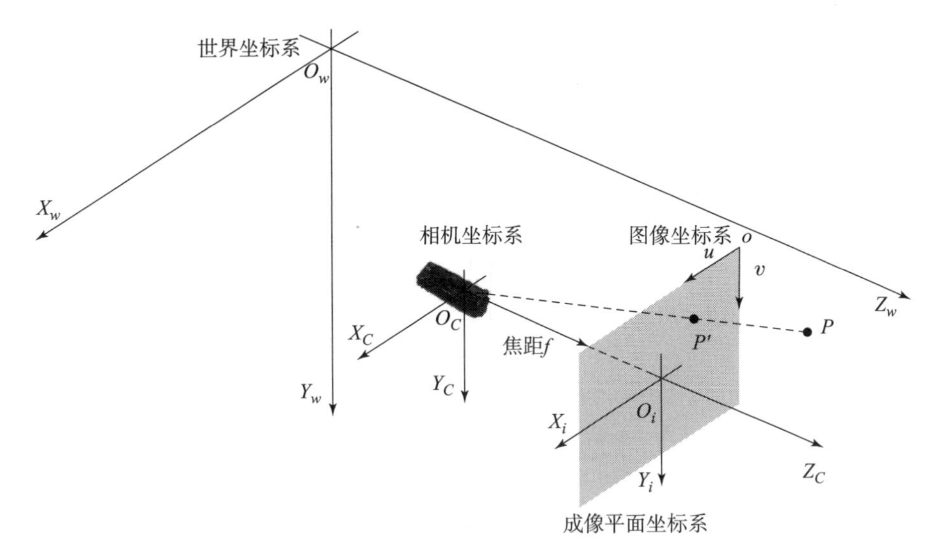

图 4－7　坐标转换示意图

4×4 的齐次坐标变换矩阵。

成像平面坐标系 $O_i-X_iY_i$ 以成像平面的中心 O_i 为原点，X_i 轴水平向左，Y_i 轴竖直向下。根据上述的小孔成像模型，可以得到相机坐标系到成像平面坐标系的齐次坐标转换公式为

$$z_c\begin{bmatrix}x_i\\y_i\\1\end{bmatrix}=\begin{bmatrix}f&0&0&0\\0&f&0&0\\0&0&1&0\end{bmatrix}\begin{bmatrix}x_c\\y_c\\z_c\\1\end{bmatrix}\tag{4－4}$$

图像坐标 $O-uv$ 以图像的左上角 O 为原点，u 轴与成像平面坐标系的 X_i 轴一致，v 轴与成像平面坐标系的 Y_i 轴一致。图像坐标系 $O-uv$ 与成像平面坐标系 $O_i-X_iY_i$ 之间，相差了两个缩放因子和一个原点的平移向量。假设图像坐标系在 u 轴上缩小了 $1/\alpha$，在 v 轴上缩小了 $1/\beta$，同时原点平移了 $[c_x,\ c_y]^{\mathrm{T}}$，那么成像平面坐标系与图像坐标系之间的齐次坐标转换公式为

$$\begin{bmatrix}u\\v\\1\end{bmatrix}=\begin{bmatrix}\alpha&0&c_x\\0&\beta&c_y\\0&0&1\end{bmatrix}\begin{bmatrix}x_i\\y_i\\1\end{bmatrix}\tag{4－5}$$

式中，α、β 的单位为像素/mm，一般来说二者的值比较相近。

综合式（4－3）~式（4－5），可以推导得到图像像素坐标（u，v）和世界坐标（x_w，y_w，z_w）之间的转换关系，即

$$
\begin{aligned}
z_c\begin{bmatrix} u \\ v \\ 1 \end{bmatrix} &= \begin{bmatrix} \alpha & 0 & c_x \\ 0 & \beta & c_y \\ 0 & 0 & 1 \end{bmatrix}\begin{bmatrix} f & 0 & 0 & 0 \\ 0 & f & 0 & 0 \\ 0 & 0 & 1 & 0 \end{bmatrix}\begin{bmatrix} \boldsymbol{R} & \boldsymbol{t} \\ \boldsymbol{0}^{\mathrm{T}} & 1 \end{bmatrix}\begin{bmatrix} x_w \\ y_w \\ z_w \\ 1 \end{bmatrix} \\
&= \begin{bmatrix} f_x & 0 & c_x & 0 \\ 0 & f_y & c_y & 0 \\ 0 & 0 & 1 & 0 \end{bmatrix}\begin{bmatrix} \boldsymbol{R} & \boldsymbol{t} \\ \boldsymbol{0}^{\mathrm{T}} & 1 \end{bmatrix}\begin{bmatrix} x_w \\ y_w \\ z_w \\ 1 \end{bmatrix} = \boldsymbol{KT}\begin{bmatrix} x_w \\ y_w \\ z_w \\ 1 \end{bmatrix}
\end{aligned}
\qquad (4-6)
$$

式中，$f_x=\alpha f$，$f_y=\beta f$，分别为 x、y 方向上的等效焦距，单位为像素；矩阵 $\boldsymbol{K}$ 称为内参矩阵，由 f_x，f_y，c_x，c_y 决定，这 4 个参数仅与相机本身属性有关，一般在相机出厂之后是固定的；矩阵 $\boldsymbol{T}$ 称为外参矩阵，由平移向量 $\boldsymbol{t}$ 和旋转矩阵 $\boldsymbol{R}$ 决定。

三、双目测距原理

针孔相机模型描述了单个相机的成像原理，但是由于相机光心与图像平面某一点的连线上可以对应空间中无数点。因此，仅根据一个点在单个相机上的投影无法准确地获取具体的空间位置，也就无法恢复出物体的深度信息。为此，可以利用双目相机同步采集左、右相机的图像，进而匹配计算出视差，从而估计每个点的深度。双目相机的测距原理如图 4－8 所示。

图 4－8（a）中左、右两个相机都可以看作针孔相机，并且水平放置。设两相机的焦距均为 f_c，它们的光心分别为 O_L 和 O_R，而且相机坐标的 x 轴彼此

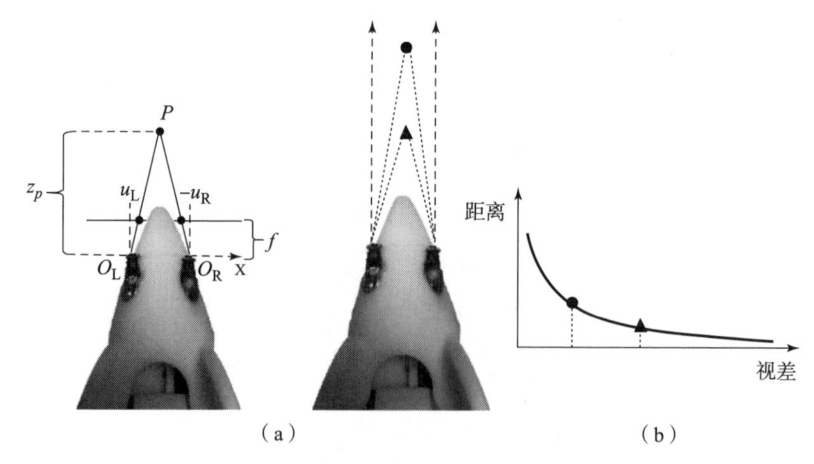

（a）　　　　　　（b）

图 4－8　双目测距原理

（a）双目测距示意图；（b）视差与距离的关系

重合，方向水平向右，O_L与O_R之间的距离为b_{LR}，称为双目相机的基线。空间点P到相机原点的距离为z_p（P点的深度），P点在左、右两个相机的成像平面各成一个图像P_L和P_R，由于两个相机位置不同，因此在两个相机下成像的位置有差异，理想情况下成像位置差只存在于水平方向上。设P_L和P_R在各自图像坐标系下的水平坐标分别为u_L和u_R，根据图4－8中相似三角形的关系，可得

$$\frac{z_p - f_c}{z_p} = \frac{b_{LR} - u_L + u_R}{b_{LR}} \tag{4-7}$$

整理式（4－7），可得

$$z_p = \frac{f_c b_{LR}}{d_{LR}} \tag{4-8}$$

式中，d_{LR}为左、右两张图像匹配点的横坐标之差（$d_{LR} = u_L - u_R$），即视差，通过视差便可以计算空间中三维点的深度信息。

根据式（4－8）可以看出视差与距离成反比，如图4－8（b）所示，即距离双目相机越近的物体视差越大。另外，基线b_{LR}越长，双目能测到的最大距离越远，而由于这是搭建的微型双目系统的基线很短，因此只能测量比较近的距离。为了保证实时性，选择的双目相机像素较低，所以在目标距离双目相机较远时会带来较大的测量误差。

如何准确计算目标在左右相机的成像对应关系是关键问题，主要原因是上述数学模型是建立在理想情况下的。但是，在实际应用中，由于安装误差等原因，双目视觉系统的左右相机并不是完全处在同一个平面上，相机光轴也并不完全平行，因此两个成像平面坐标系也存在着一定的平移和旋转。首先需要通过双目相机标定计算得到两个相机分别的内参和两个相机之间的外参；然后进行双目立体校正，使两个相机的图像每一行都对准，以便利用极线约束原理将匹配范围限制在每一行上。

四、相机标定

双目相机的离线标定[7]主要是为了计算出两个相机的内参矩阵、外参矩阵和畸变系数，其中畸变系数是指由于透镜形状对光线传播的影响以及机械组装过程中的误差造成的图像边缘失真的现象。相机的畸变系数包括径向畸变系数k_1、k_2和k_3，切向畸变系数p_1和p_2，以$\boldsymbol{D} = [k_1, k_2, k_3, p_1, p_2]^T$表示。从总体来说，计算内参矩阵和畸变系数是为了得到相机固有性质并消除畸变，计算外参矩阵是为了得到两个相机间的位置与角度关系。相机标定的方法有很多，在此采用张正友标定法[8]，并利用 Matlab 标定工具箱进行标定。标定的基本步骤如下。

（1）图像采集。双目相机同时各采集N_C（N_C通常取为20～25）张棋盘格

图像，并保证每次拍摄时棋盘格处于不同位置和姿态。本书中用于标定的棋盘的方格大小为 30 mm × 30 mm。

（2）提取角点。Matlab 标定工具箱会对每张图像都进行角点检测，角点检测结果如图 4-9 所示。

（a）　　　　（b）

图 4-9　角点检测结果

（a）左目相机；（b）右目相机

（3）参数获取。利用 Matlab 标定工具得到双目视觉系统的内参矩阵、外参矩阵和畸变系数。最终得到的标定参数如下。

左相机的内参矩阵为

$$\boldsymbol{K}_{\mathrm{L}}=\begin{bmatrix}258.050 & 0 & 187.285\\ 0 & 260.544 & 110.964\\ 0 & 0 & 1\end{bmatrix}$$

左相机的畸变系数为

$$\boldsymbol{D}_{\mathrm{L}}=[\,-0.321\quad 0.086\quad -0.02\quad 5.715\mathrm{e}-5\quad 0\,]$$

右相机的内参矩阵为

$$\boldsymbol{K}_{\mathrm{R}}=\begin{bmatrix}258.827 & 0 & 172.558\\ 0 & 267.733 & 110.847\\ 0 & 0 & 1\end{bmatrix}$$

右相机的畸变系数为

$$\boldsymbol{D}_{\mathrm{R}}=[\,-0.318\quad 0.058\quad -0.02\quad 7.292\mathrm{e}-5\quad 0\,]$$

左、右相机间的旋转矩阵

$$\boldsymbol{R}_{\mathrm{L}}^{\mathrm{R}}=\begin{bmatrix}0.997 & 0.067 & -0.013\\ -0.067 & 0.997 & -0.02\\ 0.012 & 0.021 & 0.997\end{bmatrix}$$

左、右相机间的平移向量为

$$\boldsymbol{t}=[14.252\quad -1.706\quad 1.137]$$

五、立体校正

在完成相机标定之后需要进行立体校正，双目立体校正主要包括畸变校正和双目平行校正。畸变矫正是为了消除原始图像的畸变，还原图像的真实情况，提高匹配的准确性。畸变校正过程：首先，利用相机的内参矩阵将原始图像的图像坐标系变换到相机坐标系；然后，根据标定得到的畸变系数对图像的相机坐标进行校正；最后，利用内参矩阵将相机坐标系变换到图像坐标系，并将原始图像坐标的像素值赋值给新的图像坐标。

立体匹配寻找匹配点时要在图像的二维平面进行搜索，这样会导致匹配效率和准确性很低，这就需要进行双目平行校正。双目平行校正包括行校正和列校正：首先选择使用行校正，使得左、右两幅图像行对应；然后利用极线约束原理使得匹配搜索只需要在一维空间内进行。

极线约束过程如图4－10所示。O_L和O_R分别为左、右两相机的光心，现考虑空间一点P，在左、右两相机的成像平面I_L和I_R上成的像为P_L和P_R。点P、O_L、O_R三点形成的平面为对极平面，对极平面与两个成像平面I_L和I_R形成的交线l_L和l_R为极线。对于左极线l_L上的成像点P_L（Q_L），可能对应空间中的点P或者点Q，但不管对应哪个点，其在右相机成像平面I_R的成像点必落在右极线l_R上；反之，右极线l_R上的成像点对应的匹配点也必然位于左极线l_L上，这就是极线约束原理。

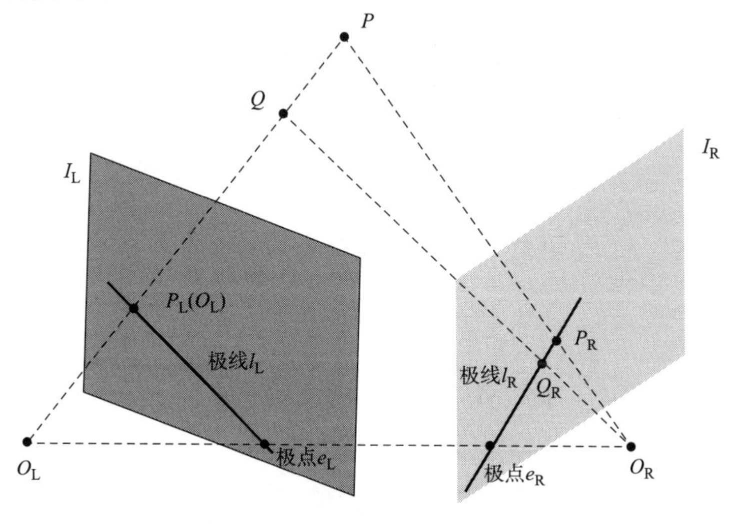

图4－10　极线约束

通过标定得到双目相机间的平移向量 $\boldsymbol{t}$ 和旋转矩阵 R，可利用 Bouguets 算法[9]来最小化图像重投影畸变，从而完成双目平行校正。最终得到如下计算结果。

左相机校正后的旋转变换矩阵为

$$\boldsymbol{R}_{\mathrm{L}}=\begin{bmatrix}0.994 & -0.081 & -0.076\\ -0.081 & 0.997 & -0.008\\ -0.076 & 0.014 & 0.997\end{bmatrix}$$

右相机校正后的旋转变换矩阵为

$$\boldsymbol{R}_{\mathrm{R}}=\begin{bmatrix}0.988 & -0.145 & 0.095\\ 0.144 & 0.989 & 0.018\\ 0.097 & -0.004 & 0.995\end{bmatrix}$$

双目立体校正前后对比如图 4－11 所示。由图可以看出，校正后的双目图像消除了畸变并使得左、右相机图像中的对应像素点在同一行上，将匹配从二维空间降低到一维空间，从而提高双目立体匹配的速度与准确度。

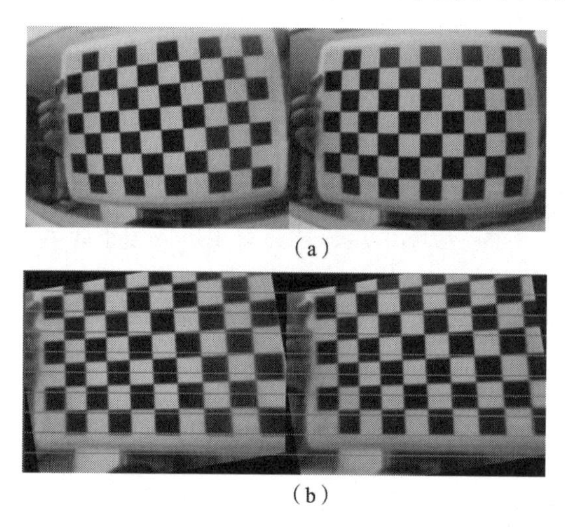

(a)

(b)

图 4－11　双目立体校正

(a) 双目立体校正前；(b) 双目立体校正后

4.3　触觉感知系统

为了使机器鼠能在能见度低、视场狭窄等情况下对周围物体进行识别与探测，使机器鼠更加智能，模仿自然界中实验鼠通过胡须接触物体的感知方式，设计机器鼠的触觉感知系统。这里首先介绍了胡须传感器的工作原理及加工制造过程；其次介绍了硬件系统设计，并通过采集以及分析胡须传感器接触物体时输出信号的波形特征，验证了胡须触觉感知系统具有应用于机器鼠在复杂环境下测量接触距离、分辨物体表面特性的巨大潜力[10]。

4.3.1　系统设计

现有的胡须传感器主要应用于大型的轮式机器人，其传感的原理主要有霍尔效应[11]、电容麦克风[12]、应变计[13]、压电薄膜[14]、光纤布拉格光栅[15]等。由于机器鼠体积与实验鼠相近，头部空间有限，难以集成已有的胡须传感器，因此需要设计一款体积尽可能小、具有足够灵敏度的胡须传感器。胡须传感器的感知方式分为主动感知和被动感知[16]。主动感知（图 4 - 12（a））是指通过驱动元件使胡须以特定角度转动扫过物体表面从而进行感知，这也是实验鼠在感知时的方式；被动感知（图 4 - 12（b））是指胡须在机器鼠前进中胡须碰到物体，在外力作用下弯曲变形，从而进行感知的方式。由于机器鼠头部的空间有限，难以安装额外的电机，因此选用被动式的胡须传感器，利用 MEMS 技术制造胡须结构，从而减小胡须传感器的体积。

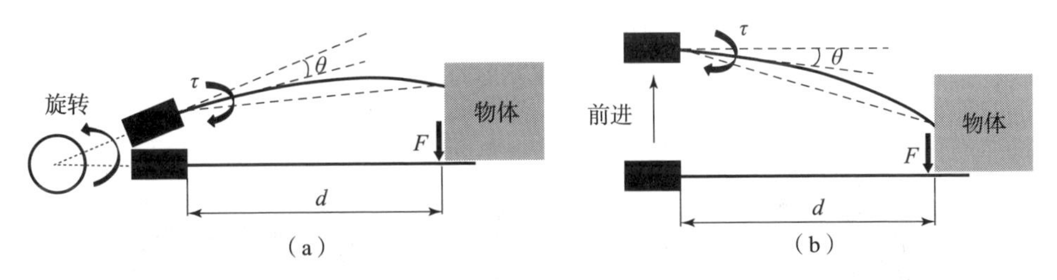

图 4 - 12　胡须传感器的感知方式

（a）主动感知；（b）被动感知

负责传感的胡须可以有单根或者多根（阵列），与单根胡须传感器比较，阵列式胡须传感器的主要优点是在扫动物体的过程中可以收集更丰富的信息。此外，阵列式胡须传感器在形态上更接近实验鼠的胡须。根据实验鼠头部尺寸，将胡须传感器设计为由 4 个感知单元组成的传感阵列。

一、感知单元设计

根据第 2 章中对实验鼠胡须结构的分析可知，囊泡结构是实验鼠胡须的感知单元，可以测量胡须根部的弯曲力矩。为此，设计了如图 4 - 13 所示的仿生胡须感知单元，其中每个感知单元包含 4 根感知梁和 1 个中心连接体。4 根感知梁布置为十字形结构，每根感知梁上布置有压敏电阻，中心连接体上粘连胡须。该胡须传感器的工作过程为当胡须受到外力发生弯曲时，胡须根部会将力传输到十字梁上，引起梁发生形变，进而引起压敏电阻的阻值变化。利用电阻的变化，通过一系列放大、滤波、转换等操作，就可以获知胡须所受的力（或者说变形），力（变形）的方向可以通过两个正交的梁的差值计算得出。

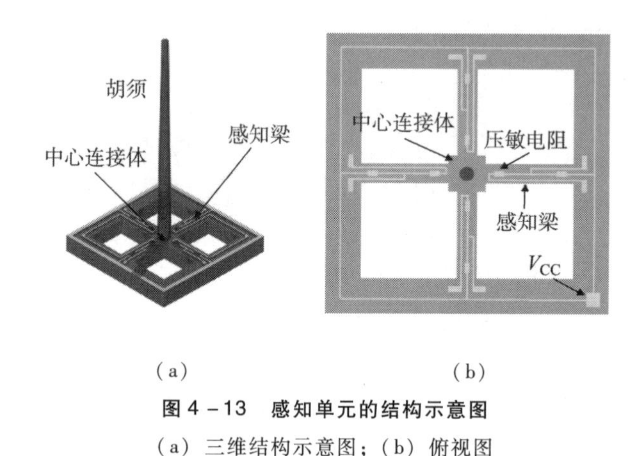

（a）　　（b）

图 4－13　感知单元的结构示意图

（a）三维结构示意图；（b）俯视图

由于梁的变形极小，梁上压敏电阻的阻值变化不大。因此，采用惠斯通电桥来测量梁上电阻的变化，其原理以及梁结构上压敏电阻的布置形式如图 4－14 中所示，其中压敏电阻的阻值关系为

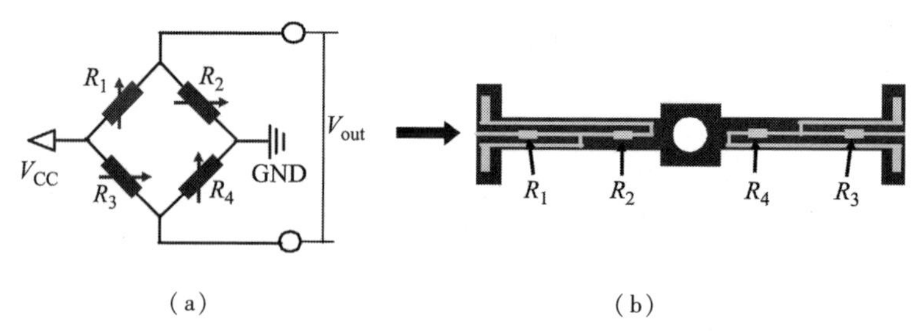

（a）　　（b）

图 4－14　感知梁工作原理

（a）惠斯通电桥原理图；（b）压敏电阻在感知梁上的布置形式

$$\begin{cases} R_{1o} = R_{2o} = R_{3o} = R_{4o} = R_i \\ R_1 = R_{1o} + \Delta R', \quad R_3 = R_{3o} - \Delta R' \\ R_2 = R_{2o} + \Delta R_i, \quad R_4 = R_{4o} - \Delta R_i \end{cases} \tag{4-9}$$

感知梁的输出差分信号为

$$V_{out} = \frac{2(\Delta R_i / R_i + \Delta R' / R_i)}{4 - (\Delta R_i / R_i - \Delta R' / R_i)^2} V_{CC} \tag{4-10}$$

传感器的加工工艺为 MEMS 体硅微加工工艺，传感器加工工艺最为关键的

内容是梁结构的制造，具体制造过程如下[17,18]。

（1）使用等离子气相沉积法将二氧化硅层沉积在器件层上，作为硼离子注入过程的掩模（图 4－15（a））。

（2）通过光刻定义硼离子注入窗口的位置，接着对二氧化硅层进行刻蚀，完成后去除光敏抗蚀剂并注入硼（图 4－15（b））。

（3）在注入硼激活过程中，设置退火温度为 1 000 ℃，持续 35 min，然后在晶片上沉积氮化硅钝化层（图 4－15（c））。

（4）刻蚀氮化硅层，通过光刻工艺定义金属引线的位置，并沉积金属层钛和金，其中钛作为黏附层（图 4－15（d））。

（5）最后将硅片背面对准，通过 ICP 刻蚀硅片背面的钝化层和氧化层，形成梁结构（图 4－15（e））。

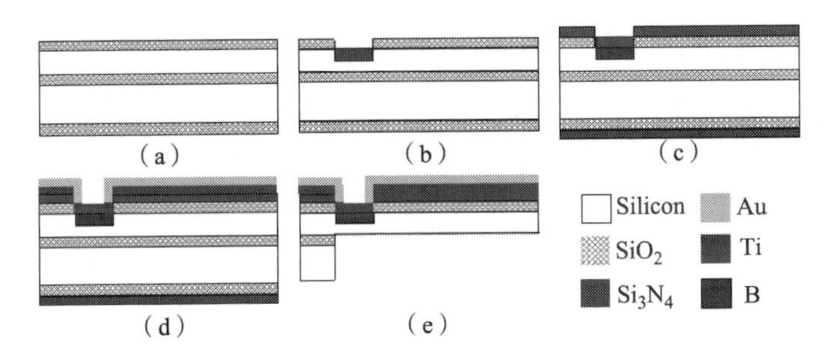

图 4－15　传感器梁结构的制造过程（见彩插）

（a）准备硅片；（b）硼离子注入；（c）沉积钝化层；（d）沉积金属引线；（e）刻蚀

由于感知梁的基底为硅，脆性较大，易发生断裂，如果胡须使用刚度较大的材料，在胡须弯曲时末端较大的弯矩会压断传感器的梁结构。因此，在尝试过多种材料之后，最终采用人体头发作为传感器的纤毛，纤毛的参数如表 4－3 所示。

表 4－3　纤毛的主要参数

参　数	数　值
纤毛长度	4 cm
纤毛直径	70 μm
弹性模量	1.5 GPa

二、外围电路设计

由于胡须传感器的输出信号非常微弱，而且信号的信噪比较低，因此需要将胡须传感器采集到的信号放大一定倍数，并通过低通滤波器过滤高频噪声，再经过 A/D 转换，发送到上位机进行处理。由于机器鼠内安装电路板的空间有限，因此需尽可能减小电路板的体积。为了方便电路板在机器鼠上的安装，将硬件电路分为两个模块，即放大滤波模块和主控模块。放大滤波模块包含前置放大电路和有源低通滤波器，实现对采集到的传感器信号的放大和过滤高频噪声。主控模块包含电源芯片和 STM32 芯片，对采集到的信号进行 A/D 转换和数据发送。放大滤波模块的原理图如图 4-16 所示。

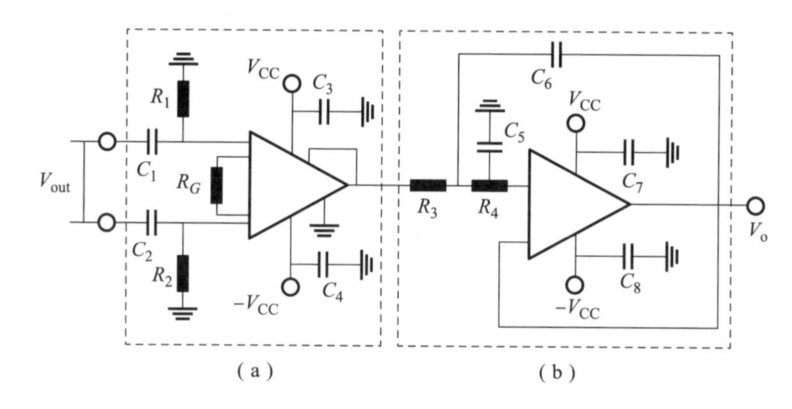

图 4-16 放大滤波模块原理图

(a) 前置放大电路；(b) 有源滤波器

（一）前置放大电路

前置放大电路采用仪表放大器，是差分式放大电路的一种改良形式。其具有输入缓冲器，不需要输入阻抗匹配，并且具有很高的共模抑制比。因此，在噪声环境以及含有大共模信号的条件下能够保持较高准确性和增益精度，常用于放大微弱信号。这里选取的仪表放大器为双通道集成的 AD8222，其双通道集成的封装有效减小了电路板的体积，便于后续的硬件集成。以传感器的其中一路差分信号为例，信号放大电路的设计方法如下。

一般将电容器与仪表放大器的输出端串联以实现交流耦合，这是一种隔离输入电压的直流分量的简单方法。但在高输入阻抗端口加电容耦合，而不为电流提供直流通路，会出现问题：输入偏置电流会持续为耦合的电容器充电，直到超过输入电路的共模电压的额定值。因此，在交流耦合仪表放大电路中应为偏置直流电流提供通向 GND 的回路，即需要将输入端的电容通过两个阻值相同的电阻 R_1、R_2 连接到 GND。然而，值得注意的是，R_1 和 R_2 会引入噪声，因此要在电路输入阻抗和引入的噪声之间进行折中，此处 R_1 和 R_2 的阻值选择为 500 kΩ。

AD8222 通过外接电阻 R_G 的阻值调节放大倍数，可设置的放大倍数范围为 1 ~ 10 000，放大倍数 G 满足关系式：

$$G = 1 + 49.4\ \text{k}\Omega / R_G \tag{4-11}$$

轻微拨动胡须传感器的纤毛，通过示波器直接测量传感器输出的差分信号，观察发现纤毛大变形时的输出峰值为 95 mV 左右。由于放大电路使用双电源 5 V、-5 V 供电，因此放大倍数选择 5 V/0.095 V = 52.6 ≈ 50 倍，在参数选取方面，选择 $R_G = 1\ \text{k}\Omega$，参考电压 $V_{\text{ref}} = 0$。

（二）有源滤波器

这里的滤波电路主要用于过滤高频率的噪声。滤波电路采用巴特沃斯低通滤波器，其在衰减和相位之间取得了最佳折中。在通带和阻带都没有纹波，是以通带和阻带之间相对较宽的过渡带和瞬时特征为代价，换取最大平坦度。根据传感器输出信号的特点，选择截止频率 $f_c = 2$ kHz，通带最大衰减 $\delta_1 = 3$ dB，阻带下限截止频率 $f_{st} = 8$ kHz，阻带最小衰减 $\delta_2 = 20$ dB。

模拟巴特沃斯低通滤波器的幅度平方函数为

$$|H_a(\text{j}\Omega)|^2 = \frac{1}{1 + \Omega/\Omega_c^{2N}} \tag{4-12}$$

将性能指标带入此表达式，可得

$$\delta_1 = -20\lg|H_a(\text{j}\Omega)| = 10\lg 2 \tag{4-13}$$

$$\delta_2 = -20\lg|H_a(\text{j}\Omega_{st})| = 10\lg[1 + (\Omega_{st}/\Omega_c)^{2N}] \tag{4-14}$$

联立式（4-13）和式（4-14）求解，可得

$$\frac{10^{\delta_2/10} - 1}{10^{\delta_1/10} - 1} = \left(\frac{\Omega_{st}}{\Omega_c}\right)^{2N} \tag{4-15}$$

解出所需滤波器的阶数为

$$N = \frac{\lg\left(\dfrac{10^{\delta_2/10} - 1}{10^{\delta_1/10} - 1}\right)}{2\lg\left(\dfrac{\Omega_{st}}{\Omega_c}\right)} = 1.624\ 5 \tag{4-16}$$

取大于 1.624 5 的整数 $N = 2$，根据巴特沃斯滤波器设计表，可得滤波器的归一化极点，滤波器参数如表 4-4 所示。

表 4-4　滤波器参数

电路级数	F_0	α	Q
1	1.000	1.414 2	0.707 1

有源二阶滤波器选择最为常见的 Sallen - Key 结构，计算该二阶滤波器的传递函数为

$$H(s)=\frac{w_0^2}{s^2+2\beta s+w_0^2} \tag{4-17}$$

其中，$w_0^2=\frac{1}{C_5C_6R_3R_4}$，$\beta=\frac{C_6(R_3+R_4)}{2C_5C_6R_3R_4}$。

取 $R_f=R_3=R_4$，$f_c=\frac{1}{2\pi R_fC_f}$，$C_6=2QC_f$，$C_5=\frac{C_f}{2Q}$。

代入品质因数及截止频率，可得

$$R_3=R_4=5.6\ \text{k}\Omega,\ C_5=8.2\ \text{nF},\ C_6=18\ \text{nF}$$

放大滤波模块实物图如图 4 - 17 所示。

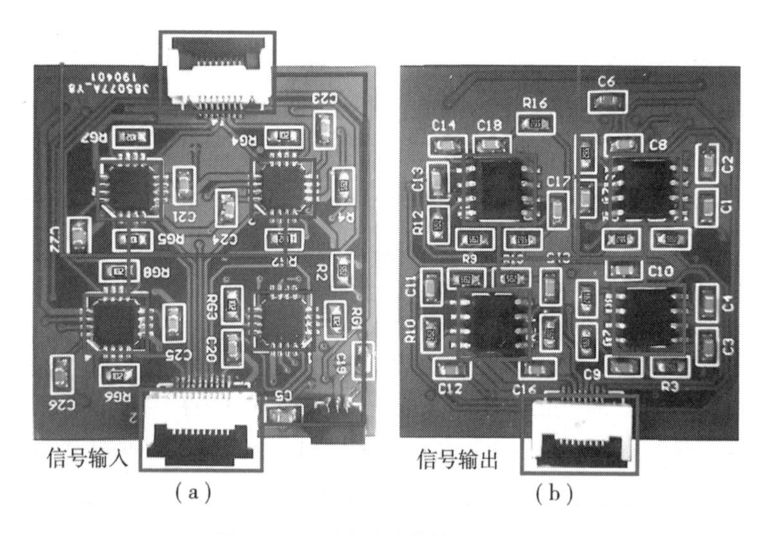

图 4 - 17　放大滤波模块（见彩插）

（a）仪表放大器；（b）运算放大器

（三）主控模块

主控模块如图 4 - 18 所示，其主要功能是通过 STM32 完成传感器输出信号的 A/D 转换，并通过串口发送数据，以及将电池的 7 V 电压通过稳压芯片转为 5 V 和 - 5 V，为放大滤波模块供电。由于其原理简单，在此不作进一步分析。

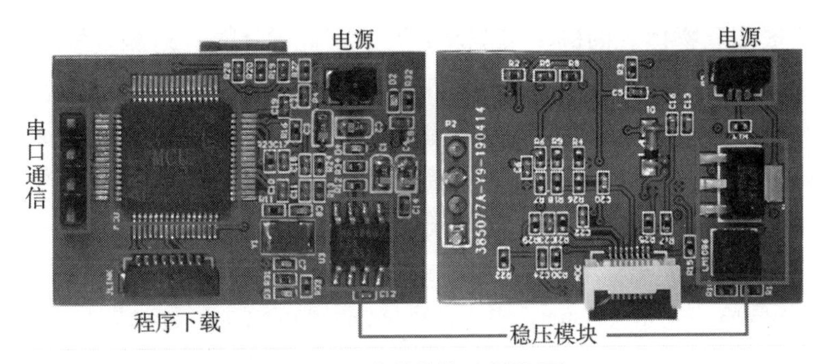

图 4-18　主控模块（见彩插）

4.3.2　实验测试

实验测试平台如图 4-19 所示。将胡须传感器安装在机器鼠的头部，在实验过程中控制机器鼠以匀速直线运动触碰物体。为了使信号方便处理，这里不考虑胡须在运动过程中自身抖动造成的影响和胡须受重力作用造成的弯曲，并且仅对胡须传感器单个通道的信号进行处理。

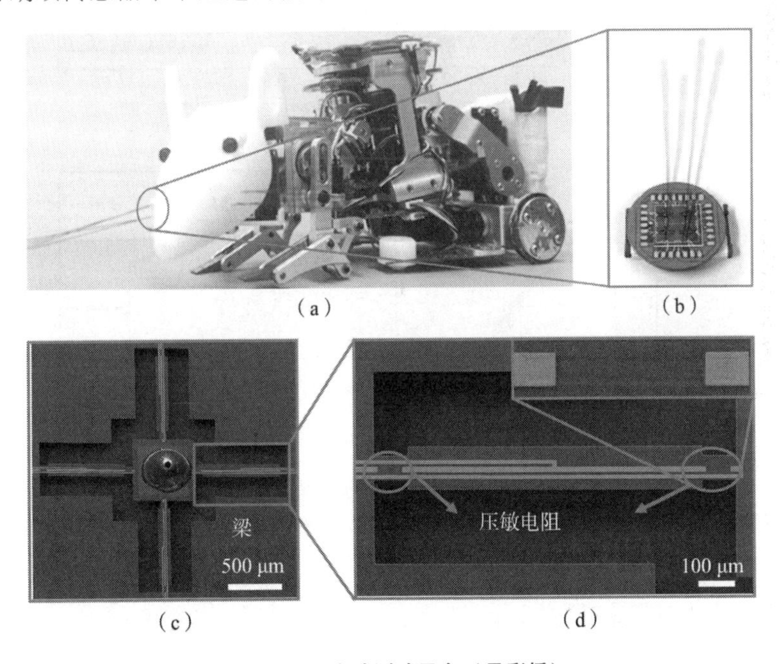

图 4-19　实验测试平台（见彩插）

(a) 机器鼠 WR-5M；(b) 胡须传感器；(c) 感知单元结构；(d) 梁结构

一、测量接触距离

相关研究工作指出，被动感知式胡须触觉的最大应用优势在于测量接触距离（胡须根部到物体表面的垂直距离）[16]，因此本章首先对测量接触距离的功能进行验证。在实验过程中，胡须接触物体的示意图如图 4 - 12（b）所示，其中 d 为待测量的接触距离。胡须传感器基于压阻效应，根据压阻效应的基本原理可知传感器的输出电压与胡须根部的力矩为近似的线性关系。由于胡须根部的弯矩与接触距离有关，因此可通过传感器输出电压的峰值估计接触距离：控制机器鼠以 2 cm/s 的恒定速度做匀速直线运动，并调节接触距离从40 mm以 1 mm 的间隔变化到 30 mm，并分别记录胡须在触碰到物体时传感器的输出信号。经过分析可以得出，传感器在物体表面扫动过程中输出信号的峰值与接触距离有明显的相关关系，选取其中 4 组实验结果如图 4 - 20 所示。

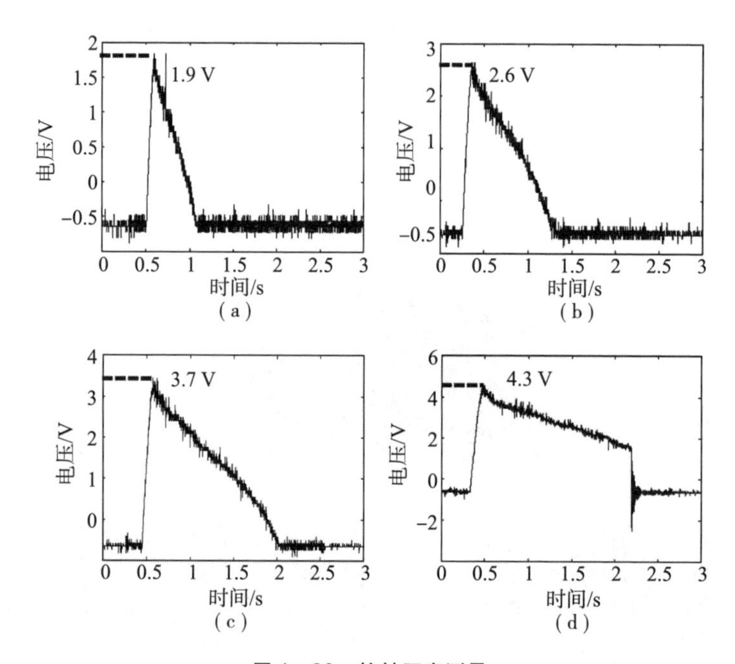

图 4 - 20　接触距离测量

（a）接触距离：38 mm；（b）接触距离：36 mm；（c）接触距离：34 mm；（d）接触距离：32 mm

从实验结果中可以看出，随着接触距离的减小，传感器输出信号的峰值逐渐增加，并在一定的范围内呈线性关系。当纤毛扫过物体时，记录传感器输出信号的峰值，将传感器输出信号的峰值与接触距离之间的关系用三次样条曲线拟合，结果如图 4 - 21 中所示。实验结果表明，在距离机器鼠较近的距离范围内，传感器输出电压与接触距离为近似的线性关系，通过胡须传感器较为准确地测量约 10 mm 范围内的距离。由此可知，机器鼠胡须触觉在机器鼠避障、定位导航等方面具有巨大的应用潜力。

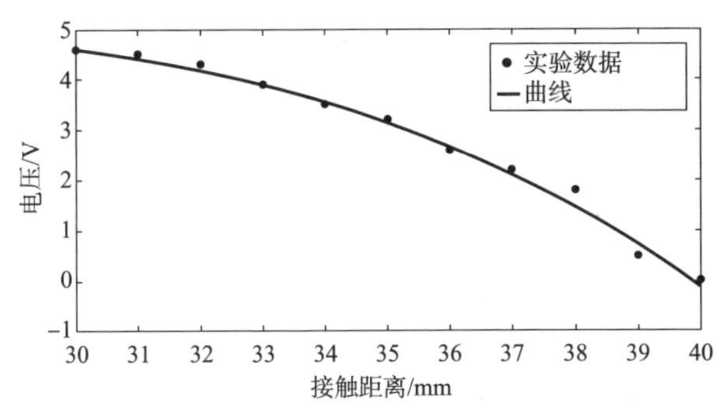

图 4－21　传感器输出电压峰值－接触距离关系曲线

二、分辨形状

由于胡须传感器在曲面上滑动时，接触距离会不断变化，并且接触距离的变化趋势与表面曲率相关，所以胡须触觉可以有效用于区分不用形状的物体。为此我们设计了实验，利用传感器来分辨 3 种表面形状，即圆面、平面和斜面，如图 4－22 中所示。实验过程如下：使胡须传感器以恒定的 2 cm/s 的速度扫动不同物体的表面，对不同形状的物体，都以 38 mm 作为最大接触距离，记录胡须传感器在扫动不同形状物体时的输出信号，实验结果如图 4－23 所示。

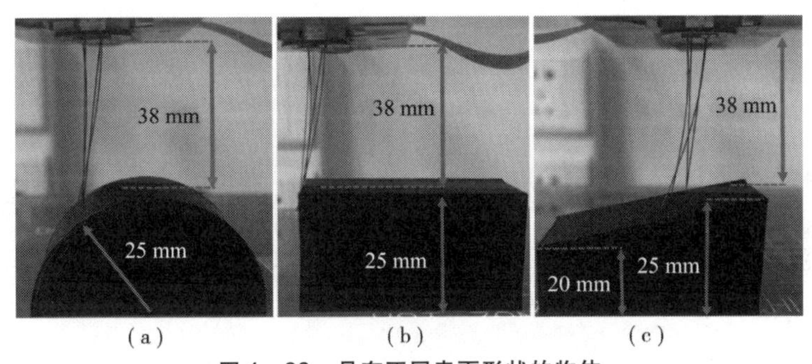

图 4－22　具有不同表面形状的物体

（a）圆面；（b）平面；（c）斜面

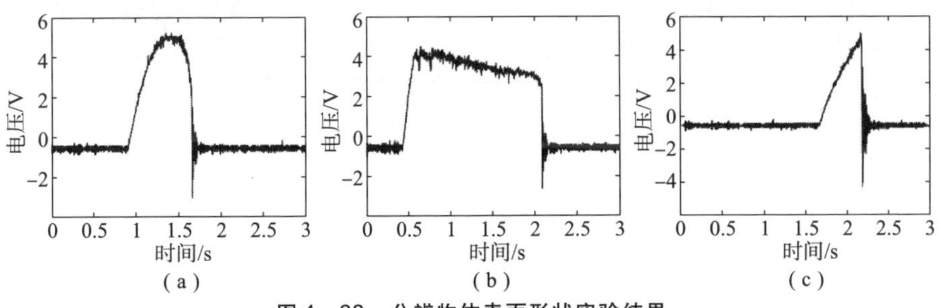

图 4－23　分辨物体表面形状实验结果

（a）圆面；（b）平面；（c）斜面

由图 4－23 可以看出，当胡须传感器接触不同形状的物体时，电压波形的形状与被接触物体的表面形状较为接近。当机器鼠通过胡须传感器接触表面曲率差异较大的表面时，传感器输出信号的波形形状有明显差异。由此可知，胡须传感器接触物体可以使机器鼠分辨不同的物体。

三、分辨材质

设计实验过程如下：纤毛以 38 mm 的接触距离、2 cm/s 的移动速度分别接触砂纸平面和塑料平面。取胡须传感器与物体稳定接触后的输出信号，分析输出信号的时域波形图、频谱图和功率谱图，如图 4－24 所示。

对比胡须传感器在塑料表面和砂纸表面滑动所产生的信号可以发现：对于光滑的塑料表面（图 4－24（a）），胡须发生弯曲后在表面移动的过程中纤毛摆动的幅度较小，信号的主要能量集中在低频部分，从而信号的功率谱的平均幅值较低。当纤毛在砂纸表面滑动时（图 4－24（b）），由于砂纸的表面粗糙度较高，造成纤毛的摆动更加剧烈，这会使信号在低频部分所占的能量少很多，从而功率谱的平均幅值较高。由此可以根据传感器输出信号的功率谱的平均幅值作为分辨不同材质的依据[19]。

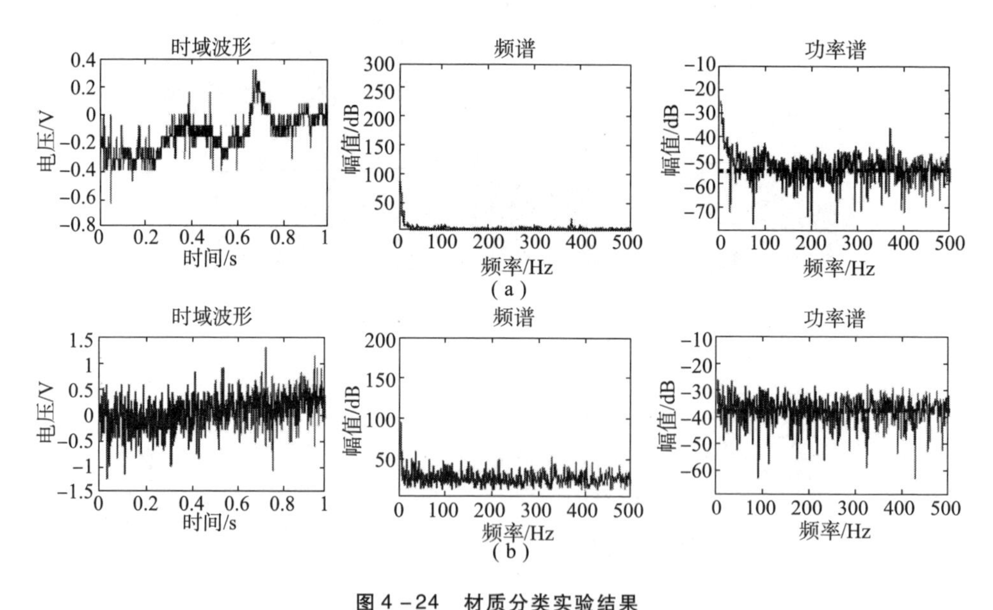

图 4－24 材质分类实验结果

（a）光滑表面；（b）粗糙表面

4.4　听觉感知系统

根据第 2 章所述，实验鼠通过不同频率的发声表达它们的情绪[20]，通过采集并分析实验鼠的发声频率，可以作为判断实验鼠情绪状态的依据，为机器鼠情绪反馈控制提供了可能[21]。本章主要介绍超声采集系统的搭建，以及用于实验鼠超声波信号（USV）的分类算法和实验鼠 USV 识别的实验结果。

4.4.1　系统设计

信号采集系统主要包括交互实验场地、上位机、相机和超声信号采集装置，如图 4－25（a）中所示。为了在实验过程中记录实验鼠的发声和动作，将超声波麦克风和摄像头置于交互实验场地的顶部，麦克风采集到信号之后，会将信号传输到超声信号采集装置中（Avisoft UltraSoundGate 416Hb，图 4－25（b））进行处理，最终输入上位机进行识别。USV 采集装置最大的频率响应和采样率分别是 140 kHz 和 300 kHz，完全覆盖了实验鼠 USV 的范围，满足实验要求，该装置的其他具体参数如图 4－25（c）中所示。

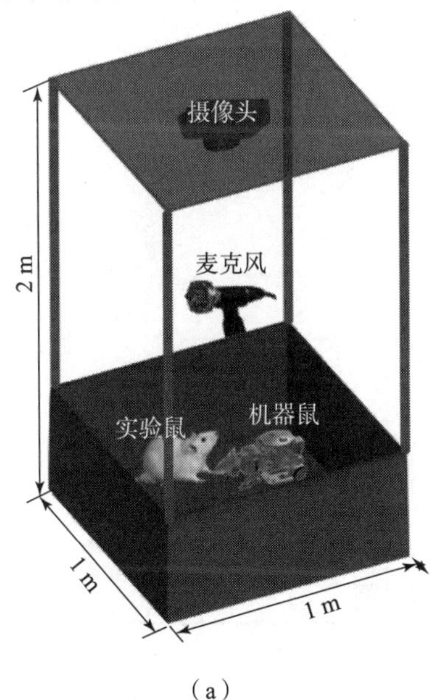

（a）

（b）

分辨率	16位或18位	
可供选择的采样率/kHz	300, 250, 214, 187.5, 155.6, 150, 125, 100, 75, 62.5, 50	
频率响应	20~140 Hz	
灵敏度/dBV	最大灵敏度	−43.2
	最小灵敏度	−3.2
	最大微调灵敏度增益	−28.4
	最小微调灵敏度增益	1.6

（c）

图 4－25　听觉反馈系统搭建

（a）系统示意图；（b）超声信号采集设备 Avisoft UltraSoundGate 416Hb；（c）信号采集系统的关键参数

一、实验鼠、机器鼠声音信号分析

设计听觉反馈系统需要考虑的关键问题是在混合有机器鼠噪声的声音信号中提取并识别实验鼠的 USV 信号。因此，有必要首先分析实验鼠、机器鼠和环境噪声的声谱图及其特点。因此，利用图 4 - 25 所示的系统分别单独记录了实验鼠和机器鼠在敞箱中运动的声音，并进行了分析。由于实验鼠的发声频率通常不会超过 60 kHz，为了避免采样信号发生频域混叠，而且能够实现信号的实时处理，将超声信号采集装置的采样率设置为 125 kHz。

在采集实验鼠声音时，我们选择 10 周龄的 Long - Evans 鼠作为实验对象，将实验鼠单独放入实验场地，使其自然地探索敞箱，记录实验鼠在探索周围环境的过程中的发声。尽管有许多方法可以刺激实验鼠发声，但是我们采用的方法可以最大程度避免记录到实验人员引入的环境噪声，从而更好地分析实验鼠发声的特点。实验鼠在实验期间是随机发声的，将实验记录到的声音数据修剪之后，计算出其时频谱图，如图 4 - 26（a）所示。从图中可以看出，实验鼠的发声持续时间为 30 ~ 50 ms，频率集中在 40 ~ 60 kHz。此外，在 20 kHz 附近有持续的频率分量，这些分量来自环境噪声，这些噪声是计算机运行的噪声和动物房的通风设备的噪声等。

机器鼠在交互实验中产生噪声的主要来源是机械装置之间的摩擦，以及各个关节的电机运动产生的噪声。图 4 - 26（b）展示了机器鼠运动时产生的噪声的频谱，从 7 s 时开始到 11. 5 s 时停止，机器鼠运动产生的噪声信号的频率

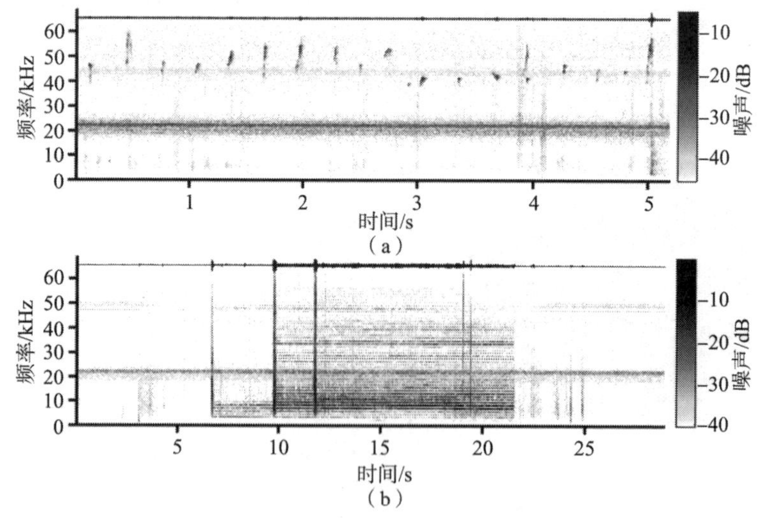

图 4 - 26　实验数据的时频谱图（见彩插）

（a）实验鼠超声信号；（b）机器鼠运动噪声

成分是复杂且连续的，并且在大多数时候，机器鼠运动产生噪声信号的谐波延伸到了实验鼠发声的 50 kHz 附近。这些谐波的存在使我们不能通过直接检测 40 ~ 60 kHz 频率内是否存在明显的分量来判断实验鼠是否发声。此外，通过图 4 – 26（b）可以发现，在 10 s 和 12 s 有两个明显的尖峰，这是由机器鼠的伺服电机快速运动引起的，这也会影响我们对实验鼠超声信号的检测。

二、SVM 简介

支持向量机（SVM）是一种有监督学习模型[22]，计算复杂度与样本数量为线性关系，在数据量不大的场合下也可获得较高的分类精度。SVM 的实现思路是对于给定的训练集样本 $D=\{(x_1, y_1), (x_2, y_2), \cdots, (x_m, y_m)\}$，$y_i\{+1, -1\}$，在样本空间找到一个划分超平面，将不同类别的样本分开。在样本空间中，超平面可通过如下线性方程描述：

$$\boldsymbol{w}^{\mathrm{T}}+b=0 \tag{4-18}$$

式中，$\boldsymbol{w}^{\mathrm{T}}=(w_1; w_2; \cdots; w_d)$ 为划分超平面的法向量，决定超平面的方向；b 为偏移项，决定了超平面和原点之间的距离。

为了使超平面能将所有的训练样本正确划分，即对所有的训练样本，有下式成立，即

$$\begin{cases} \boldsymbol{w}^{\mathrm{T}}x_i+b \geqslant +1, & y_i=+1 \\ \boldsymbol{w}^{\mathrm{T}}x_i+b \leqslant -1, & y_i=-1 \end{cases} \tag{4-19}$$

距离分类超平面最近的几个训练样本称为支持向量。其中，两个异类支持向量到超平面的距离之和称为“间隔”，即

$$\gamma=\frac{2}{\|\boldsymbol{w}\|} \tag{4-20}$$

SVM 模型中的支持向量及支持向量之间的间隔如图 4 – 27 所示。

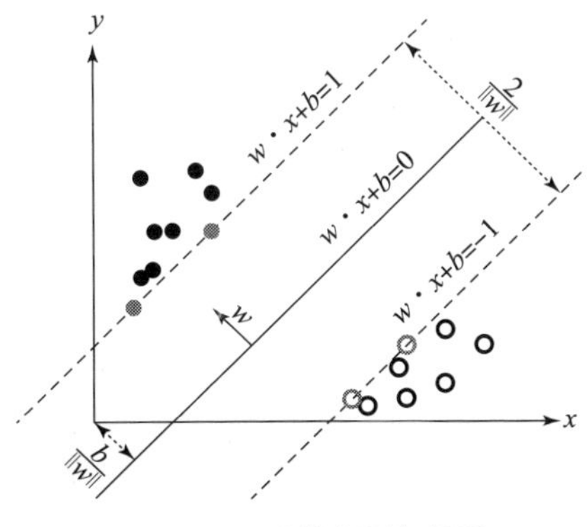

图 4 – 27　支持向量与间隔

找到具有最大间隔的划分超平面，也就是要找到使 γ 最大化，并且能满足式（4－19）的参数 $\boldsymbol{w}$ 和 b。为了方便计算，可将目标函数转化为 $\|\boldsymbol{w}\|^2$ 最小。因此目标函数和约束函数为

$$\begin{cases} \min\limits_{w,b}\dfrac{1}{2}\|\boldsymbol{w}\|^2 \\ \text{s. t.} \quad y_i(\boldsymbol{w}^{\mathrm{T}}x+b)\geqslant 1,\ i=1,\ 2,\ \cdots,\ m \end{cases} \tag{4-21}$$

式（4－21）为 SVM 的基本型。SVM 模型是一个不等式约束优化问题，求解 SVM 模型需要对式（4－21）引入拉格朗日乘子将其转换为对偶问题，可通过求解其对偶问题得到原问题的最优解。该问题的拉格朗日函数可写为

$$L(\boldsymbol{w},\ b,\ \alpha)=\frac{1}{2}\|\boldsymbol{w}\|^2+\sum\nolimits_{i}^{m}\alpha_i(1-y_i(\boldsymbol{w}^{\mathrm{T}}x+b)) \tag{4-22}$$

令 $L(\boldsymbol{w},\ b,\ \alpha)$对 $\boldsymbol{w}$ 和 b 的偏导数为零，可得

$$\boldsymbol{w}=\sum_{i=1}^{n}a_iy_ix_i \tag{4-23}$$

$$\sum_{i=1}^{n}a_iy_i=0 \tag{4-24}$$

将式（4－23）和式（4－24）代入式（4－21）即可得到原问题的对偶问题：

$$\begin{cases} \max\limits_{\alpha}\sum\limits_{i=1}^{m}\alpha_i-\dfrac{1}{2}\sum\limits_{i=1}^{m}\sum\limits_{j=1}^{m}\alpha_i\alpha_jy_iy_jx_i^{\mathrm{T}}x_j \\ \text{s. t.} \quad \sum\limits_{i=1}^{m}\alpha_iy_i=0 \\ \qquad \alpha_i\geqslant 0,\ i=1,\ 2,\ \cdots,\ m \end{cases} \tag{4-25}$$

由于原问题具有不等式约束，因此上述过程还需满足 KKT（Karush－Kuhn－Tucker）条件：

$$\begin{cases} \alpha_i\geqslant 0 \\ y_if(x_i)-1\geqslant 0 \\ \alpha_i(y_if(x_i)-1)=0 \end{cases} \tag{4-26}$$

由式（4－26）可知，这是一个二次规划问题，算法复杂度正比于训练样本数，在大数据情况下求解过程通常很慢，可以通过 SMO（Sequential Minimal Optimization）算法高效求解。

当训练集并不是线性可分，即不存在能将训练集正确分开的分类超平面时，在实际应用中通常使用变换函数将原始训练集映射到更高维度的特征空间内。因为若原始样本是有限维的，则一定存在高维特征空间使得样本可分。

假设 $\varphi(x)$ 是映射后的特征向量，将其代入式（4－21）中，可得新的目

标函数和约束条件为

$$\begin{cases} \min\limits_{w,b} \dfrac{1}{2} \| \boldsymbol{w} \|^2 \\ \text{s. t.} \quad y_i(\boldsymbol{w}^{\mathrm{T}} \phi_{(x)} + b) \geqslant 1, \ i = 1, 2, \cdots, m \end{cases} \tag{4-27}$$

其对偶问题为

$$\begin{cases} \max\limits_{\alpha} \sum\limits_{i=1}^{m} \alpha_i - \dfrac{1}{2} \sum\limits_{i=1}^{m} \sum\limits_{j=1}^{m} \alpha_i \alpha_j y_i y_j \boldsymbol{\phi}_{(x_i)}{}^{\mathrm{T}} \phi_{(x_j)} \\ \text{s. t.} \quad \sum\limits_{i=1}^{m} \alpha_i y_i = 0 \\ \qquad \alpha_i \geqslant 0, \ i = 1, 2, \cdots, m \end{cases} \tag{4-28}$$

由于 $\varphi(x)$ 的维度可能很大，此处为了便于计算，引入核函数的概念。现定义如式（4－29）这样的函数为核函数：

$$k\langle x_i, x_j \rangle = \phi(x_i)^{\mathrm{T}} \phi(x_j) \tag{4-29}$$

通过使用核函数，可以免于计算高维特征空间的内积，这极大地简化了计算过程。常用的核函数如表 4－5 所示。

表 4－5　常用的核函数

名　　称	表　达　式
线性核	$k\langle x_i, x_j \rangle = x_i^{\mathrm{T}} x_j$
多项式核	$k\langle x_i, x_j \rangle = (x_i^{\mathrm{T}} x_j + 1)^d, \ d \geqslant 1$
高斯核	$k\langle x_i, x_j \rangle = \exp\left(\dfrac{\| x_i - x_j \|^2}{2\sigma^2}\right)$
Sigmoid 核	$k\langle x_i, x_j \rangle = \tanh(\beta x_i^{\mathrm{T}} x_j + \theta)$

三、预处理

由于在 20 kHz 附近的频段存在噪声，因此在信号处理之前应先对原始信号滤波，这里使用汉明窗高通滤波器对原始信号进行滤波处理，滤波器的幅频特性和脉冲响应如图 4－28 所示。滤波器的截止频率 f_{cut} 为 37.5 kHz，20 kHz 附近的噪声可以被有效地抑制，而 50 kHz 附近的实验鼠超声信号几乎不受明显的影响。为了在截止频率的准确度与群延迟之间做出权衡，滤波器的阶数选择为 128 阶。在 125 kHz 采样率下，群延迟只有 0.5 ms，几乎不会影响到信号的实时处理。

四、特征提取

通过 SVM 识别实验鼠 50 kHz 超声信号，可为后续机器鼠交互实验中判断

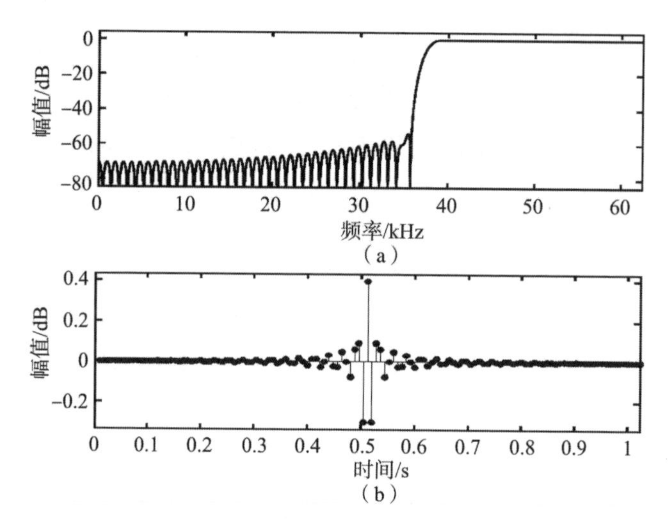

图 4-28 截止频率为 37.5 kHz 的汉明窗 128 阶高通滤波器

(a) 以分贝为单位的幅值响应；(b) 脉冲响应

实验鼠情绪状态，对机器鼠接近或远离实验鼠提供决策依据。基于 SVM 识别方法最重要的部分是需要选择合适的信号特征作为 SVM 分类器的输入变量，特征的选取会直接影响到泛化、计算复杂度和特征可解释性等诸多因素，并对分类精度有很大的影响。这里从时域、频域、能量域中选择了 7 个不同的特征进行分析。

(1) 过零率 (ZCR)。过零率是一种时域特征，描述了超声信号符号变化的比率，定义为

$$\mathrm{ZCR} = \frac{1}{N_L}\sum_{n=2}^{N_L} 1_{R<0}\{S_n \cdot S_{n-1}\} \tag{4-30}$$

式中，S_n表示信号的第 n 个采样点；N_L为声音块的长度；$1_{R<0}\{\cdot\}$ 为指标函数，其含义为当 $\{\cdot\}$ 内的数值小于零时取值为 1，其余情况下取值为零。

ZCR 在区分超声信号与噪声方面有很好的效果，可以有效降低机器鼠运动的噪声掺杂对识别精度的影响，包含实验鼠超声信号的声音块往往具有很高的 ZCR，而低频分量的 ZCR 数值往往非常小。

(2) 能量熵 (ENE)。能量熵是能量域的特征，反映了能量的分散程度。包含有实验鼠超声信号的声音块会具有很小的能量熵，而不含实验鼠超声信号的声音块会具有很大的能量熵。因此能量熵可以作为一个重要的特征去确定在包含机器鼠噪声的环境中是否存在实验鼠的超声信号。数据的滤波预处理也有助于使能量熵的区分效果更明显，因为滤波之后突出了原始信号的高频部分。将使实验鼠的超声信号有更大的能量熵变化，能量熵的定义为

$$\mathrm{ENE} = -\sum_{n=1}^{N} p(S_n)\lg p(S_n) \tag{4-31}$$

其中，$p(S_n)$ 的定义为

$$p(S_n) = \frac{S_n^2}{\sum_{n=1}^{N} S_n^2} \tag{4-32}$$

（3）频谱形状特征。由于傅里叶变换不适用于分析非平稳随机信号，因此通过短时傅里叶变换（STFT）处理滤波后的超声信号，获取信号的频谱。超声信号在频域提供了更丰富的信息，因此选择了频谱质心（SCE）、频谱扩展（SSP）、频谱偏度（SSK）、频谱峰度（SKU）和频谱滚降（SRO）作为声音信号的频域特征，具体定义如下：

$$\mathrm{SCE} = \frac{\mu}{F} = \frac{1}{F}\left[\sum_{f=0}^{F} A_f \cdot P(A_f)\right] \tag{4-33}$$

$$\mathrm{SSP} = \frac{\sigma}{F} = \frac{1}{F}\sqrt{\sum_{f=0}^{F} (A_f - \mu)^2 \cdot P(A_f)} \tag{4-34}$$

$$\mathrm{SSK} = \frac{1}{\sigma^3}\left[\sum_{f=0}^{F} (A_f - \mu)^3 \cdot P(A_f)\right] \tag{4-35}$$

$$\mathrm{SKU} = \frac{1}{\sigma^4}\left[\sum_{f=0}^{F} (A_f - \mu)^4 \cdot P(A_f)\right] \tag{4-36}$$

$$\mathrm{SRO} = \frac{F_{RO}}{F} \tag{4-37}$$

式中，A_f表示信号频率为f时的幅频特性；F 为奈奎斯特频率，数值等于采样率的$\frac{1}{2}$。

$P(A_f)$ 的定义为

$$P(A_f) = \frac{A_f}{\sum_{f=0}^{F} A_f} \tag{4-38}$$

F_{RO}表示滚降频率，可通过下式计算：

$$\sum_{f=0}^{F_{RO}} A_f^2 = 0.95 \cdot \sum_{f=0}^{F} A_f^2 \tag{4-39}$$

这些频域特征描述了声音信号的频率分布，由于实验鼠的发声频率和机器鼠环境噪声有显著的区别，因此上述几个频域特征可以明显区分实验鼠超声信号。

最后，将上述所有特征整合为一个特征向量：

$$\boldsymbol{x} = [\mathrm{ZCR},\ \mathrm{ENE},\ \mathrm{SCE},\ \mathrm{SSP},\ \mathrm{SSK},\ \mathrm{SKU},\ \mathrm{SRO}]^{\mathrm{T}}$$

将输入向量和标签 1 用于训练 SVM，用于特征识别。

五、SVM 训练和识别

假设有 M^r个包含实验鼠超声信号的训练样本以及 M^{nr}个不包含实验鼠超声信号的训练样本，从这些训练样本中提取到的特征矩阵 $\boldsymbol{X}^r$和对应的标签向量为

$$\boldsymbol{X}^r = [x_1, x_2, \cdots, x_{M^r+M^{nr}}]$$

$$\boldsymbol{l}^r = [l_1, l_2, \cdots, l_{M^r+M^{nr}}]$$

获取训练样本时，将实验鼠的超声信号与机器鼠运动产生的噪声混合作为训练样本，以最大限度地模拟交互实验时的真实情况。之后用长度为 4 096 个采样点的窗口修剪记录到的声音，并将声音块分为两类，即包含超声信号和不包含超声信号。该窗口的持续时间约为 33 ms，具有与实验鼠超声信号相近的持续时间，且可以加速 STFT 过程的计算。

取总共 M^r个包含实验鼠超声信号的样本和 M^{nr}个不包含实验鼠超声信号的样本。在 Matlab（R2018b）中训练 SVM 模型后，得到共 m^r+m^{nr}个支持向量，其中 m^r个是关于包含实验鼠超声信号声音块的支持向量，m^{nr}个是关于不包含实验鼠超声信号声音块的支持向量。训练完成后的支持向量矩阵记为 $\boldsymbol{X}_s$，权重向量记为 $\boldsymbol{p}^u$，偏差记为 p^h，则

$$\boldsymbol{X}^s = [x_1^s, x_2^s, \cdots, x_{m^r+m^{nr}}^s] \subset \boldsymbol{X}$$

$\boldsymbol{X}^s$、$\boldsymbol{p}^u$和 p^h共同确定用于 SVM 分类的超平面。当采集到一个新的声音块并得到它的特征向量 $\hat{x}$时，可通过下式判断声音块中否包含实验鼠超声信号：

$$C = \sum_{i=0}^{m^r+m^{nr}} p_i^u k\langle x_i^s, \hat{x}\rangle + p^h \tag{4-40}$$

式中，$k\langle \cdot \rangle$ 为核函数，此处选择多项式核函数，即 $k\langle x_i^s, \hat{x}\rangle = ((x_i^s \cdot \hat{x}) + 1)^2$。

4.4.2 实验测试

尽管有大量研究人员开展过识别实验鼠超声信号的工作[23]，但是之前工作中的实验场景都选择在隔音室，并且环境中没有运动的机器鼠，因此记录到的信号具有很高的信噪比。然而，这里实验鼠的超声信号中掺杂了机器鼠运动产生的噪声，机器鼠产生的噪声是连续并强大的，而实验鼠 USV 是离散的、较少的、随机的。解决这个问题可以使用声源分离法，如多通道高斯混合模型（MCGMM）[24]、经验模态分解（EMD）[25]、非负矩阵分解（NMF）[26]或长短期记忆网络（LSTM）[27]，然而这些方法存在一些缺陷。例如，基于 NMF 的方法适用于分离乐器产生的规律性发声而不是随机发声，LSTM 需要大量的训练数

据，而 MCGMM 和 EMD 的计算负荷相对较高。考虑到本章的目标是识别实验鼠的发声，而不是分离实验鼠的发声，因此选择基于 SVM 的识别方法。

识别实验鼠超声信号的整体流程：首先通过高通滤波对采集到的原始信号预处理，消除 20 kHz 左右的噪声；然后对滤波后的数据进行短时傅里叶变换（STFT）以获得频谱；再次计算训练样本的特征，训练 SVM 模型，在模型训练完成后，获得的一系列支持向量定义了两个类别声音块之间的距离；最后对于新采集到的未知声音块，可通过支持向量计算属于哪个类别。整体过程如图 4 – 29 所示。

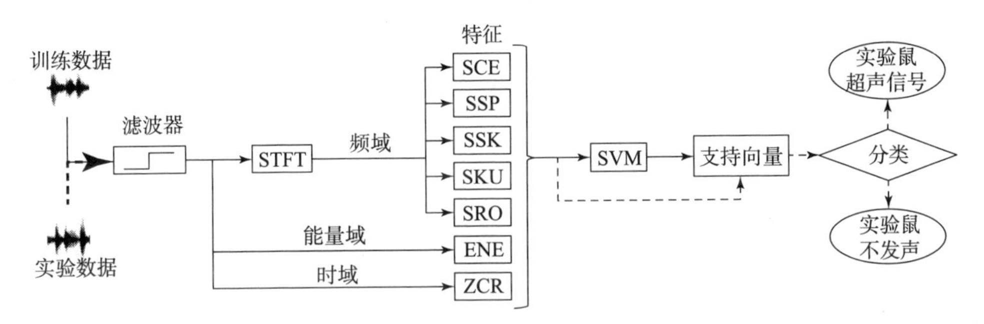

图 4 – 29　基于 SVM 的实验鼠超声信号识别过程

选择 62 个包含实验鼠超声信号和机器鼠运动噪声混合的声音块作为测试样本，在 Matlab（R2018b）中训练 SVM 模型后，得到共 28 个支持向量，其中 14 个是关于包含实验鼠超声信号声音块的支持向量。为了分析算法中每一个特征的必要性，分别统计了在减少某一个特征的情况下识别的准确率，结果如表 4 – 6 所示。

表 4 – 6　使用不同特征的分类效果比较

对比项	m^r	m^{nr}	假正率/%	假负率/%
含所有特征	14	14	4.85	12.90
无 ZCR	20	20	16.13	6.45
无 ENE	25	25	9.68	19.35
无 SCE	21	17	6.45	16.13
无 SSP	19	17	12.90	14.52
无 SSK	18	20	14.52	11.29
无 SKU	19	18	12.90	19.35
无 SRO	25	24	25.81	12.90

实验结果表明，减少任何一个特征都会导致支持向量增加，从而增加计算复杂度。其中 SRO 是最重要的特征，因为如果不使用 SRO 会导致识别准确率明显降低，不使用 ENE 或 SKU 会导致假负率显著增加，因此 7 个特征在实验鼠超声信号识别中都非常重要。

测试样本的频谱图如图 4－30（a）所示，通过式（4－40）可以得到识别结果，如图 4－30（b）所示。

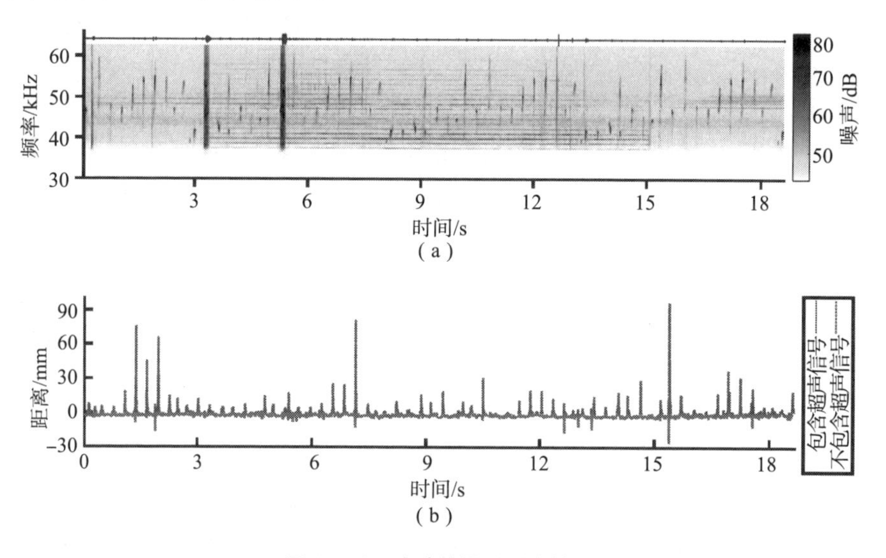

图 4－30　实验结果（见彩插）

（a）实验鼠超声信号与机器鼠运动声音的掺杂信号在滤波之后的时频谱图；

（b）图（a）的 SVM 识别结果

红色实线代表与分类超平面之间的距离为正，表示声音块里可能包含有实验鼠的超声信号，距超平面的距离越远，包含超声信号的可能性越大。蓝色点画线表示距离分类超平面之间的距离为负，分类结果表明该声音块较高可能性不含实验鼠超声信号。

经过统计分析识别准确率达到 84.29%，假正率和假负率分别为 12.9% 和 4.84%。尽管存在一定的错误率，但是识别准确率仍然满足目标需求。

为了验证基于 SVM 的识别方法是否满足实时处理的要求，计算了整个识别过程的时间延迟。共分为两部分，分别是滤波器的群延迟和 SVM 分类需要的计算时间，即

$$T_{\text{all}} = T_G + T_C \tag{4-41}$$

式中，T_G为滤波器的群时延，约为 0.5 ms，SVM 分类算法耗时 1～3 ms（Win7 64 位，96GB RAM），因此总延时小于 3.5 ms，满足实时处理的需求。

参考文献

[1] 徐伯初，陆冀宁．仿生设计概论［M］．重庆：西南交通大学出版社，2016.

[2] Block M T. A note on the refraction and image formation of the rat's eye [J]. Vision Research, 1969, 9 (6): 705 – 711.

[3] Carl K, Hild W, Mampel J, et al. Characterization of statical properties of Rat's whisker system [J]. IEEE Sensors Journal, 2011, 12 (2): 340 – 349.

[4] Burgdorf J, Panksepp J, Brudzynski S M, et al. The effects of selective breeding for differential rates of 50 kHz ultrasonic vocalizations on emotional behavior in rats [J]. Developmental Psychobiology, 2009, 51 (1): 34 – 46.

[5] Rogers B J. Binocular vision and stereopsis [J]. Binocular Correspondence, 1995, 2 (9): 407 – 408.

[6] Faugeras O. Three – dimensional computer vision, a geometric viewpoint [M]. London: The MIT Press, 1993.

[7] Liu J S, Yuan S C, Zhang Q Y. Research on camera calibration in binocular stereo vision [J]. Computer Engineering & Applications, 2008, 44 (6): 237 – 239.

[8] Zhang Z. A flexible new technique for camera calibration [J]. IEEE Transactions on Pattern Analysis and Machine Intelligence, 2000, 22 (11): 1330 – 1334.

[9] Fetic A, Juric D, Osmankovic D. The procedure of a camera calibration using Camera Calibration Toolbox for MATLAB [C]//MIPRO, 2012 Proceedings of the 35th international convention. IEEE, 2012.

[10] Wei Z H, Shi Q, Li C, et al. Development of a MEMS based biomimetic whisker sensor for tactile sensing [C]//IEEE International Conference on Cyborg and Bionic Systems, IEEE, 2019.

[11] Kim D E, Möller R. Biomimetic whiskers for shape recognition [J]. Robotics & Autonomous Systems, 2007, 55 (3): 229 – 243.

[12] Yokoi H, Fend M, Pfeifer R. Development of a whisker sensor system and sim-

ulation of active whisking for agent navigation [C]//IEEE/RSJ International Conference on Intelligent Robots & Systems. IEEE, 2004.

[13] Gopal V, Hartmann M J Z. Using hardware models to quantify sensory data acquisition across the rat vibrissal array [J]. Bioinspiration & Biomimetics, 2016, 2 (4): S135 – S45.

[14] Tiwana M, Tiwana M, Redmond S, et al. Bio – inspired PVDF – based, mouse whisker mimicking, Tactile sensor [J]. Applied Sciences, 2016, 6 (10): 297.

[15] Zhao C, Jiang Q, LI Y. A novel biomimetic whisker technology based on fiber Bragg grating and its application [J]. Measurement Science & Technology, 2017, 28 (9): 095104.

[16] Kim D, M Ller R. Passive sensing and active sensing of a biomimetic whisker [J]. Proceedings of Int conf on the Simulation & Synthesis of Living Systems, 2006.

[17] Zhang X Y, Xu Q D, Zhang G J, et al. Design and analysis of a multiple sensor units vector hydrophone [J]. AIP Advances, 2018, 8 (8): 085214.

[18] Xue C, Chen S, Zhang W, et al. Design, fabrication, and preliminary characterization of a novel MEMS bionic vector hydrophone [J]. Microelectronics Journal, 2007, 38 (10): 1021 – 1026.

[19] Fend M, Bovet S, Yokoi H, et al. An active artificial whisker array for texture discrimination [C]//IEEE/RSJ International Conference on Intelligent Robots & Systems, 2003.

[20] Portfors C V. Types and functions of ultrasonic vocalizations in laboratory rats and mice [J]. Journal of the American Association for Laboratory Animal Science Jaalas, 2007, 46 (1): 28 – 34.

[21] Li C, Shi Q, Gao Z, et al. Identification of rat ultrasonic vocalizations from mix sounds of a robotic rat in non – silent environments [C]. IEEE/RSJ International Conference on Intelligent Robots & Systems IEEE, 2019.

[22] 周志华. 机器学习 [M]. 北京：清华大学出版社, 2016.

[23] Segbroeck M V, Knoll A T, Levitt P, et al. MUPET—mouse ultrasonic profile extraction: Asignal processing tool for rapid and unsupervised analysis of ultrasonic vocalizations [J]. Neuron, 2017, 94 (3): 465 – 485.

[24] Wisdom S, Hershey J, Roux J L, et al. Deep unfolding for multichannel source

separation [C]//Proceedings of the IEEE International Conference on Acoustics, F, 2016.

[25] Gao B, Woo W L, Dlay S S. Single - channel source separation using EMD - subband variable regularized sparse features [J]. IEEE Transactions on Audio Speech & Language Processing, 2011, 19 (4): 961 - 976.

[26] Pham T, Lee Y S, Lin Y B, et al. Single channel source separation using sparse NMF and graph regularization [C]//Ase bigdata & social informatics, ACM, 2015.

[27] Yi L, Mesgarain N. Tasnet: time - domain audio separation network for real - time, single - channel speech separation [C]//IEEE International Conference on Acoustics, Speech and Signal Processing, IEEE, 2018.

第5章

机器鼠运动控制

机器鼠的运动学与动力学分析是实现机器鼠精确控制和提升其运动性能的必要条件。通过对机器鼠结构模型进行机器人学分析，可以产生模仿鼠类的典型动作（俯仰、偏航、转弯等）与步态，进而实现机器鼠的自主行为。因此，本章基于第2章所述的实验鼠运动模式与第3章的机器鼠结构模型，分别对轮式和足式机器鼠进行了机器人学分析，并为第6章的机器鼠自主行为控制提供基础。

|5.1 机器人学基础|

本节简要介绍机器人学方面的基础知识，包括 D－H 参数选取与坐标系的建立、机器人运动学基础、速度与雅可比矩阵、机器人动力学基础，为机器鼠的运动控制提供理论支撑。有关机器人学详细内容，请参见文献［1］。

5.1.1 齐次坐标变换与 D－H 坐标系

一、坐标系的齐次变换

动坐标系 $O'-uvw$ 与定坐标系 $O-xyz$ 的初始位置重合，动坐标系 $O'-uvw$ 绕固定坐标系 $O-xyz$ 的 x 轴转动 α 角（如图 5－1 所示），可以得到动坐标系 $O'-uvw$ 绕固定坐标系 $O-xyz$ 的姿态矩阵，记为

$$\boldsymbol{R}(\boldsymbol{x},\ \alpha)=\begin{bmatrix}1 & 0 & 0\\0 & \cos\alpha & -\sin\alpha\\0 & \sin\alpha & \cos\alpha\end{bmatrix} \tag{5-1}$$

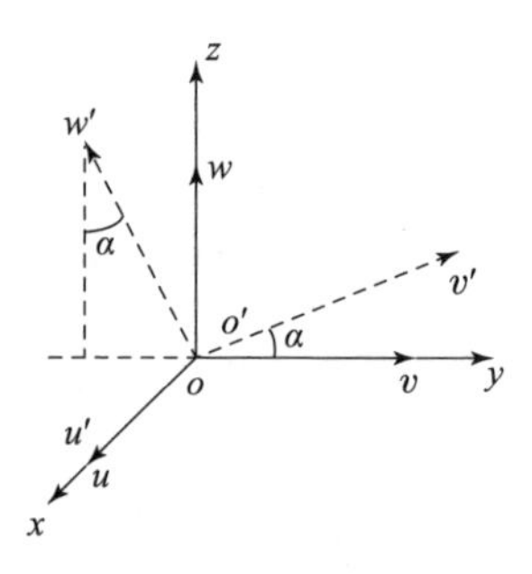

图 5－1　坐标系绕 x 轴旋转

同理，有动坐标系 $O'-uvw$ 绕定坐标系 $O-xyz$ 的 y 轴旋转 β 的姿态矩阵 $\boldsymbol{R}(\boldsymbol{y},\ \beta)$ 和绕 z 轴旋转 γ 的姿态矩阵 $\boldsymbol{R}(\boldsymbol{z},\ \gamma)$ 的基本旋转矩阵如下：

$$R(y,\ \beta)=\begin{bmatrix}\cos\beta & 0 & \sin\beta\\ 0 & 1 & 0\\ -\sin\beta & 0 & \cos\beta\end{bmatrix} \tag{5-2}$$

$$R(z,\ \gamma)=\begin{bmatrix}\cos\gamma & -\sin\gamma & 0\\ \sin\gamma & \cos\gamma & 0\\ 0 & 0 & 1\end{bmatrix} \tag{5-3}$$

在绕轴旋转矩阵的基础上，可推导一般坐标系间的齐次变换矩阵，如图 5-2 所示。空间有 3 个坐标系 {1}~{3}，坐标系 {2} 的 3 个相互垂直的向量在坐标系 {1} 中的表示为姿态矩阵${}_2^1\boldsymbol{R}$。将原点位置向量${}^1\boldsymbol{O}_2$和姿态矩阵结合，得到 $[{}_2^1\boldsymbol{R}\quad {}^1\boldsymbol{O}_2]$，便可以完整地描述坐标系 {2} 在坐标系 {1} 下的位置和姿态。但是，$[{}_2^1\boldsymbol{R}\quad {}^1\boldsymbol{O}_2]$ 为 3 行 4 列的矩阵，计算不方便，因此在该矩阵的最后增加一行 [0　0　0　1]，将矩阵变为 4 行 4 列。该矩阵被称为齐次变换矩阵，由于齐次变换矩阵能够描述一个坐标系在另一个坐标系下的位置和姿态，因此又称位姿矩阵。一般用 T 表示。

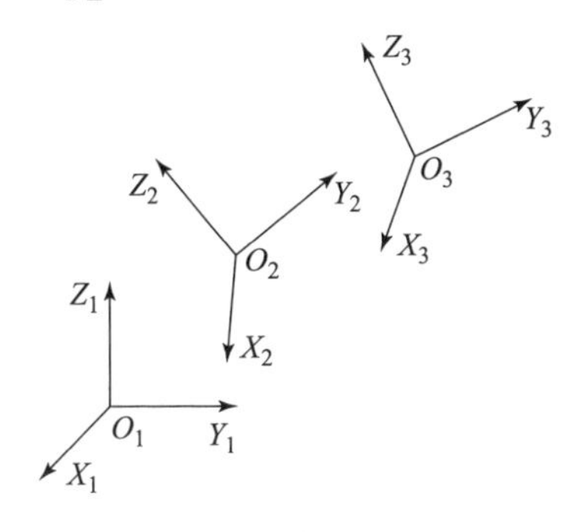

图 5-2　一般坐标系间的变换

因此，坐标系 {2} 在坐标系 {1} 下的齐次变换矩阵为

$${}_2^1\boldsymbol{T}=\begin{bmatrix} & {}_2^1\boldsymbol{R} & & {}^1\boldsymbol{O}_2\\ 0 & 0 & 0 & 1\end{bmatrix}$$

坐标系 {3} 在坐标系 {2} 下的齐次变换矩阵为

$${}_3^2\boldsymbol{T}=\begin{bmatrix} & {}_3^2\boldsymbol{R} & & {}^2\boldsymbol{O}_3\\ 0 & 0 & 0 & 1\end{bmatrix}$$

则坐标系 {3} 的原点在坐标系 {1} 下的位置为

$$\begin{bmatrix}{}^1\boldsymbol{O}_3\\ 1\end{bmatrix}={}_2^1\boldsymbol{T}\begin{bmatrix}{}^2\boldsymbol{O}_3\\ 1\end{bmatrix}=\begin{bmatrix} & {}_2^1\boldsymbol{R} & & {}^1\boldsymbol{O}_2\\ 0 & 0 & 0 & 1\end{bmatrix}\begin{bmatrix}{}^2\boldsymbol{O}_3\\ 1\end{bmatrix}=\begin{bmatrix}{}_2^1\boldsymbol{R}{}^2\boldsymbol{O}_3+{}^1\boldsymbol{O}_2\\ 1\end{bmatrix} \tag{5-4}$$

坐标系 {3} 在坐标系 {1} 下的旋转矩阵${}_3^1R={}_2^1R{}_3^2R$。根据齐次变换矩阵的定义，坐标系 {3} 在坐标系 {1} 下的齐次变换矩阵为

$${}_3^1\boldsymbol{T}=\begin{bmatrix}{}_2^1\boldsymbol{R}{}_3^2\boldsymbol{R} & {}_2^1\boldsymbol{R}{}^2\boldsymbol{O}_3+{}^1\boldsymbol{O}_2\\ 0\quad 0\quad 0 & 1\end{bmatrix} \tag{5-5}$$

因此，很容易得到${}_3^1\boldsymbol{T}={}_2^1\boldsymbol{T}{}_3^2\boldsymbol{T}$。动坐标系在固定坐标系中进行连续的齐次变换时，如果齐次变换是相对于固定坐标系中各坐标轴旋转或平移的，则齐次变

换为左乘，称为绝对变换；如果动坐标系相对于自身坐标系的当前坐标轴旋转或平移，则齐次变换为右乘，称为相对变换。

二、D－H 坐标系的建立

机器人可以看作是由一系列连杆通过关节串联而成的运动链。机器人的各连杆通过关节连接在一起，关节有移动副与转动副两种。按从机座到末端执行器的顺序，由低到高依次为各关节和各连杆编号，机座的编号为杆件 0，与机座相连的连杆编号为杆件 1，依此类推；机座与连杆 1 的关节编号为关节 1，连杆 1 与连杆 2 的连接关节编号为关节 2，依此类推。在基座与各连杆起始位置建立坐标系。

坐标系建立具体步骤如下。

（1）找出各关节轴，并标出这些轴线的延长线。在下面的步骤（2）至步骤（5）中，仅考虑两个相邻的轴线（关节轴 i 和 $i+1$）。

（2）找出关节轴 i 和 $i+1$ 之间的公垂线或关节轴 i 和 $i+1$ 的交点，以关节轴 i 和 $i+1$ 的交点或者公垂线与关节轴 i 的交点作为连杆坐标系 $\{i\}$ 的原点。

（3）规定$\hat{Z}_i$ 轴沿关节轴 i 的指向。

（4）规定$\hat{X}_i$ 轴沿公垂线从 i 到 $i+1$，如果关节轴 i 和 $i+1$ 相交，则规定$\hat{X}_i$ 轴垂直于关节轴 i 和 $i+1$ 所在的平面。

（5）按照右手定则确定$\hat{Y}_i$ 轴。

（6）当第一个关节变量为 0 时，规定坐标系 $\{0\}$ 和 $\{1\}$ 重合。对于坐标系 $\{n\}$，其原点和$\hat{X}_N$ 的方向可以任意选取。但是选取时，通常尽量使连杆参数为 0。

按照上述步骤建立的坐标系如图 5－3 所示，连杆参数可以定义如下：

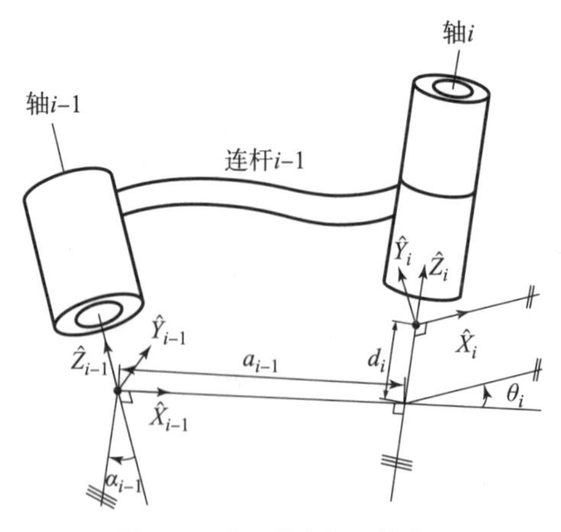

图 5－3 D－H 坐标系的建立

（1）a_{i-1} = 沿$\hat{X}_{i-1}$轴，从$\hat{Z}_{i-1}$移动到$\hat{Z}_i$的距离；

（2）α_{i-1} = 绕$\hat{X}_{i-1}$轴，从$\hat{Z}_{i-1}$旋转到$\hat{Z}_i$的角度；

（3）d_i = 沿$\hat{Z}_i$轴，从$\hat{X}_{i-1}$移动到$\hat{X}_i$的距离；

（4）θ_i = 绕$\hat{Z}_i$轴，从$\hat{X}_{i-1}$旋转到$\hat{X}_i$的角度。

机器人的连杆均可以用以上 4 个参数 a_{i-1}、α_{i-1}、d_i、θ_i 进行描述。对于一个确定的机器人关节来说，运动时只有关节变量的值（对于旋转关节为 θ_i、平移关节为 d_i）发生变化，其他 3 个连杆参数均保持不变。用 a_{i-1}、α_{i-1}、d_i、θ_i 描述连杆之间运动关系的方法称为 Denavit - Hartenberg 法，其中 a_{i-1}、α_{i-1}、d_i、θ_i 称为 D - H 参数。

5.1.2　运动学基础

机器人运动学研究的是机器人的运动特性，可分为正运动学和逆运动学。正运动学研究的问题是已知机器人各关节的角度信息，求解其末端位置与姿态。根据建立的 D - H 坐标系及 D - H 参数，可以推导机器人坐标系 $\{i\}$ 相对于坐标系 $\{i-1\}$ 的齐次变换矩阵，将坐标系 $\{i-1\}$ 到坐标系 $\{i\}$ 的变换过程可以分解为以下步骤：将坐标系 $\{i-1\}$ 绕$\hat{X}_{i-1}$轴旋转 α_{i-1} 角，使$\hat{Z}_{i-1}$轴与$\hat{Z}_i$轴平行；将坐标系 $\{i-1\}$ 沿当前$\hat{X}_{i-1}$轴平移距离 a_{i-1}，使$\hat{Z}_{i-1}$轴与$\hat{Z}_i$轴重合；将坐标系 $\{i-1\}$ 绕当前$\hat{Z}_i$轴旋转 θ_i 角，使$\hat{X}_{i-1}$轴其与$\hat{X}_i$轴平行；沿$\hat{Z}_i$轴平移距离 d_i，使坐标系 $\{i-1\}$ 与坐标系 $\{i\}$ 完全重合。

以上每一步变换可以分别写出一个齐次变换矩阵，由于变换是相对于动坐标系的，所以将 4 个变换矩阵依次右乘可以得到坐标系 $\{i-1\}$ 与坐标系 $\{i\}$ 之间的齐次变换矩阵：

$$ {}^{i-1}_{i}\boldsymbol{T} = \boldsymbol{R}_X(\alpha_{i-1})\boldsymbol{D}_X(a_{i-1})\boldsymbol{R}_Z(\theta_i)\boldsymbol{D}_Z(d_i) \tag{5-6} $$

由矩阵连乘可以计算得到${}^{i-1}_{i}\boldsymbol{T}$的一般表达式：

$$ {}^{i-1}_{i}\boldsymbol{T} = \begin{bmatrix} \mathrm{c}\theta_i & -\mathrm{s}\theta_i & 0 & a_{i-1} \\ \mathrm{s}\theta_i\mathrm{c}\alpha_{i-1} & \mathrm{c}\theta_i\mathrm{c}\alpha_{i-1} & -\mathrm{s}\alpha_{i-1} & -\mathrm{s}\alpha_{i-1}d_i \\ \mathrm{s}\theta_i\mathrm{s}\alpha_{i-1} & \mathrm{c}\theta_i\mathrm{s}\alpha_{i-1} & \mathrm{c}\alpha_{i-1} & \mathrm{c}\alpha_{i-1}d_i \\ 0 & 0 & 0 & 1 \end{bmatrix} \tag{5-7} $$

式中，c 表示 cos；s 表示 sin。

由此建立机器人的运动学方程。首先根据连杆参数得到各个连杆变换矩阵；然后把这些连杆变换矩阵连乘就可以计算出坐标系 $\{n\}$ 相对于坐标系 $\{0\}$ 的变换矩阵：

$$ {}^{0}_{N}\boldsymbol{T} = {}^{0}_{1}\boldsymbol{T}{}^{1}_{2}\boldsymbol{T}{}^{2}_{3}\boldsymbol{T}\cdots{}^{N-1}_{N}\boldsymbol{T} \tag{5-8} $$

与已知关节变量求机器人末端位姿的正运动学问题相反，机器人逆运动学是在已知末端位姿矩阵的条件下求解满足条件的关节角的问题。逆运动学是一个非线性问题，比正运动学更加复杂，存在可解性、多解性等情况，并且非线性方程组没有通用的求解方法。

解的存在性问题取决于机器人的工作空间。简单地说，工作空间是指机器人末端执行器所能达到的范围。只有目标位姿在工作空间内，逆运动学的解才存在。机器人的工作空间分为可达工作空间、灵活工作空间与次工作空间。可达工作空间是指机器人正常运行时，末端执行器坐标系的原点能在空间活动的最大范围。灵活工作空间是指在可达工作空间内，末端执行器可以任意姿态达到的点。次工作空间是指可达工作空间中去掉灵活工作空间所余下的部分所构成的工作空间。当一个机器人少于 6 个自由度时，它在三维空间内不能达到全部位姿。对于所有包含转动关节和移动关节的串联型六自由度机构，其逆运动学均是可解的。

除了解的存在性问题，求解逆运动学时容易遇到的另一个问题就是多解问题。例如，对于一个具有 3 个旋转关节的平面机械臂来说，在具有合适的杆长和较大的关节运动范围时，它从任何方位均可到达工作空间内的任何位置，即它的逆运动学存在无数组解。多解问题就要求在进行逆运动学求解时，需要根据一定的标准选择一组合适的解，常用的选解标准有“行程最短”“能量最小”等原则。“行程最短”解即为在关节的运动范围内选择一组使得各个关节角的变化量最小的解。根据“行程最短”原则选择逆运动学解时也存在多种选择方式。例如，对各关节的变化量进行加权，使得选择的解尽量移动靠近末端执行器的小连杆。此外，对于具有多重解的机器人，尤其是具有冗余自由度的机器人来说，选择逆运动学解时也需要考虑避障问题。

机器人逆运动学求解有多种方法，其解的类型可分为两类，即封闭解和数值解。不同学者对同一个机器人的逆运动学解也提出有不同的解法。应该从计算方法的计算效率、计算精度等要求出发，选择较好的解法。关于机器人逆运动学的求解方法可参见参考文献［1］。

5.1.3　速度与雅可比矩阵

由机器人的逆运动学可知，从机器人的末端位置到机器人的关节位置的映射十分复杂，尤其是对于自由度多的机器人，有时可能没有解析解，而雅可比矩阵可以实现末端速度和关节速度之间的映射。

一、机器人连杆间速度的传递

串联型机器人是链式结构，机器人每个连杆的运动均与其相邻的连杆有关，基于链式结构的特点，可以由基坐标系依次向后计算各个连杆的速度。对于旋转关节，关节 $i+1$ 的角速度等于关节 i 的角速度加上关节 $i+1$ 自身的角速度。若关节的旋转方向是绕 Z 轴旋转，则两个相邻关节间角速度关系为

$$ {}^{i}\boldsymbol{\omega}_{i+1} = {}^{i}\boldsymbol{\omega}_{i} + \dot{\theta}_{i+1}\,{}_{i+1}^{\;i}\boldsymbol{R}^{i+1}\boldsymbol{Z}_{i+1} \tag{5-9} $$

其中

$$ {}^{i+1}\boldsymbol{Z}_{i+1} = \begin{bmatrix} 0 \\ 0 \\ 1 \end{bmatrix} $$

两个相邻关节间线速度关系为

$$ {}^{i}\boldsymbol{v}_{i+1} = {}^{i}\boldsymbol{v}_{i} + {}^{i}\boldsymbol{\omega}_{i} \times {}^{i}\boldsymbol{O}_{i+1} \tag{5-10} $$

式中，${}^{i}\boldsymbol{O}_{i+1}$ 为坐标系 $\{i+1\}$ 的原点在坐标系 $\{i\}$ 中的位置。

二、雅可比矩阵

机器人的雅可比矩阵 $\boldsymbol{J}$ 是指从机器人的关节空间速度向机器人末端笛卡儿空间的速度映射，即

$$ \boldsymbol{V} = \boldsymbol{J}\dot{\theta} \tag{5-11} $$

其中，$\boldsymbol{V}$ 为机器人末端笛卡儿空间的速度向量，包含机器人末端笛卡儿空间的线速度向量和角速度向量，即 $\boldsymbol{V} = \begin{bmatrix} \boldsymbol{v} \\ \boldsymbol{\omega} \end{bmatrix}$。

由于机器人的每个关节运动都会对机器人的末端运动速度产生影响，因此通过计算关节速度与末端速度的关系，便可以写出雅可比矩阵。对于旋转关节 i，其转动在机器人末端产生的角速度为

$$ \boldsymbol{\omega}_{i} = \boldsymbol{Z}_{i}\dot{\theta}_{i} \tag{5-12} $$

式中，$\boldsymbol{Z}_{i}$ 为机器人坐标系 $\{i\}$ 的 Z 轴在基坐标系中的表示。

关节 i 转动在机器人末端产生的线速度为

$$ \boldsymbol{v} = (\boldsymbol{Z}_{i} \times {}^{i}\boldsymbol{P}_{n})\,\dot{\theta}_{i} \tag{5-13} $$

式中，${}^{i}\boldsymbol{P}_{n}$ 为机器人末端坐标系原点在坐标系 $\{i\}$ 中的位置。

此时，雅可比矩阵的第 i 列为

$$ \boldsymbol{J}_{i} = \begin{bmatrix} \boldsymbol{Z}_{i} \times {}^{i}\boldsymbol{P}_{n} \\ \boldsymbol{Z}_{i} \end{bmatrix} \tag{5-14} $$

但是，${}^{i}\boldsymbol{P}_{n}$ 的计算十分复杂，不利于雅可比矩阵的推导。但是，可以通过基于全微分的求解方法计算得到雅克比矩阵与线速度相关的矩阵元素。由机器人的正运动学可以得到机器人末端相对于机器人基坐标系的位置，即

$$
{}^{0}\boldsymbol{P}_{n}=\begin{bmatrix}P_x\\P_y\\P_z\end{bmatrix}=\begin{bmatrix}f_x(\theta_1,\ \theta_2,\ \cdots,\ \theta_n)\\f_y(\theta_1,\ \theta_2,\ \cdots,\ \theta_n)\\f_z(\theta_1,\ \theta_2,\ \cdots,\ \theta_n)\end{bmatrix} \tag{5-15}
$$

根据雅可比矩阵的定义可知，对${}^{0}\boldsymbol{P}_{n}$求全微分，可以计算出机器人线速度与机器人关节角间的映射，即

$$
\begin{cases}
\delta P_x=\dfrac{\delta f_x}{\delta\theta_1}\delta\theta_1+\dfrac{\delta f_x}{\delta\theta_2}\delta\theta_2+\cdots+\dfrac{\delta f_x}{\delta\theta_n}\delta\theta_n\\
\delta P_y=\dfrac{\delta f_y}{\delta\theta_1}\delta\theta_1+\dfrac{\delta f_y}{\delta\theta_2}\delta\theta_2+\cdots+\dfrac{\delta f_y}{\delta\theta_n}\delta\theta_n\\
\delta P_z=\dfrac{\delta f_z}{\delta\theta_1}\delta\theta_1+\dfrac{\delta f_z}{\delta\theta_2}\delta\theta_2+\cdots+\dfrac{\delta f_z}{\delta\theta_n}\delta\theta_n
\end{cases} \tag{5-16}
$$

整理式（5-16），可得

$$
\begin{bmatrix}\delta P_x\\\delta P_y\\\delta P_z\end{bmatrix}=\begin{bmatrix}\dfrac{\delta f_x}{\delta\theta_1}&\dfrac{\delta f_x}{\delta\theta_2}&\cdots&\dfrac{\delta f_x}{\delta\theta_n}\\\dfrac{\delta f_y}{\delta\theta_1}&\dfrac{\delta f_y}{\delta\theta_2}&\cdots&\dfrac{\delta f_y}{\delta\theta_n}\\\dfrac{\delta f_z}{\delta\theta_1}&\dfrac{\delta f_z}{\delta\theta_2}&\cdots&\dfrac{\delta f_z}{\delta\theta_n}\end{bmatrix}\begin{bmatrix}\delta\theta_1\\\delta\theta_2\\\vdots\\\delta\theta_n\end{bmatrix} \tag{5-17}
$$

式（5-17）两侧同时除以Δt，可得

$$
\begin{bmatrix}v_x\\v_y\\v_z\end{bmatrix}=\begin{bmatrix}\dfrac{\delta f_x}{\delta\theta_1}&\dfrac{\delta f_x}{\delta\theta_2}&\cdots&\dfrac{\delta f_x}{\delta\theta_n}\\\dfrac{\delta f_y}{\delta\theta_1}&\dfrac{\delta f_y}{\delta\theta_2}&\cdots&\dfrac{\delta f_y}{\delta\theta_n}\\\dfrac{\delta f_z}{\delta\theta_1}&\dfrac{\delta f_z}{\delta\theta_2}&\cdots&\dfrac{\delta f_z}{\delta\theta_n}\end{bmatrix}\begin{bmatrix}\dot{\theta}_1\\\dot{\theta}_2\\\vdots\\\dot{\theta}_n\end{bmatrix} \tag{5-18}
$$

由式（5-18），可以得到雅可比矩阵与线速度相关的矩阵元素，即对末端在基坐标系下的位置求全微分。

5.1.4 动力学基础

机器人动力学是研究机器人运动与关节力矩之间关系的方法。其主要分为两类：一类是动力学正问题，即已知机器人各关节的驱动力矩，求机器人各关节的位置、速度、加速度；另一类是动力学逆问题，即已知机器人各关节瞬时位置、速度、加速度，求当前时刻各关节的驱动力矩。在此主要介绍机器人动力学分析的两种主要方法，即基于牛顿-欧拉方程的分析方法和基于拉格朗日

方程的分析方法。

一、牛顿-欧拉迭代动力学方程

牛顿-欧拉方程可以描述一个刚体的动力学特性，对于机械臂，其是一个多刚体系统。为了对整个系统的动力学进行描述，需要对每一个刚体的动力学特性进行分析，从而得到整个机械臂动力学特性。由关节运动计算关节力矩的完整算法由两部分组成：第一部分是对每个连杆应用牛顿-欧拉方程，从连杆1到连杆 n 向外迭代计算连杆的速度和加速度，即外推算法；第二部分是从连杆 n 到连杆1向内迭代计算连杆间的相互作用力和力矩以及关节驱动力矩，即内推算法。对于旋转关节，将该算法归纳如下。

外推算法可定义为

$$\begin{cases} {}^{i+1}\omega_{i+1} = {}^{i+1}_{i}\boldsymbol{R}^{i}\omega_i + \dot{\theta}_{i+1}\,{}^{i+1}\boldsymbol{Z}_{i+1} \\ {}^{i+1}\dot{\boldsymbol{\omega}}_{i+1} = {}^{i+1}_{i}\boldsymbol{R}^{i}\dot{\omega}_i + {}^{i+1}_{i}\boldsymbol{R}^{i}\omega_i \times \dot{\theta}_{i+1}\,{}^{i+1}\boldsymbol{Z}_{i+1} + \theta_{i+1}\,{}^{i+1}\boldsymbol{Z}_{i+1} \\ {}^{i+1}\dot{\boldsymbol{v}}_{i+1} = {}^{i+1}_{i}\boldsymbol{R}({}^{i}\dot{\omega}_i \times {}^{i}\boldsymbol{P}_{i+1} + {}^{i}\omega_i \times ({}^{i}\omega_i \times {}^{i}\boldsymbol{P}_{i+1}) + {}^{i}\dot{\boldsymbol{v}}_i) \\ {}^{i+1}\dot{\boldsymbol{v}}_{C_{i+1}} = {}^{i+1}\dot{\boldsymbol{\omega}}_{i+1} \times {}^{i+1}\boldsymbol{P}_{C_{i+1}} + {}^{i+1}\boldsymbol{\omega}_{i+1} \times ({}^{i+1}\boldsymbol{\omega}_{i+1} \times {}^{i+1}\boldsymbol{P}_{C_{i+1}}) + {}^{i+1}\dot{\boldsymbol{v}}_{i+1} \\ {}^{i+1}\boldsymbol{F}_{i+1} = m_{i+1}\,{}^{i+1}\dot{\boldsymbol{v}}_{C_{i+1}} \\ {}^{i+1}\boldsymbol{N}_{i+1} = {}^{C_{i+1}}\boldsymbol{I}_{i+1}\,{}^{i+1}\dot{\boldsymbol{\omega}}_{i+1} + {}^{i+1}\boldsymbol{\omega}_{i+1} \times {}^{C_{i+1}}\boldsymbol{I}_{i+1}\,{}^{i+1}\boldsymbol{\omega}_{i+1} \end{cases} \tag{5-19}$$

式中，${}^{i}\boldsymbol{\omega}_i$ 为连杆 i 的角速度；${}^{i}\dot{\boldsymbol{\omega}}_i$ 为连杆 i 的角加速度；${}^{i+1}\dot{\boldsymbol{v}}_{i+1}$ 为连杆 $i+1$ 坐标系原点的线加速度；${}^{i+1}\dot{\boldsymbol{v}}_{C_{i+1}}$ 为连杆 $i+1$ 质心的线加速度；${}^{i+1}\boldsymbol{F}_{i+1}$ 和 ${}^{i+1}\boldsymbol{N}_{i+1}$ 为作用于连杆 $i+1$ 质心上的惯性力和力矩。

内推算法可定义为

$$\begin{cases} {}^{i}\boldsymbol{f}_i = {}^{i}_{i+1}\boldsymbol{R}^{i+1}\boldsymbol{f}_{i+1} + {}^{i}\boldsymbol{F}_i \\ {}^{i}\boldsymbol{n}_i = {}^{i}\boldsymbol{N}_i + {}^{i}_{i+1}\boldsymbol{R}^{i+1}\boldsymbol{n}_{i+1} + {}^{i}\boldsymbol{P}_{C_i} \times {}^{i}\boldsymbol{F}_i + {}^{i}\boldsymbol{P}_{i+1} \times {}^{i}_{i+1}\boldsymbol{R}^{i+1}\boldsymbol{f}_{i+1} \\ \tau_i = {}^{i}\boldsymbol{n}_i^{Ti}\boldsymbol{Z}_i \end{cases} \tag{5-20}$$

式中，${}^{i}\boldsymbol{f}_i$ 为连杆 $i-1$ 作用在连杆上 i 的力；${}^{i}\boldsymbol{n}_i$ 为连杆 $i-1$ 作用在连杆 i 上的力矩；T_i 为关节 i 的驱动力矩。

上述迭代的方法能够很好地通过关节运动计算得到各个关节的驱动力矩，然而在对机械臂进行分析时，常常需要动力学的矩阵形式，对于上述动力学方程，可以写成如下形式：

$$\tau = \boldsymbol{M}(\Theta)\ddot{\Theta} + \boldsymbol{V}(\Theta, \dot{\Theta}) + \boldsymbol{G}(\Theta) \tag{5-21}$$

式中，τ 为各关节的驱动力矩；$\boldsymbol{M}(\Theta)$ 为机械臂 $n\times n$ 维的质量矩阵；$\boldsymbol{V}(\Theta, \dot{\Theta})$ 为 $n\times 1$ 维的离心力和科里奥利（简称哥氏）力项；$\boldsymbol{G}(\Theta)$ 为 $n\times 1$

维的重力项。

上述式（5-21）称为机械臂的状态空间方程。

$\boldsymbol{M}(\boldsymbol{\Theta})$ 和 $\boldsymbol{G}(\boldsymbol{\Theta})$ 中的元素都是关于机械臂关节位置 $\boldsymbol{\Theta}$ 的复杂函数，而 $\boldsymbol{V}(\boldsymbol{\Theta}, \dot{\boldsymbol{\Theta}})$ 中的元素是关于机械臂关节位置 $\boldsymbol{\Theta}$ 和 $\dot{\boldsymbol{\Theta}}$ 的复杂函数。

二、拉格朗日方程

与牛顿-欧拉方程不同，拉格朗日方程是一种基于能量的动力学方法。这种方法以能量的观点建立基于广义坐标的动力学方程，从而避开了力、速度、加速度等向量的复杂运算，可以避免内力项。系统的拉格朗日函数 L 定义为系统的动能 K 和势能 U 之差，即

$$L = K - U \tag{5-22}$$

式中，K 和 U 可以在任何坐标系下表示。

对于第 i 根连杆，其动能 k_i 可以表示为

$$k_i = \frac{1}{2} m_i v_{C_i}^T v_{C_i} + \frac{1}{2} {}^i\omega_i^{T\,C_i} I_i {}^i\omega_i \tag{5-23}$$

式中，等号右边第一项是由连杆质心线速度产生的动能；等号右边第二项是由连杆的角速度产生的动能。

整个操作臂的动能是各个连杆动能之和，即

$$K = \sum_{i=1}^{n} k_i \tag{5-24}$$

由于 v_{C_i} 和 ${}^i\omega_i$ 是 $\boldsymbol{\Theta}$ 和 $\dot{\boldsymbol{\Theta}}$ 的函数，可知操作臂的动能 $K(\boldsymbol{\Theta}, \dot{\boldsymbol{\Theta}})$ 可以描述为关节位置和速度的标量函数。操作臂的动能可以表示为

$$K(\boldsymbol{\Theta}, \dot{\boldsymbol{\Theta}}) = \frac{1}{2} \dot{\boldsymbol{\Theta}}^T M(\boldsymbol{\Theta}) \dot{\boldsymbol{\Theta}} \tag{5-25}$$

式中，$M(\boldsymbol{\Theta})$ 为 $n \times n$ 操作臂的质量矩阵。

第 i 根连杆的势能 u_i 可以表示为

$$u_i = -m_i {}^0g^{T\,0}\boldsymbol{r}_{C_i} + u_{ref_i} \tag{5-26}$$

式中，${}^0g_0^T$ 为 3×1 的重力向量；${}^0\boldsymbol{r}_{C_i}$ 为位于第 i 根连杆质心的向量；u_{ref_i} 为使 u_i 的最小值为零的常数。

操作臂的总势能为各个连杆势能之和，即

$$U = \sum_{i=1}^{n} u_i \tag{5-27}$$

由于 ${}^0\boldsymbol{r}_{C_i}$ 是 $\boldsymbol{\Theta}$ 的函数，可以看出操作臂的势能 $U(\boldsymbol{\Theta})$ 可以描述为关节位置的标量函数。

系统动力学方程即拉格朗日方程可以表示为

$$\tau_i = \frac{\mathrm{d}}{\mathrm{d}t}\frac{\partial L}{\partial \dot{q}_i} - \frac{\partial L}{\partial q_i},\ i=1,\ 2,\ \cdots,\ n \tag{5-28}$$

式中，q_i 为动能和位能的坐标；$\dot{q}_i$ 为对应的速度；τ_i 为作用在第 i 个坐标系上的力或力矩。

5.2　轮式机器鼠的机器人学分析

基于 5.1 节所述的基础理论，本节主要对轮式机器鼠进行机器人学分析，为机器鼠的运动控制奠定基础。其内容主要包括建立轮式机器鼠的运动坐标系、正运动学分析与工作空间、逆运动学分析以及动力学分析。

5.2.1　运动坐标系

以轮式机器鼠 WR-5M 为例对机器鼠进行运动学分析。机器鼠 WR-5M 是通过四部分肢体和关节轴连接组成的类似实验鼠的一种结构，通过各个关节与底部轮的转动使机器鼠 WR-5M 进行一系列的运动。机器鼠的运动学主要是在正运动学和逆运动学的基础上，建立空间转换坐标变化关系，推导出机器鼠 WR-5M 各个关节和鼻尖相对于基坐标系的位姿变换矩阵。机器鼠 WR-5M 由头部、前肢、腰部和后肢四部分组成，为了方便分析其运动学，将机器鼠 WR-5M 模型简化，划分为两个部分，即拥有 7 个自由度的主躯干（图 5-4 中绿色实线）和拥有 4 个自由度的前肢（图 5-4 中蓝色实线）[2]。

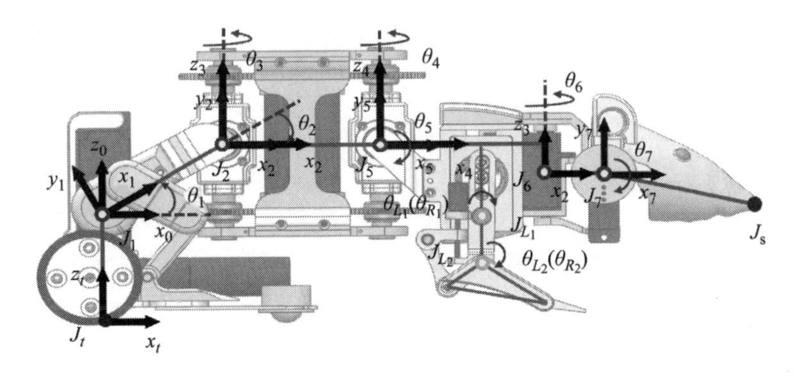

图 5-4　机器鼠运动坐标系（见彩插）

基于 D-H 坐标参数，建立如图 5-4 所示的机器鼠运动坐标系。其中，J_s 为机器鼠最前端的鼻尖，J_i 为三维空间中机器鼠的第 i 个（$i=1,\ 2,\ \cdots,\ 7$）

关节，J_{L1}和J_{L2}为前肢的肩部和肘部关节，分别对应关节角θ_{L1}和θ_{L2}。图中的$\{x_i, y_i, z_i\}$表示坐标轴，θ_i表示关节角（$i=1, 2, \cdots, 7$），各关节绕z轴旋转。坐标系1、2、5、7与俯仰旋转关节固连，坐标系3、4、6与偏航旋转关节固连。坐标系$\{x_t, y_t, z_t\}$定义为世界坐标系，机器鼠后轮与地面接触点J_t为世界坐标系原点（y_t垂直于纸面向内，构成右手坐标系）。表5－1给出了各关节D－H参数。

表5－1　机器鼠各关节D－H参数

i	a_{i-1}/mm	α_{i-1}/rad	d_i/mm	θ_i/rad
1	0	π/2	0	π/6
2	42	0	0	－π/6
3	0	－π/2	0	0
4	48	0	0	0
5	0	π/2	0	0
6	50	－π/2	－11	0
7	18	π/2	0	0

机器鼠的运动学方程可由相邻关节之间的坐标组合表示，通过各关节之间的坐标变换矩阵相乘，即可得每个关节和鼻尖相对于基坐标系的变化矩阵。为了方便将D－H参数应用到旋转矩阵中，将世界坐标系$\{x_t, y_t, z_t\}$沿着z_t轴移动a_t到第一个关节所得到的坐标系为$\{x_0, y_0, z_0\}$。对于机器鼠最前端鼻尖$\{x_s, y_s, z_s\}$相对于世界坐标系$\{x_t, y_t, z_t\}$的变换矩阵可表示为

$$\boldsymbol{P}_s = \boldsymbol{P}_s^t = {}_0^t\boldsymbol{T} \cdot \left(\prod_{i=1}^{7} {}_i^{i-1}\boldsymbol{T}\right) \cdot \boldsymbol{P}_s^7 \tag{5-29}$$

其中，

$${}_0^tT = \begin{bmatrix} 1 & 0 & 0 & 0 \\ 0 & 1 & 0 & 0 \\ 0 & 0 & 1 & a_t \\ 0 & 0 & 0 & 1 \end{bmatrix}。$$

式中，a_t为从坐标系$\{x_t, y_t, z_t\}$沿着z_t轴将x_t与x_0重合时移动的距离；$\boldsymbol{P}$的上标t和7分别代表坐标系$\{x_t, y_t, z_t\}$和$\{x_7, y_7, z_7\}$相对于鼻尖的坐标值。

基于机器鼠几何特征，可以得出$a_t=40$，$\boldsymbol{P}_s^7=[47, -10, 0, 1]^{\mathrm{T}}$。

5.2.2　运动学分析

一、正运动学分析与工作空间

俯仰和偏航运动是实验鼠重要的运动，俯仰运动主要出现在实验鼠的攀

压、直立、嗅探等系列动作中，偏航运动则在实验鼠的理毛、转身、嗅探等动作中经常出现（图 3 – 2）。在本节中，重点分析机器鼠的俯仰和偏航运动学[3]。

俯仰运动是由 J_1、J_2、J_5 和 J_7 4 个关节综合形成的复合运动，通过控制 θ_1、θ_2、θ_5 和 θ_7 即可以实现俯仰运动。当机器鼠进行俯仰运动时，θ_3、θ_4 和 θ_6 并不影响其俯仰方向的运动，还是保持表 5 – 1 中的初始值。基于 D – H 转换矩阵，鼻尖相对于世界坐标系的位姿为

$$\boldsymbol{P}_s^p = {}_0^t\boldsymbol{T} \cdot \boldsymbol{T}_p \cdot \boldsymbol{P}_s^7 \tag{5-30}$$

其中，

$$\boldsymbol{T}_p = \begin{bmatrix} c_{1257} & -s_{1257} & 0 & a_1c_1 + a_3c_{12} - d_6s_{125} + (a_5 + a_6)c_{125} \\ 0 & 0 & -1 & 0 \\ s_{1257} & c_{1257} & 0 & a_1s_1 + a_3s_{12} + d_6c_{125} + (a_5 + a_6)s_{125} \\ 0 & 0 & 0 & 1 \end{bmatrix}。$$

与俯仰运动类似，偏航运动是由 J_3、J_4 和 J_6 3 个关节综合形成的复合运动，通过控制 θ_3、θ_4 和 θ_6 即可以实现偏航运动。当机器鼠进行偏航运动时，θ_1、θ_2、θ_5 和 θ_7 并不影响其偏航方向的运动，还是保持表 5 – 1 中的初始值。基于 D – H 转换矩阵，鼻尖相对于世界坐标系的位姿为

$$\boldsymbol{P}_s^y = {}_0^t\boldsymbol{T} \cdot \boldsymbol{T}_y \cdot \boldsymbol{P}_s^7 \tag{5-31}$$

其中，

$$\boldsymbol{T}_y = \begin{bmatrix} c_{346} & 0 & s_{346} & a_3c_3 + a_5c_{34} + a_6c_{346} + 0.87a_1 \\ s_{346} & 0 & -c_{346} & a_3s_3 + a_5s_{34} + a_6s_{346} + 0.5a_1 + d_6 \\ 0 & 1 & 0 & 0.5a_1 + d_6 \\ 0 & 0 & 0 & 1 \end{bmatrix}。$$

此外，需要进一步获取各关节运动的极限位置，以避免运动干涉。通过将机器鼠的关节运动边界投影到一个垂直平面，可将三维运动干涉转化为二维交叉点。图 5 – 5（a）和（b）分别显示了机器鼠尾部与前端关节运动干涉模型。A_1B_1 和 C_1D_1 表示 θ_1 转动过程中的最大投影长度，E_1F_1 和 G_1H_1 表示 θ_2 转动过程中的最大投影长度；A_2B_2 和 C_2D_2 表示 θ_6 转动过程中的最大投影长度，E_2F_2 和 G_2H_2 表示 θ_7 转动过程中的最大投影长度。浅色方形区域表示关节设计运动空间，阴影部分表示运动干涉区域，红色虚线表示干涉与非干涉区域的边界。

二、逆运动学分析

机器鼠的逆运动学是已知其鼻尖的位姿，求得使鼻尖到达此位姿所需的各

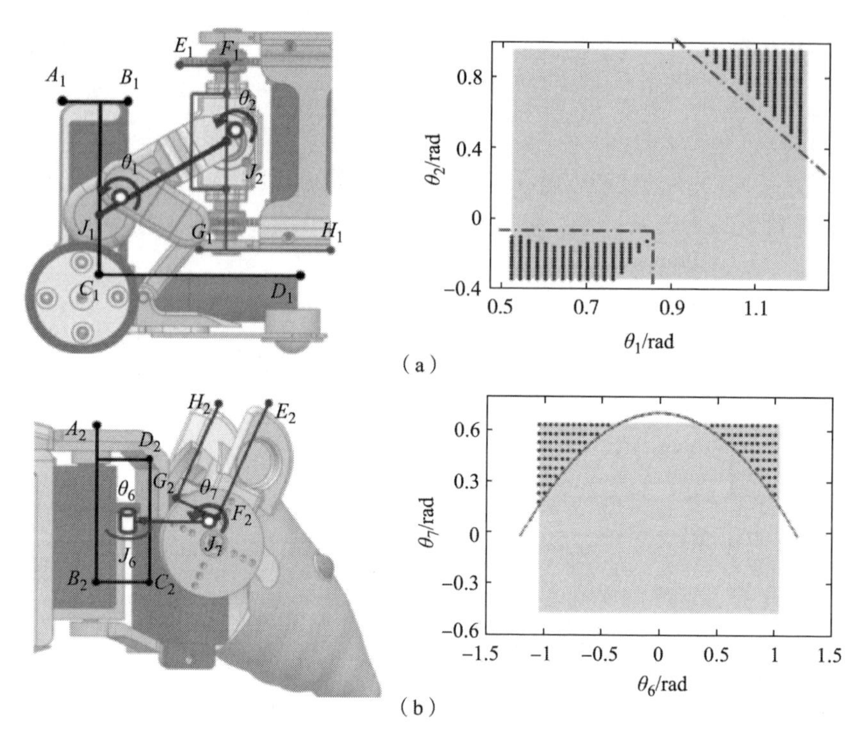

图 5－5　机器鼠运动干涉模型（见彩插）

（a）尾部；（b）前端

个关节变量的问题，即从笛卡儿空间到关节空间的映射[4]。对于俯仰运动来说，我们仅仅知道机器鼠鼻尖 J_s 的 x 和 z 坐标，需要求解的是 4 个未知关节变量（θ_1、θ_2、θ_5 和 θ_7）。通过分析大量实验鼠的运动，寻找其中的规律，可以减少未知关节变量的数量。首先，实验鼠的颈部通常只是局部动作，对俯仰运动的影响很小。因此，在整个过程中，关节变量 θ_7 可以保持为初始值。同时，可以很容易地测量出俯仰角 α_p，由关节变量 θ_1、θ_2 和 θ_5 共同决定。对于自由度较少的机器人，使用三角几何法计算关节变量比较有效[5-8]。机器鼠俯仰运动简化模型如图 5－6 所示。鼻尖相对于坐标系 $\{x_0, y_0, z_0\}$ 的位姿为 (x, z)，J_5 在坐标系 $\{x_0, y_0, z_0\}$ 下的位姿为 (x_5^0, z_5^0)，鼻尖在坐标系 $\{x_7, y_7, z_7\}$ 下的位姿为 (x_s^7, z_s^7)。由关节度量的几何关系，可得

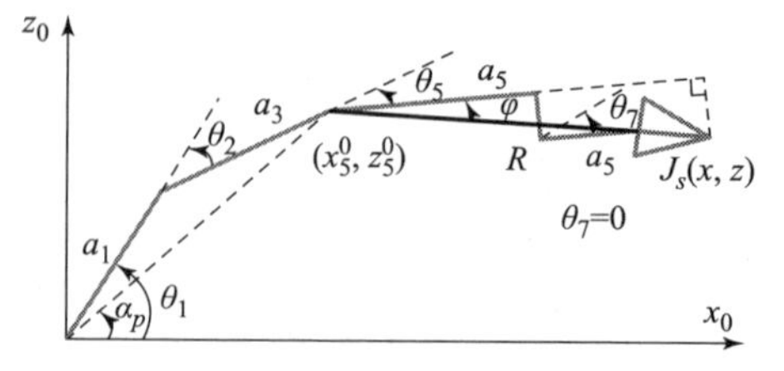

图 5－6　机器鼠俯仰运动简化模型

$$
\begin{cases}
\theta_1 = -\alpha_p + \arccos \dfrac{a_1^2 - a_3^2 - (x_5^0)^2 - (z_5^0)^2}{2a_1\sqrt{(x_5^0)^2 + (z_5^0)^2}} \\
\theta_2 = \pi - \arccos \dfrac{(x_5^0)^2 + (z_5^0)^2 - a_1^2 - a_3^2}{2a_1 a_3} \\
\theta_5 = \varphi - \arctan \left| \dfrac{\boldsymbol{v}_1 \times \boldsymbol{v}_2}{\boldsymbol{v}_1 \cdot \boldsymbol{v}_2} \right|
\end{cases}
\tag{5-32}
$$

其中，

$$
\begin{cases}
x_5^0 = \dfrac{x + z\tan\alpha_p - \sqrt{R^2 - z^2 + 2xz\tan\alpha_p + (R^2 - x^2)\tan^2\alpha_p}}{1 + \tan^2\alpha_p} \\
z_5^0 = x_5^0 \tan\alpha_p \\
\vec{v}_1 = (x_5^0 - a_1\cos\theta_1,\ z_5^0 - a_1\sin\theta_1) \\
\vec{v}_2 = (x - x_5^0,\ z - z_5^0) \\
\varphi = \arctan \dfrac{d_6 + |z_7^s|}{a_5 + a_6 + |x_7^s|} \\
R = \sqrt{(a_5 + a_6 + |x_7^s|)^2 + (d_6 + |z_7^s|)^2}
\end{cases}
$$

类似地，对于偏航运动来说，仅知道鼻尖的 x 和 y 坐标，需要求解 3 个未知关节变量（θ_3、θ_4 和 θ_6）。通过分析大量实验鼠的运动，发现偏航运动时腰部前后端具有对称性，即 θ_3 和 θ_4 的值大致相等。机器鼠偏航运动简化模型如图 5－7 所示，鼻尖相对于坐标系 $\{x_0, y_0, z_0\}$ 的位姿为 (x, y)，J_6 在坐标系 $\{x_0, y_0, z_0\}$ 下的位姿为 (x_6^0, y_6^0)，鼻尖在坐标系 $\{x_7, y_7, z_7\}$ 下的位姿为 (x_s^7, y_s^7)。

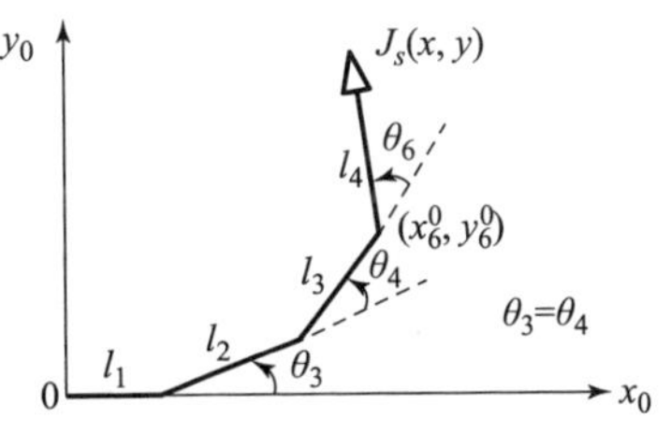

图 5－7　机器鼠偏航运动简化模型

由关节变量的几何关系，可得

$$
\begin{cases}
f(\theta_3) = K_1 + K_2\cos\theta_3 + K_3\sin\theta_3 + K_4\cos 2\theta_3 + K_5\sin 2\theta_3 = 0 \\
\theta_6 = \arccos\left[\dfrac{a_1\cos\theta_1^0 + a_3\cos\theta_3 + a_5\cos 2\theta_3 - x}{-a_6 - x_7^s}\right] \\
\theta_4 = \theta_3
\end{cases}
\tag{5-33}
$$

其中，

$$
\begin{cases}
K_1 = \dfrac{\sqrt{3}}{2}a_1^2 + a_3^2 + a_5^2 + (a_6 + x_7^s)^2 + x^2 + y^2 - \sqrt{3}a_1 x \\
K_2 = 2\left(\dfrac{\sqrt{3}}{2}a_1 a_3 + a_3 a_5 - a_3 x\right) \\
K_3 = -2a_3 y \\
K_4 = 2\left(\dfrac{\sqrt{3}}{2}a_1 a_5 - a_5 x\right) \\
K_5 = -2a_5 y
\end{cases}
$$

5.2.3 动力学分析

由于机器鼠为一系列驱动机构串联而成，将其简化为连杆机构。单个连杆的受力复杂，但对于一系列连杆，其结果则可以用耦合微分方程组表示，即

$$
\boldsymbol{Q} = \boldsymbol{M}(\boldsymbol{q})\ddot{\boldsymbol{q}} + \boldsymbol{C}(\boldsymbol{q}, \dot{\boldsymbol{q}})\dot{\boldsymbol{q}} + \boldsymbol{F}(\dot{\boldsymbol{q}}) + \boldsymbol{G}(\boldsymbol{q}) \tag{5-34}
$$

式中，$\boldsymbol{q}$、$\dot{\boldsymbol{q}}$、$\ddot{\boldsymbol{q}}$ 分别为广义关节位置、速度和加速度的向量；$\boldsymbol{M}$ 为关节空间惯量矩阵；$\boldsymbol{C}$ 为哥氏力和向心力耦合矩阵；$\boldsymbol{F}$ 为关节间摩擦力；$\boldsymbol{G}$ 为重力负荷；$\boldsymbol{Q}$ 为广义坐标对应的广义驱动力向量。

矩阵 $\boldsymbol{M}$、$\boldsymbol{C}$、$\boldsymbol{F}$ 和 $\boldsymbol{G}$ 中的元素是关于连杆运动学参数和惯性参数的函数。每个连杆有 3 组独立的惯性参数，即连杆质量 m_i、相对于连杆坐标系的质心 r_i 以及惯性矩阵 M_i。以俯仰运动为例，各连杆具体动力学参数如表 5-2 所示。

表 5-2　机器鼠各连杆动力学参数

i	m_i/kg	r_i/m	M_i/(kg·m^2)
1	0.15	(0.028, 0, 0.015)	$\begin{bmatrix} 1.3 & 0 & 0 \\ 0 & 0.9 & 0 \\ 0 & 0 & 0.8 \end{bmatrix}$
2	0.25	(0.068, 0, 0.040)	$\begin{bmatrix} 2.9 & 0 & 0 \\ 0 & 2.8 & 0 \\ 0 & 0 & 0.2 \end{bmatrix}$
5	0.35	(0.082, 0, 0.040)	$\begin{bmatrix} 0.22 & 0 & 0 \\ 0 & 0.22 & 0 \\ 0 & 0 & 0.17 \end{bmatrix}$
7	0.10	(0.140, 0, 0.030)	$\begin{bmatrix} 0.32 & 0 & 0 \\ 0 & 0.32 & 0 \\ 0 & 0 & 0.03 \end{bmatrix}$

根据施加到关节的力和力矩确定机器鼠的运动，需要正向动力学或积分动力学。重新排列方程，可以得到关节加速度，即

$$\ddot{q} = \boldsymbol{M}^{-1}(q)(\boldsymbol{Q} - \boldsymbol{C}(q, \dot{q})\dot{q} - \boldsymbol{F}(\dot{q}) - \boldsymbol{G}(q)) \tag{5-35}$$

通过控制施加在关节的力矩，可以实现机器鼠的灵活运动。机器鼠采用传统的计算转矩的前馈控制方法，控制框图如图5-8所示。该框图从概念上描述了计算力矩控制的机器鼠控制系统。反馈系统由4个独立关节控制伺服系统表达。该系统是分散控制，因为控制器i用的是相对关节i的参考量和测量值。不同关节之间的相互作用由传递函数表达，通过集中控制补偿，集中控制函数产生前馈作用，该前馈作用取决于关节参量以及机器鼠动力学模型。这些作用补偿了由惯性力、哥氏力、离心力、重力引起的非线性耦合项，这些力取决于结构，并随着机器鼠的运动发生变化。

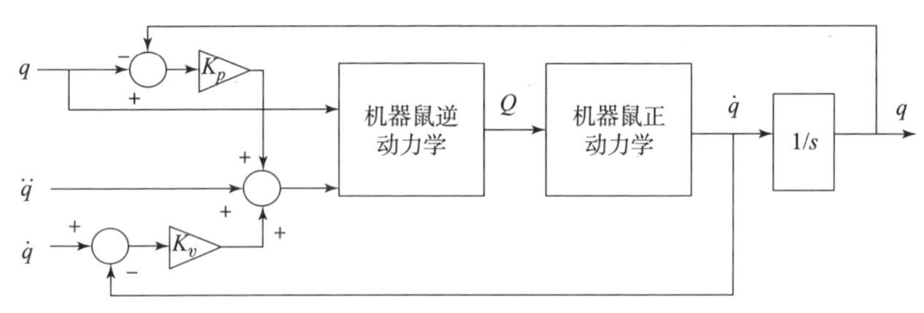

图5-8 机器鼠关节力矩控制框图

图5-9所示为Matlab-Adams联合仿真结果，采样得到关节2和关节4的输出曲线。横坐标为时间，纵坐标为角度，蓝色线为给定期望轨迹，红色线为模型输出曲线。仿真实验结果证明，计算力矩前馈的方法响应迅速，并且可保证运动精度。

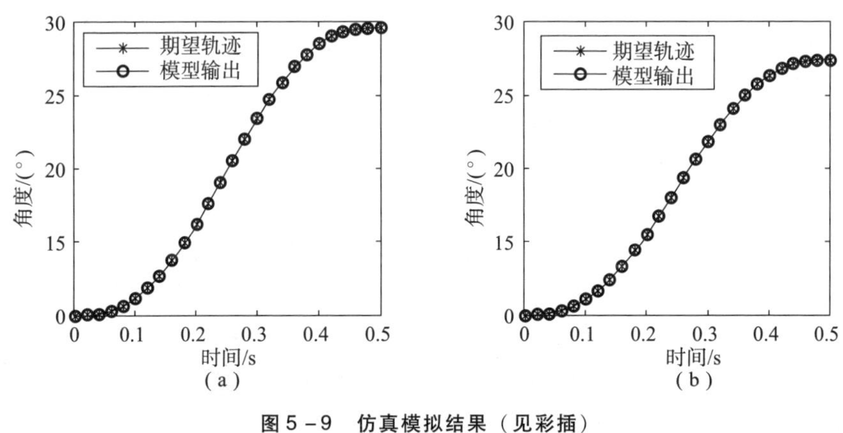

图5-9 仿真模拟结果（见彩插）

(a) 关节2；(b) 关节4

5.3 轮式机器鼠的运动控制

在5.2节对于轮式机器鼠进行机器人学分析的基础上，通过观测实验鼠的运动特性，本节分别对机器鼠的俯仰运动、偏航运动以及转弯运动实施模拟，并在相应关节上进行比例－积分PI控制。

5.3.1 关节PI控制

机器鼠能够有效完成各项动作，需要控制各关节以设定速度快速精确地到达预定位置，并对电机采用基于PI算法的速度闭环控制。MCU通过每5 ms的一次中断读取直流电机编码器产生的数字脉冲信号，可以获得电机的实时速度和旋转方向，之后与预设速度进行对比，通过PI控制器实现对电机的速度闭环控制，控制框图如图5－10所示。

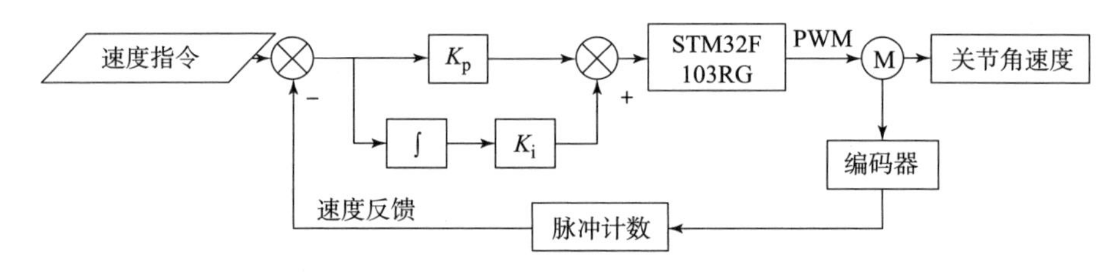

图5－10 关节角速度闭环控制框图

为了得到使电机性能最优的PI参数，以实现控制系统的快速响应，选用STM32F103RG芯片的在线调试功能，捕获电机实时的速度，得到速度的变化曲线。采用如下方法分别确定K_p和K_i值：首先固定K_i，对比例参数K_p进行调节，找到其最优值；然后再固定K_p，找到K_i的最优值。

首先对比例参数K_p进行调节。将电机的一个典型速度1 318.4°/s设定为目标速度，并将K_i值固定为40。K_p以20为初始值，每次增加10，直到70为止。比较每一个K_p值对应的速度曲线，找出使得达到目标速度的稳定时间T_s最小的K_p值。K_p值与达到目标速度的稳定时间T_s间的关系如图5－11（a）所示。由图可以看出，当K_p值取50时，达到目标速度所需时间最短。以50为中心对比例参数K_p进行微调，将其上、下调整，分析其分别对应的速度曲线，找出其中达到稳定的目标速度的时间T_s最小的K_p值，如图5－11（b）所示。由图可以看出，使T_s最小的K_p值为50，则认为$K_p=50$为电机性能最优的比例参数。

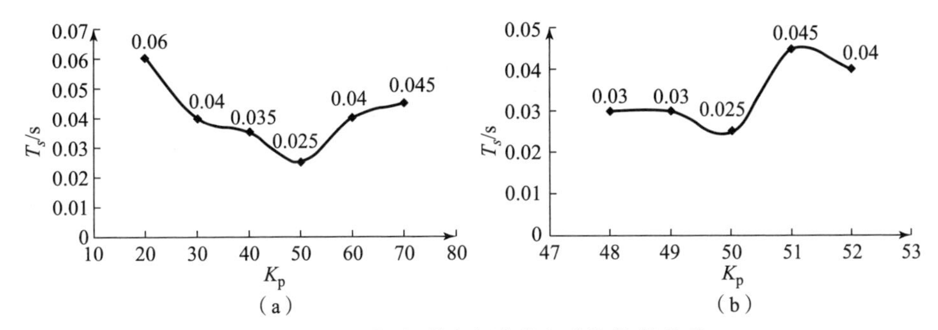

图 5-11　不同 K_p 值与相应稳态时间 T_s 的关系

(a) 粗调；(b) 微调

类似地，对积分参数 K_i 调节时，令 $K_p = 50$，对积分参数 K_i 进行粗调。K_i 初始值设为 30，每次增加 5，直到 50 为止，分析其分别对应的速度曲线以及稳态时间 T_s，找出其中达到稳态时间 T_s 最小的 K_i 值，如图 5-12 (a) 所示。由图可以看出，当 K_i 值为 40 时，达到目标速度所需时间最短。再对参数 K_i 进行微调，以 40 为中心上下调整，分析其分别对应的速度曲线以及稳态时间 T_s，找出其中达到稳态时间 T_s 最小的 K_i 值，如图 5-12 (b) 所示。可以看出，K_i 值为 39、40 和 41 时，T_s 都是最小。

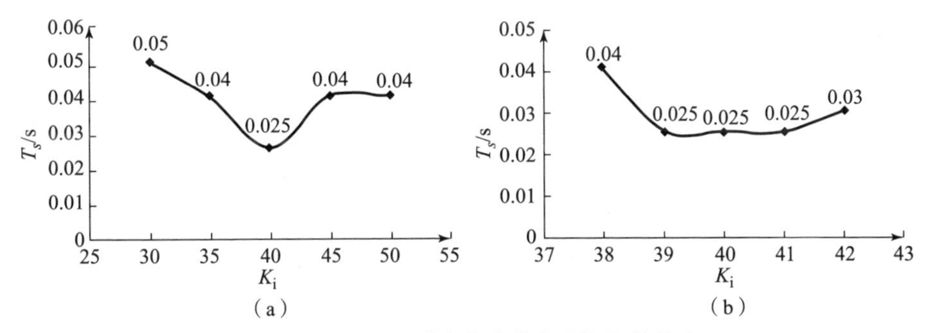

图 5-12　不同 K_i 值与相应稳态时间 T_s 的关系

(a) 粗调；(b) 微调

为了进一步确定最优的 K_i 值，再选择 3 个典型的速度 1 054.7°/s、703.1°/s 和 351.6°/s，将其设为预定速度，分析其分别对应的速度曲线以及稳态时间 T_s，找出其中达到稳态时间 T_s 最小的 K_i 值，如图 5-13 所示。由图可以看出，K_i 值为 40 时，T_s 在不同设定速度的值均接近于最小值，故认为 $K_i = 40$ 为使电机性能最优的积分参数。

5.3.2　俯仰运动

通过观察大量实验鼠在 X 射线下的行为视频影像，归纳总结出实验鼠在进

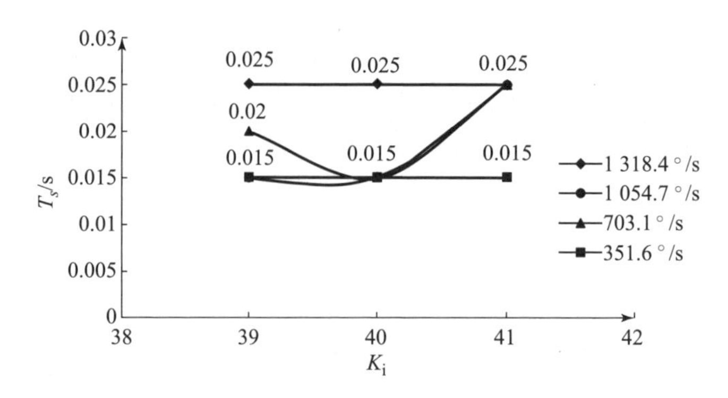

图 5-13　不同速度下 K_i 值与相应稳态时间 T_s 的关系

行俯仰运动时的两种典型行为[9]：一是在表达敌对、自卫等行为时，通常进行先奔跑再直立的连续动作；二是在表达探索新环境或与实验鼠同类进行交互行为时，通常进行嗅探、攀压、回撤等一系列动作。分别将其定义为行为模式Ⅰ（BP-Ⅰ）、行为模式Ⅱ（BP-Ⅱ）。

在实验过程中，将实验鼠的行为拆分为几个动作，控制机器鼠按既定顺序对每个动作进行模拟，组成一个完整的行为模式。通过分析实验鼠 X 射线下的运动视频图像，提取得到运动时的关键因子（α_p、h_p），根据机器鼠的逆运动学，可以解算出各个关节角参数（包括速度和位置），再将其输入到机器鼠的控制系统中，使其能够从运动参数上模拟实验鼠的行为[10]。选取的俯仰运动参数表示如图 5-14 所示。

（1）直线 J_1J_5 通过绕 J_1 旋转到与水平轴重叠所经过的角度为俯仰角 α_p（逆时针旋转为正，顺时针旋转为负）。

（2）鼻尖 J_s 到水平面的垂直距离为俯仰高度 h_p。

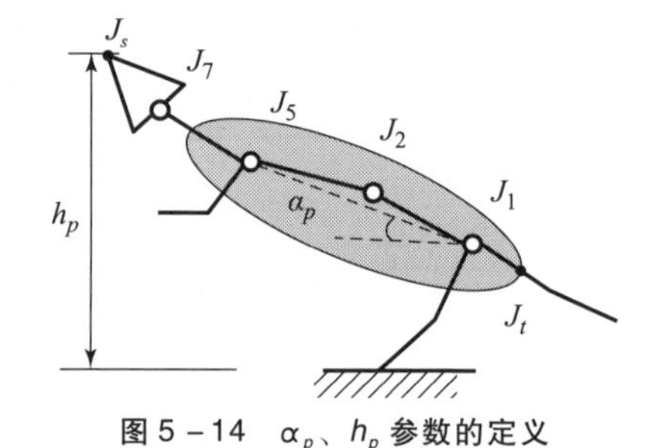

图 5-14　α_p、h_p 参数的定义

一、基于 BP-Ⅰ情况下的俯仰运动控制

对于实验鼠的 BP-Ⅰ情况，观察截取的实验鼠的运动视频图片（图 5-15（a）），可以将实验鼠的行为看作奔跑后再进行 1.2 s 的直立动作。由于在实验鼠整个行为过程中没有偏航方向的运动，仅需要提取奔跑时的速度 v 以及直立动作时的俯仰运动参数。为了从运动参数上模拟实验鼠的行为，机器鼠在奔跑过程中选择跟实验鼠相同的平均速度 v，在直立过程中选择在俯仰角 α_p 和俯仰高度 h_p 上实现对实验鼠的模拟。由于机器鼠和实验鼠在大小、体

型上的差异，因而需要归一化处理，即选择用每秒移动的体长（BL/s）来表征速度。实验鼠在 BP－Ⅰ中的奔跑平均速度为 0.7 BL/s，故机器鼠也同样以 0.7 BL/s（相当于 0.135 m/s）平均速度前进。最后，控制机器鼠完成对实验鼠在 BP－Ⅰ情况下的行为模拟，对其运动视频截图，如图 5－15（b）所示。

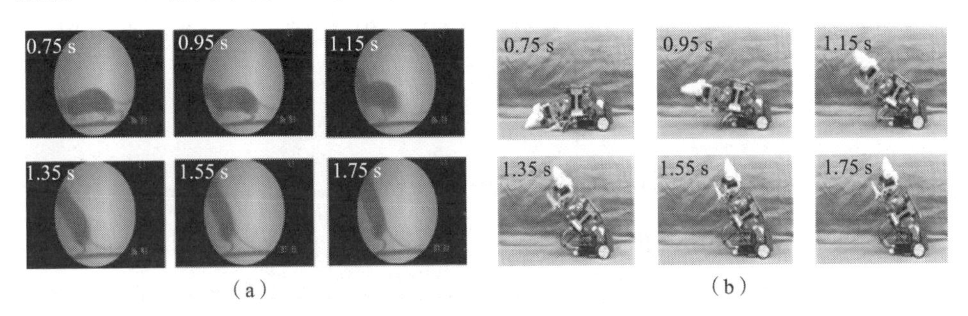

图 5－15　BP－Ⅰ情况下实验鼠和机器鼠运动视频截图对比

（a）实验鼠；（b）机器鼠

在 BP－Ⅰ情况下模拟直立动作的过程中，以 100 ms 为采样间隔，分别将实验鼠和机器鼠的 α_p 和 h_p 值列出，如图 5－16 所示。首先，对于实验鼠而言，由 α_p 曲线可知，实验鼠拥有柔性躯体，根据 α_p 的定义，实验鼠的 α_p 可以达到负数（曲线中 α_p 最小值为 $-8°$），最大俯仰角 $\alpha_p^{max}=62°$；由 h_p 曲线可知，实验鼠自身躯体可以伸缩，其 h_p 值为 0.17～1.5 BL，变化范围较大。其次，对于机器鼠而言，由 α_p 曲线可知，其躯体为刚性，机器鼠的 α_p 值只能为正数（曲线里的 α_p 最小值为 2°），最大俯仰角 $\alpha_p^{max}=65°$；由 h_p 曲线可知，机器鼠自身躯体不可以伸缩，其 h_p 值为 0.09～1.2 BL，变化范围略小。最后，对比

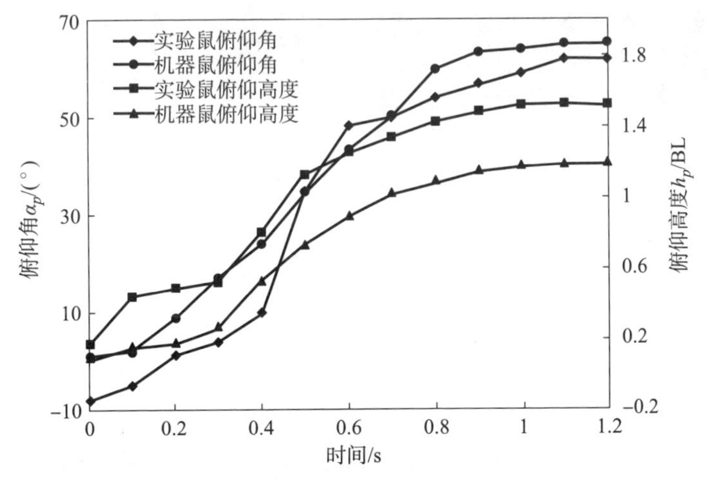

图 5－16　BP－Ⅰ情况下机器鼠与实验鼠 α_p 和 h_p 随时间变化曲线

实验鼠与机器鼠在 BP－Ⅰ情况下的运动参数可得以下特性。

（1）在整个运动过程中，同一时刻机器鼠与实验鼠 α_p 的最大偏差为 15°，但机器鼠的最大俯仰角 $\alpha_p^{max}=65°$ 甚至高于实验鼠的 62°，而且两者的 α_p 变化趋势基本一致。

（2）虽然机器鼠的最大俯仰高度 $h_p^{max}=1.2$ BL 相较于实验鼠的 1.5 BL 有一定差距，同一个时刻两者 h_p 的最大偏差为 0.34 BL，但是两者的 h_p 变化趋势非常类似。

二、基于 BP－Ⅱ情况下的俯仰运动控制

对于实验鼠的 BP－Ⅱ情况，观察截取的实验鼠的运动视频图片，如图 5－17（a）所示，可以将实验鼠的动作分为 0～3.9 s 的嗅探动作、3.9～5.2 s 的攀压动作和 5.2～7 s 的回撤动作。与 BP－Ⅰ类似，由于没有偏航方向的运动，提取行为过程中的俯仰运动高度 h_p 以及攀压动作过程中的 α_p。为了从运动参数上模拟实验鼠的行为，机器鼠在整个行为过程中在俯仰高度 h_p 上模拟实验鼠；与此同时，由于在攀压过程中俯仰角 α_p 变化较为可观，故在此过程中选择在 α_p 上也实现对实验鼠的模拟。最后，控制机器鼠完成对实验鼠在 BP－Ⅱ情况下的行为模拟，将其运动视频截图如图 5－17（b）所示。

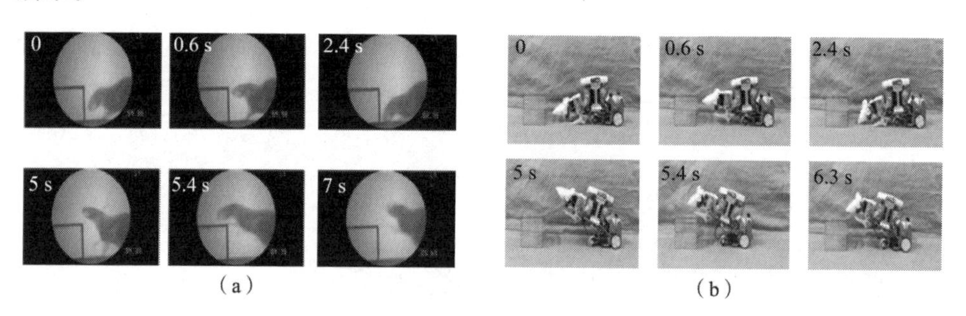

图 5－17　BP－Ⅱ情况下实验鼠和机器鼠运动视频截图对比

（a）实验鼠；（b）机器鼠

与 BP－Ⅰ类似，在 BP－Ⅱ情况下的模拟过程中，同样以 100 ms 为采样间隔，分别将实验鼠和机器鼠的 α_p 和 h_p 值列出来，如图 5－18 所示。首先，对于实验鼠而言，由 α_p 曲线可知，实验鼠的 α_p 值为－8°～28°；由 h_p 曲线可知，在嗅探、攀压和回撤的过程中，实验鼠 h_p 的最大值分别为 0.38 BL、0.61 BL 和 0.62 BL。其次，对于机器鼠而言，由 α_p 曲线可知，实验鼠的 α_p 值为 0°～26°；由 h_p 曲线可知，在嗅探、攀压和回撤的过程中，实验鼠 h_p 的最大值分别

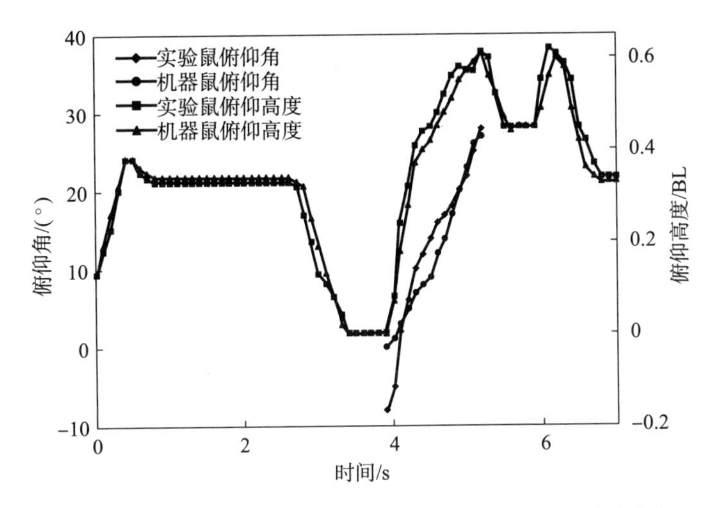

图 5－18　BP－Ⅱ情况下机器鼠与实验鼠 α_p 和 h_p 随时间变化曲线

为 0.38 BL、0.62 BL 和 0.63 BL。最后，对比实验鼠与机器鼠在 BP－Ⅱ情况下的运动参数可得以下特性。

（1）在攀压过程中，同一时刻机器鼠与实验鼠 α_p 的最大偏差为 8°，但机器鼠达到的 α_p 最大值跟实验鼠非常接近，而且两者的 α_p 上升趋势基本一致。

（2）一方面，在嗅探、攀压和回撤的过程中，同一时刻机器鼠与实验鼠 h_p 的最大偏差较小，分别为 0.06 BL、0.11 BL 和 0.11 BL；另一方面，实验鼠的 h_p 曲线变化更为多样，而且有突变，机器鼠由于身体结构和控制方法等原因，其 h_p 变化较为平滑，几乎没有突变，但两者的变化趋势和最终结果都基本一致。

5.3.3　偏航运动

通过观察大量实验鼠在 X 射线下的行为视频影像，归纳总结出实验鼠在进行偏航运动时的两种典型行为[9]：一是表达清洁躯干和后肢行为时，通常进行快速理毛动作；二是表达循环清洁腰部和尾部行为时，通常进行反复理毛动作。分别将其定义为行为模式Ⅲ（BP－Ⅲ）和行为模式Ⅳ（BP－Ⅳ）。选取的偏航运动参数表示如图 5－19 所示。

（1）与 J_t、J_3、J_4、J_6 和 J_s 5 点距离最近的圆，其半径 r_y 为偏航半径。

（2）尾部 J_t 和鼻尖 J_s 的水平距离为偏航距离 d_y。

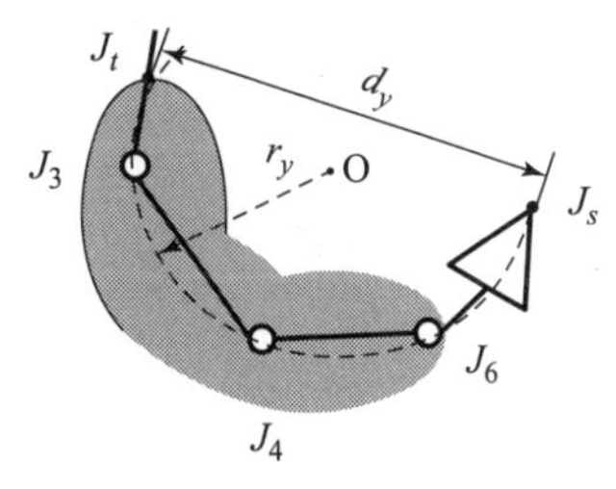

图 5－19　r_y、d_y 参数的定义

一、基于 BP－Ⅲ情况下的偏航运动控制

对于实验鼠的 BP－Ⅲ情况，观察截取的实验鼠的运动视频图片，如图 5－20（a）所示，可知实验鼠的动作为 0～0.5 s 的快速理毛动作。由于在实验鼠整个行为过程中没有俯仰方向的运动，故提取行为过程中的偏航半径 r_y 以及偏航距离 d_y。为了从运动参数上模拟实验鼠的行为，机器鼠在整个行为过程中在偏航半径 r_y 和偏航距离 d_y 上模拟实验鼠。为了方便计算机器鼠行为过程中的 r_y，根据偏航半径的定义，在 5 个点上做红色标记，通过视觉自动识别这 5 个点的位置，自动拟合出这些点的回归圆半径 r_y。最终，控制机器鼠完成对实验鼠在 BP－Ⅲ情况下的行为模拟，将其运动视频截图如图 5－20（b）所示。

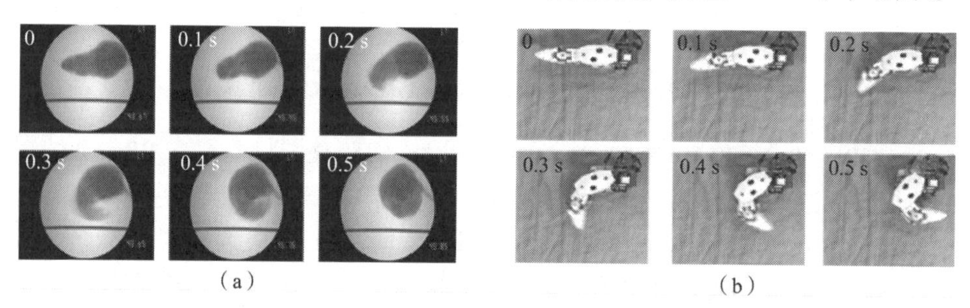

图 5－20　BP－Ⅲ情况下实验鼠和机器鼠运动视频截图对比

（a）实验鼠；（b）机器鼠

与 BP－Ⅰ和 BP－Ⅱ情况不同，由于在 BP－Ⅲ情况下实验鼠的运动较为快速，故设置采样间隔为 33 ms，分别将实验鼠和机器鼠的 r_y 和 d_y 值列出来，如图 5－21 所示。首先，对于实验鼠而言，由曲线 r_y 可知，实验鼠的 r_y 值为

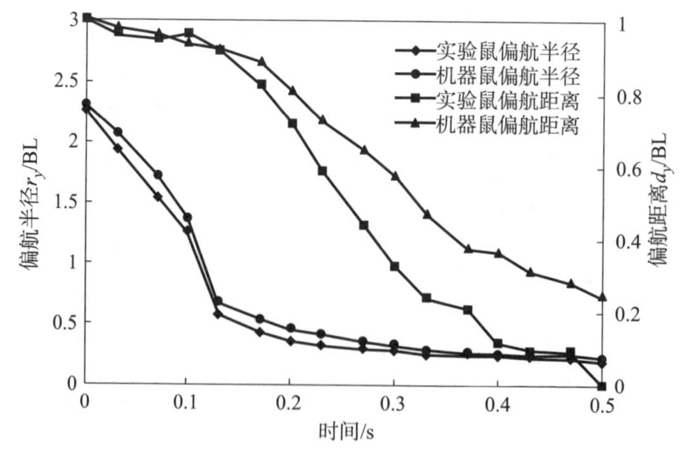

图 5－21　BP－Ⅲ情况下机器鼠与实验鼠 r_y 和 d_y 随时间变化曲线

2.25 ~ 0.23 BL；由曲线 d_y 可知，实验鼠由于其躯体特征，其鼻尖可以触碰到自身尾部，即最小偏航距离 $d_y^{min} = 0$ BL。其次，对于机器鼠而言，由曲线 r_y 可知，机器鼠的 r_y 值为 2.3 ~ 0.23 BL；由曲线 d_y 可知，由于机器鼠自身结构特点，其最小偏航距离 $d_y^{min} = 0.22$ BL。最后，对比实验鼠与机器鼠在 BP – Ⅲ情况下的运动参数可得以下特性。

（1）在整个运动过程中，同一时刻机器鼠与实验鼠 r_y 的最大偏差为 0.18 BL，但机器鼠快速理毛过程达到的最小偏航半径与实验鼠非常接近，而且两者 r_y 的下降趋势基本一致。

（2）虽然机器鼠的 d_y^{min} 值与实验鼠相较有一定差距，同一时刻两者 d_y 的最大偏差为 0.25 BL，但两者的变化趋势基本一致。

二、基于 BP – Ⅳ情况下的偏航运动控制

对于实验鼠的 BP – Ⅳ情况，观察截取的实验鼠的运动视频图片，如图 5 – 22（a）所示，实验鼠的动作为 0 ~ 2.7 s 的反复理毛动作。与 BP – Ⅲ类似，由于实验鼠没有俯仰方向的运动，故提取行为过程中的偏航半径 r_y 以及偏航距离 d_y。为了从运动参数上模拟实验鼠的行为，机器鼠在整个行为过程中在 r_y 和 d_y 上模拟实验鼠。最后，控制机器鼠完成对实验鼠在 BP – Ⅳ情况下的行为模拟，将其运动视频截图如图 5 – 22（b）所示。

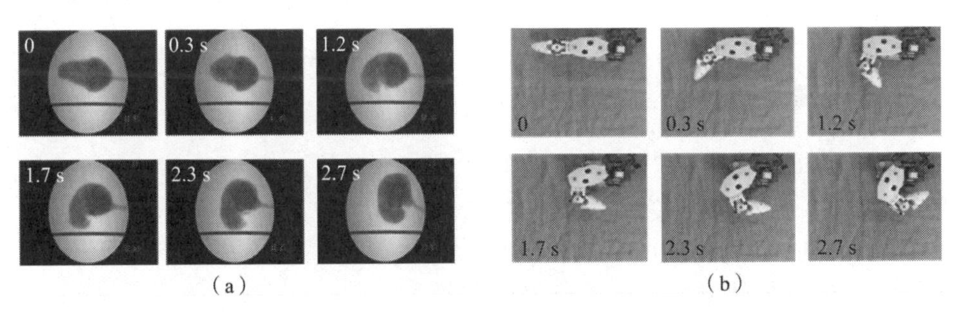

图 5 – 22　BP – Ⅳ情况下实验鼠和机器鼠运动视频截图对比

（a）实验鼠；（b）机器鼠

与 BP – Ⅲ不同，由于在 BP – Ⅳ情况下实验鼠的运动较为缓慢，因而设置采样间隔为 100 ms 较为合适，再分别将实验鼠和机器鼠的 r_y 和 d_y 值列出来，如图 5 – 23 所示。首先，对于实验鼠而言，由曲线 r_y 可知，实验鼠的 r_y 值为 2.63 ~ 0.24 BL；由曲线 d_y 可知，实验鼠的 d_y 值为 1 ~ 0.17 BL。其次，对于机器鼠而言，由曲线 r_y 可知，机器鼠的 r_y 值为 2.54 ~ 0.24 BL；由曲线 d_y 可知，实验鼠的 d_y 值为 1 ~ 0.22 BL。最后，对比实验鼠与机器鼠在 BP – Ⅳ情况

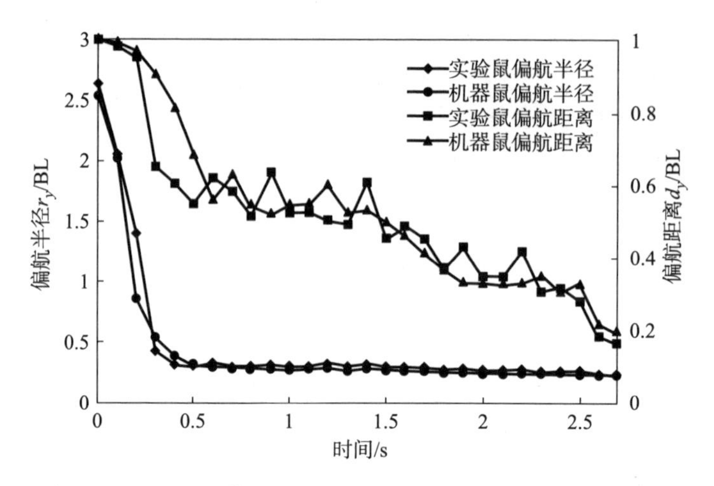

图 5－23　BP－Ⅳ情况下机器鼠与实验鼠 r_y 和 d_y 随时间变化曲线

下的运动参数可得以下特性。

（1）在整个运动过程中，同一时刻机器鼠与实验鼠 r_y 的最大偏差为 0.54 BL，但机器鼠最终达到的最小偏航半径跟实验鼠相等，而且两者 r_y 的下降趋势基本一致。

（2）虽然整个运动过程中，同一时刻机器鼠与实验鼠 d_y 的最大偏差为 0.25 BL，但机器鼠达到偏航距离的最小值与实验鼠非常接近，而且两者的变化趋势基本一致。

5.3.4　转弯运动

轮式机器鼠由于具有多自由度的躯体机构，因此在仿生转弯方面具有较大的优势，可以实现与图 2－20 类似的转弯运动。因此，需要首先建立轮式机器鼠的简化模型。如图 5－24 所示，将机器鼠简化为具有 M 个关节的串联连杆机构以及一个位于机器鼠尾部的轮式行进机构。其中，连杆 L_i 连接关节 J_i^r 及 J_{i-1}^r，连杆的角位移为 θ_i^r（$i=1, 2, \cdots, M$）。特别地，标记机器鼠的鼻尖为 J_s^r，便于统一连杆的定义；同时，轮式行进机构的线速度定义为 v_M^r，机器鼠坐标系以及各连杆的质心如图 5－24 所示。

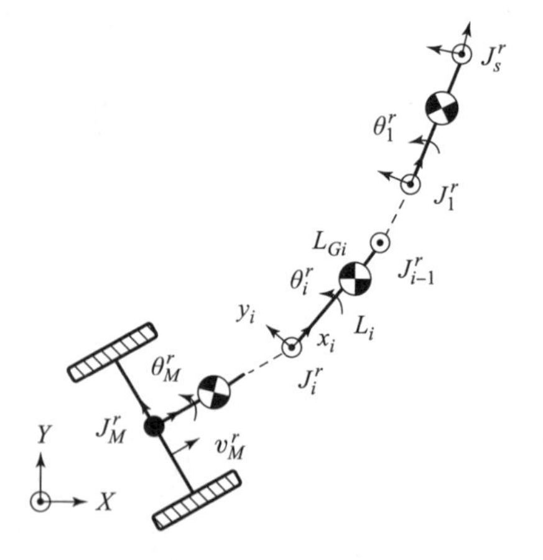

图 5－24　轮式机器鼠简化模型

一、转弯模型

（一）运动学分析

将机器鼠的转弯路径抽象成为一个折线段 AOB（图 5－25（a）），当机器鼠的各关节点 J_i^r 沿着该折线段运动时，机器鼠整体表现出来的就是一种转弯行为，至于相移过程，则体现在从 L_1 到 L_M 交替出现转弯行为上面。当转弯动作转移到 L_i 时，J_i^r 和 J_{i-1}^r 分别在 AO 和 BO 上，如图 5－25（b）所示。此时，在已知关节角 θ_i^r 和关节 J_i^r 沿 AO 的线速度 v_i^r 的条件下，关节角速度 $\dot{\theta}_i^r$ 和关节 J_{i-1}^r 沿 OB 的线速度 v_{i-1}^r 分别为

$$\dot{\theta}_i^r = \frac{K_r}{L_i} \cdot \frac{v_i^r}{\cos\theta_i^r + K\sin\theta_i^r} \tag{5-36}$$

$$v_{i-1}^r = \frac{\cos\theta_i^r}{\cos(\alpha_r - \theta_i^r)} v_i^r \tag{5-37}$$

式中，$K_r = \tan\alpha_r$；α_r 为转弯角。

因此，可以通过迭代的方式计算出机器人的关节角曲线和角速度曲线，从而控制机器鼠进行转弯行为。然而，上述计算关节运动变量的方法并不适用于车轮部的连杆 L_M，原因是 L_M 是时刻垂直于两轮连线的，并且 J_M^r 关节的转动不同于其他关节，只能通过两个轮子的差动运动来实现。因此，我们需要额外地对车轮部的转弯运动进行分析。图 5－25（c）所示为车轮部的转弯模型。根据该模型，关节角度 θ_M^r 可以利用下式计算：

$$\theta_M^r = \frac{1}{B}(d_R - d_L) \tag{5-38}$$

式中，B 为两个车轮之间的宽度；d_R 和 d_L 分别为左、右车轮的位移。

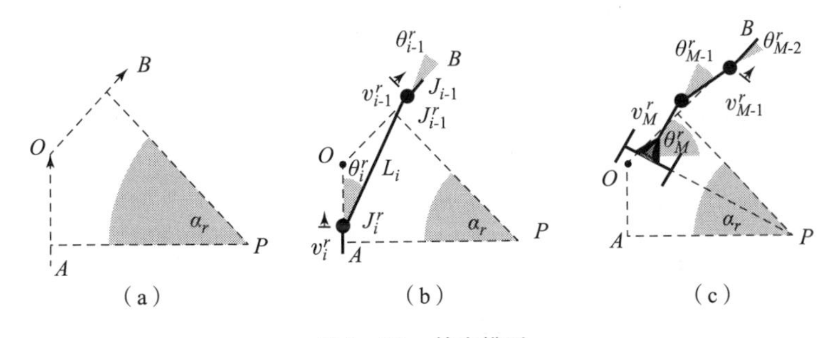

图 5－25　转弯模型

（a）关节点路径；（b）单连杆转弯模型；（c）车轮部转弯模型

由于车轮部的特殊转弯方式，关节角度 θ_{M-2}^r 和 θ_{M-1}^r 也会在车轮部转弯时随之改变，并且它们可以表示为 θ_M^r 的函数，即

$$\theta_{M-2}^r = \arcsin\left[\frac{R - R\cos(\alpha_r - \theta_M^r) - L_M\sin(\alpha_r - \theta_M^r)}{L_{M-1}}\right] \tag{5-39}$$

$$\theta_{M-1}^r = \alpha_r - \theta_{M-2}^r - \theta_M^r \tag{5-40}$$

类似地，J_{M-1}^r 和 J_{M-2}^r 的速度可以分别表示为

$$v_{M-1}^r = \frac{\sqrt{R^2 + L_M^2}}{R} v_M^r \tag{5-41}$$

$$v_{M-2}^r = \frac{\sin\left(\theta_{M-1}^r + \arctan\dfrac{R}{L_M}\right)}{\cos\theta_{M-2}^r} v_{M-1}^r \tag{5-42}$$

式中，$R = L_M/\tan\dfrac{\alpha_r}{2}$。

（二）动力学分析

通过控制 J_1 至 J_{M-1} 以及最后一个链路中的两个车轮来实现机器人的转动动作，因此变量向量 $\boldsymbol{q}$ 可以表示为

$$\boldsymbol{q} = [d_L, d_R, \theta_M^r, \cdots, \theta_2^r, \theta_1^r] \tag{5-43}$$

因此，转动动作的动力学可以用下式中所示的拉格朗日函数表示，即

$$\frac{\mathrm{d}}{\mathrm{d}t}\frac{\partial L}{\partial \dot{\boldsymbol{q}}} - \frac{\partial L}{\partial \boldsymbol{q}} = \xi \tag{5-44}$$

式中，$L = K - U = \sum_{i=1}^{4} k_i - U$；$k_i = \frac{1}{2}m_i(J_{Pi}\dot{\boldsymbol{q}})^2 + \frac{1}{2}I_i(J_{Oi}\dot{\boldsymbol{q}})^2$。

当机器人执行转动动作时，其势能 U 是常数，动能 K 随时间变化。L_i 的动能可以用 k_i 表示，m_i、I_i 为 L_i 的质量和惯量。

关于 L_i 的质心的雅可比矩阵可表示为

$$\begin{bmatrix} J_{Pi} \\ J_{Oi} \end{bmatrix} = \begin{bmatrix} \frac{1}{2}\cos\theta_M^r + \frac{1}{B}Y_{M,Gi} & \frac{1}{2}\cos\theta_M^r - \frac{1}{B}Y_{M,Gi} & -Y_{M-1,Gi} & \cdots & -Y_{i,Gi} & 0 & \cdots \\ \frac{1}{2}\sin\theta_M^r - \frac{1}{B}X_{M,Gi} & \frac{1}{2}\sin\theta_M^r + \frac{1}{B}X_{M,Gi} & X_{M-1,Gi} & \cdots & X_{i,Gi} & 0 & \cdots \\ -\frac{1}{B} & \frac{1}{B} & 1 & \cdots & 1 & 0 & \cdots \end{bmatrix} \tag{5-45}$$

其他雅可比矩阵具有与式（5-45）相似的形式。在该等式（5-45）中，$X_{M,Gi}$、$Y_{M,Gi}$ 分别为从 J_M 指向 L_{Gi} 的向量在 X 和 Y 方向上的投影长度。其余类似

于 $X_{M,Gi}$和 $Y_{M,Gi}$。

（三）N 段转弯模型

由于关节角度范围的限制，机器鼠通常不能直接转过阈值角度 α_T。另外，机器鼠一次直接转过大角度就形态而言与实验鼠不相似。为了解决上述问题，可以使用 N 步转向策略（$N \geqslant 2$）。当机器鼠转过大于 α_T的角度时，转动角度被分成 N 个相等的部分（$1 \sim N$），而且转动动作分别以 N 个单步骤实现。对于每个单步，运动学和动力学与上面讨论的相同，而关节角是 N 步计算值的总和。通过采用 N 步转动策略，机器鼠能够在转过大角度的同时执行转动动作，同时保持与实验鼠相似的仿生形态。

（四）转弯模型的仿真验证

转动动作的控制流程如图 5－26 所示。开始时，应将转动角度和速度 v_M输

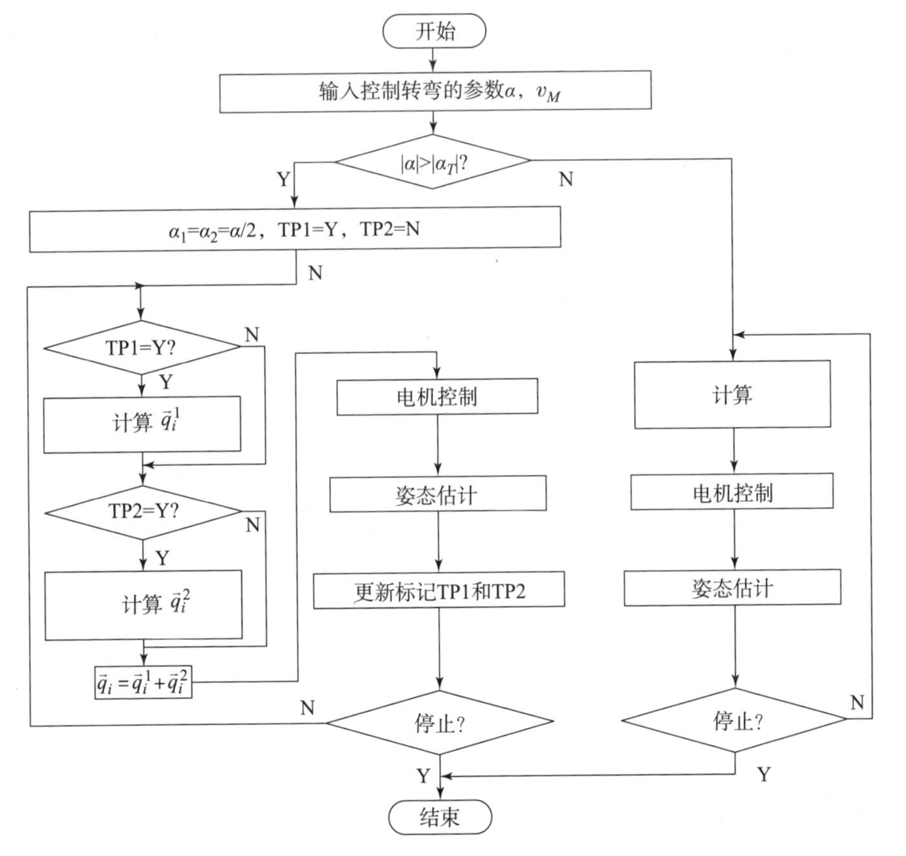

图 5－26　转弯控制流程图

入机器鼠，以便机器鼠知道转动方向（根据正、负号）、转动角度和速度。通过比较阈值角度 α_T，机器鼠决定直接转动或使用 N 步转向策略。

如果选择了 N 步转弯策略（如 $N=2$），首先将 TP1 和 TP2 设置为标记两个转弯步骤的标志；然后机器鼠在单独的步骤中计算关节角度并将它们相加以控制机器鼠；最后进行机器鼠的姿势估计，并使用估计的姿势更新 TP1 和 TP2 标志，从而确定是否停止转动。

为了验证上述转动动作控制，在 Matlab（Windows7，64 位计算机中的 Matlab 2018b）中进行仿真。在不失一般性的情况下，假设 M、N 两个车轮之间的宽度 B 和关节角阈值 α_T分别为 64 mm 以及 45°。

（1）比较直接转弯动作和两步转弯动作。如图 5－27（a）所示，机器人模型通过执行直接转动动作而转过 30°。在整个转弯过程中，机器人只有一个链接随时执行转动动作，转动动作从第一个转换到最后一个，如图中的红波符号所示。然而，当机器人执行两步转动动作以转过 60°时，机器人的两个连杆执行转动动作，除了转动过程的开始和结束，如图 5－27（b）所示，对于每个转弯步骤，机器人仅转动 30°。此外，可以在整个过程中找到相移。

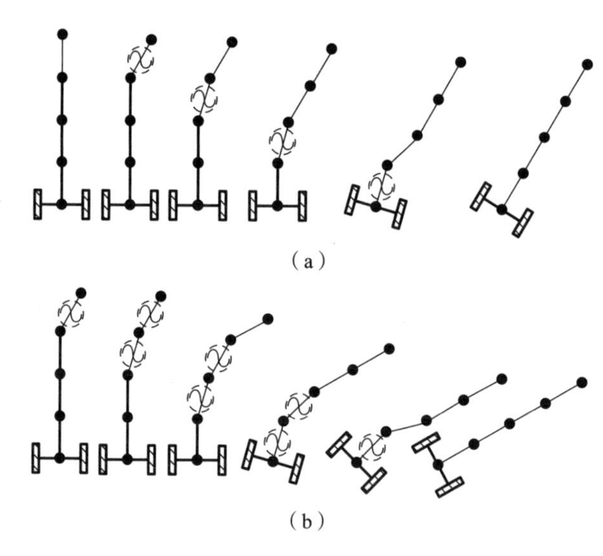

图 5－27　转弯模拟示意图

（a）直接转弯；（b）两步转弯

（2）在直接转弯和两步转弯动作之间比较控制向量。如图 5－28 所示，图 5－28（a）和（b）所示为用于直接转弯的控制向量；图 5－28（c）和（d）所示为两步转动控制向量。对于两个车轮，在恒定和可变的 v_M下模拟了关节

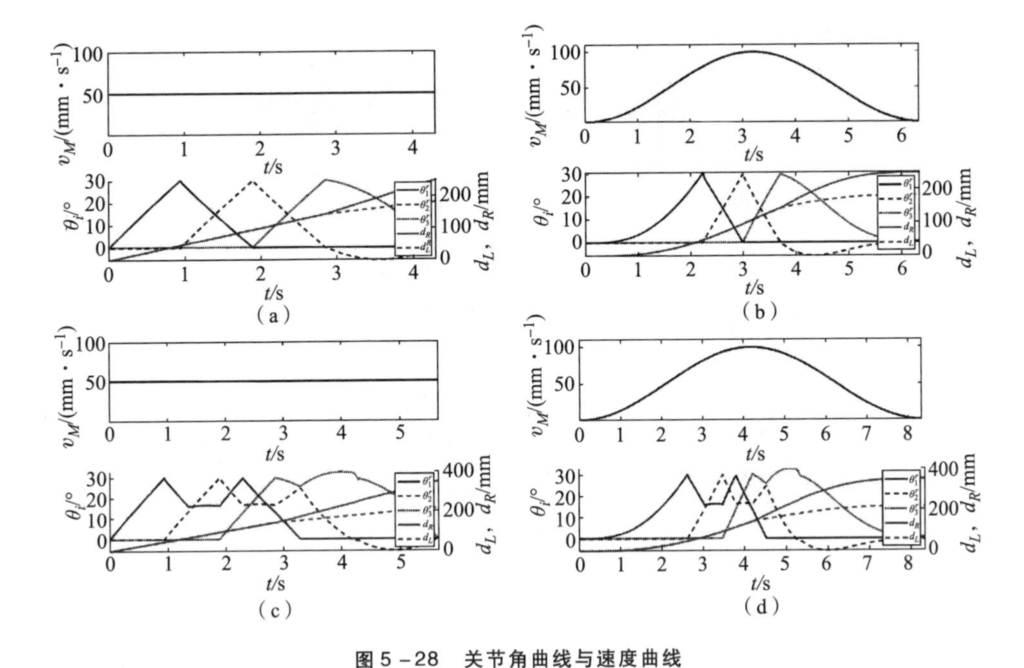

图 5－28　关节角曲线与速度曲线

(a) 恒定 v_M，直接转弯；(b) 可变 v_M，直接转弯；(c) 恒定 v_M，两步转弯；

(d) 可变 v_M，两步转弯

角度的变化。结果表明，两步转向在关节角度方面导致两个不同的峰值，并且所有峰值都低于阈值。显然，两步转向策略实现了关节角度限制下的大角度转向动作。此外，在这些图中可以清楚地发现相移过程，表明在机器人上实现了类似实验鼠的转动动作。

二、实验与评估

机器鼠 WR－5M 实现了直接和两步转动动作。转角设定为 45°和 90°。同样，符号表示转弯方向。根据 α_T的值，机器鼠可以决定采用直接转弯或两步转弯。两个转动动作的转动速度 v_M^r 设定为 25 mm/s。

图 5－29 显示了直接转弯和两步转弯的快照。当机器鼠进行直接转弯时，其平均转弯精度为 45°，标准偏差为 3.08°。对于两步转弯，平均转弯精度和标准偏差分别为 94.2°和 7.96°。为了直观地显示整个转弯过程，利用 Kinovea 在机器人转动时获得了每个关节的轨迹。Kinovea 是免费但功能强大的运动视频播放器和分析软件，可以跟踪和测量运动[11]。分析结果显示在图 5－30 (a) 和 (c) 中。数据显示，除了 J_s^r 上的一些振动外，两种转向策略都实现了理想的转向动作。

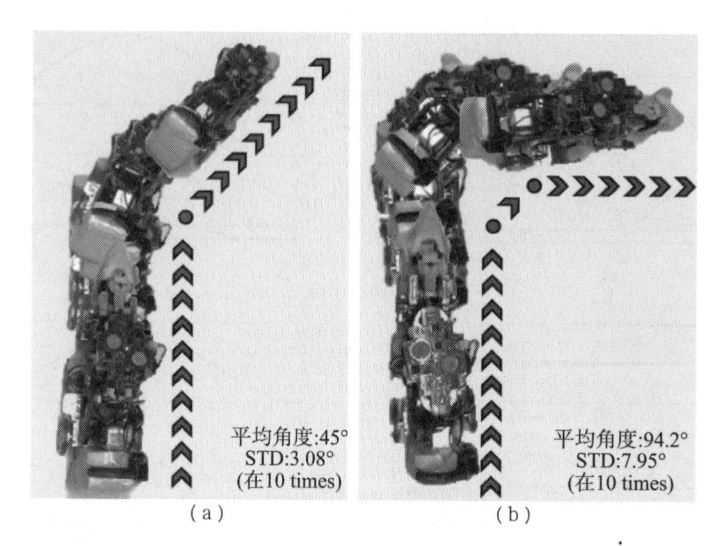

(a)　　　　　　　　　　(b)

图 5-29　机器鼠实验

(a) 直接转弯；(b) 两步转弯

在评估之前，首先记录了实验鼠的转弯动作并获得了其转向轨迹。为了更好地进行比较，使用 J_s^r、J_1^r、J_2^r、J_3^r 和 J_M^r 在鼻子、颈部、胸部和臀部标记了实验鼠，其分布与机器鼠 WR-5M 类似，如图 5-31 所示。然后，在 Kinovea 的帮助下获得了实验鼠转动动作的轨迹，如图 5-30 (b) 和 (d) 所示。

可以发现，机器鼠和实验鼠具有类似的转弯轨迹，除了机器鼠的鼻端位置。机器鼠转动时会有一些不稳定。为了实现机器鼠与实验鼠转弯的相似性，我们进一步绘制转弯轨迹的轮廓并测量不同转弯阶段的宽度。

图 5-30 中的彩色背景是机器鼠或实验鼠转动时的包络线。使用不同转弯阶段的转弯轮廓宽度作为比较实验鼠和机器鼠的度量。S1、S2、S3 分别表示机器鼠与实验鼠转弯前、转弯中和转弯后的不同阶段。为了消除形态引起的差异，进一步使用体长 (BL) 作为统一因子。在这种情况下，可以直接比较宽度来评估二者的相似之处。

实验鼠与机器鼠的比较结果如图 5-32 (a) 和 (b) 所示。对于机器鼠 WR-5M 和实验鼠 Rat，阶段 S2 中的转弯轮廓的宽度大于阶段 S1 和 S3 中的转弯轮廓的宽度。这意味着，实验鼠和机器鼠在转动时需要更多空间。该转弯空间为 0.3~0.4 BL。此外，在所有阶段，机器鼠与实验鼠相比具有更小的转弯宽度，并且阶段 S1 和 S3 中的宽度比阶段 S2 中的宽度小得多。

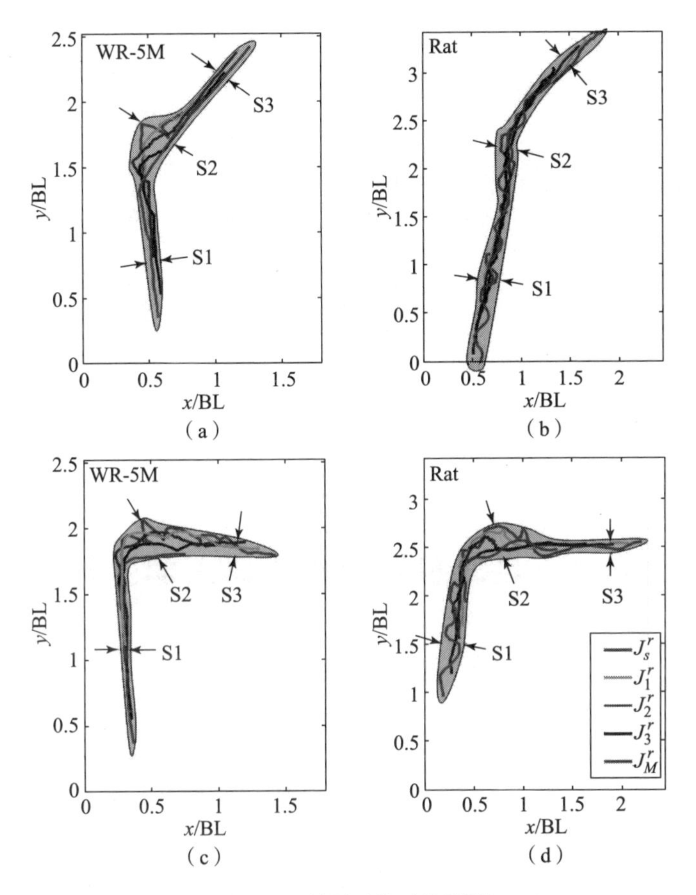

图5－30　结果对比（见彩插）

（a）机器鼠直接转弯；（b）实验鼠直接转弯；

（c）机器鼠两步转弯；（d）实验鼠两步转弯

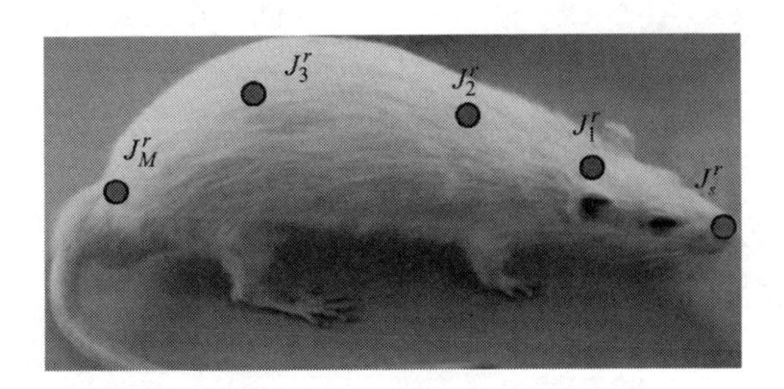

图5－31　实验鼠标记点

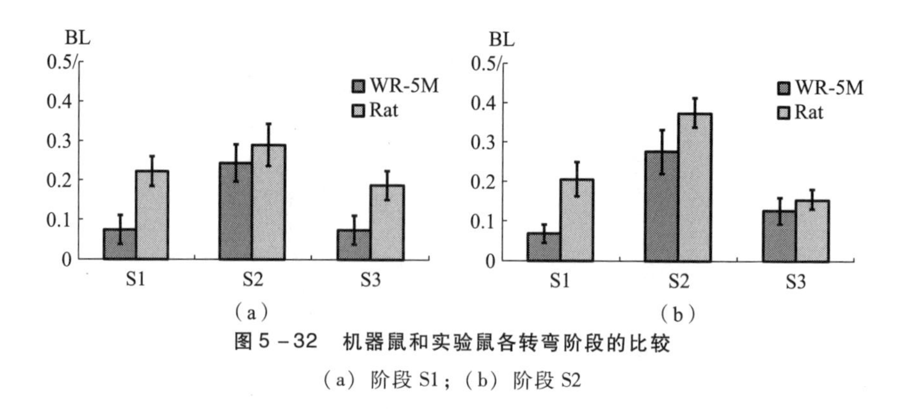

图 5-32　机器鼠和实验鼠各转弯阶段的比较

(a) 阶段 S1；(b) 阶段 S2

综上所述，机器鼠以类似于实验鼠的方式进行转弯动作。在机器鼠上进行相移过程，其转动包络线小于实验鼠但与实验鼠相似[12]。

5.4　足式机器鼠的机器人学分析

5.4.1　运动学分析

运动空间的求解对于足式机器鼠的运动分析十分重要。对于机器鼠的单腿运动学分析，其基本方法在于选定肢体上部作为基础坐标系，相对于基础坐标系的其他关节处的坐标系可以由 D-H 方法建立。机器鼠腿部与手臂结构的结构简化图如图 5-33 所示，坐标系建立在肩、肘、髋、膝关节处，各个坐标系

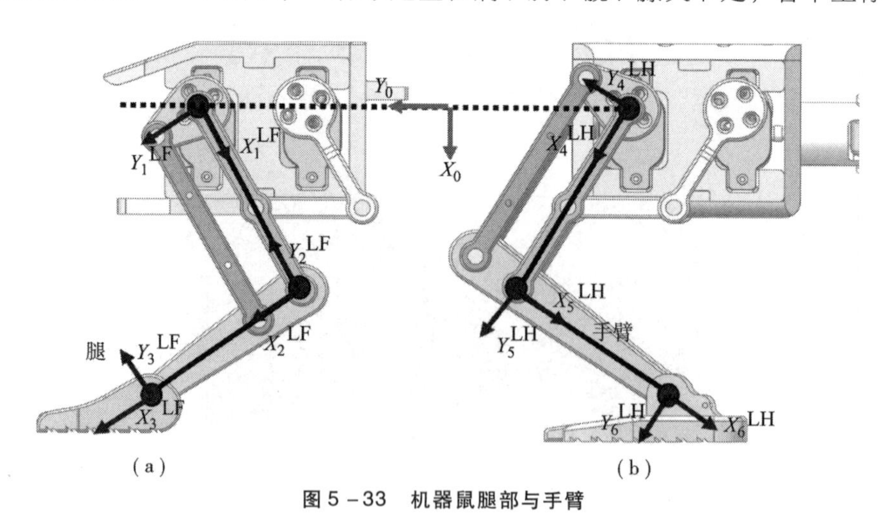

图 5-33　机器鼠腿部与手臂

(a) 腿部；(b) 手臂

之间的变换矩阵可以通过 D－H 参数得到。由于机器鼠自身的机构限制，导致膝关节和髋关节的关节变量存在边界条件，通过仿真模型的干涉检查确定了各个关节的转动角范围。机器鼠前肢与后肢各关节的 D－H 参数和关节变量范围如表 5－3、表 5－4 所示。

表 5－3 机器鼠前肢各关节 D－H 参数与关节变量范围

i	a_{i-1}/mm	α_{i-1}/rad	d_i/mm	θ_i^q/rad	平均角度/rad
1	0	0	0	$-\pi/6$	$-0.63 \sim 1.67$
2	40	0	0	$\pi/2$	$-0.57 \sim 1.51$
3	35	0	0	0	0

表 5－4 机器鼠后肢各关节 D－H 参数与关节变量范围

i	a_{i-1}/mm	α_{i-1}/rad	d_i/mm	θ_i^q/rad	平均角度/rad
4	0	0	0	$\pi/6$	$-1.46 \sim 0.62$
5	40	0	0	$-\pi/2$	$-1.29 \sim 0.57$
6	35	0	0	0	0

在 Matlab 中以 0.01 rad 的间隔遍历所有可能的角度，最后得到如图 5－34 所示的点云，其中蓝色的部分为机器鼠左侧前肢和后肢的运动空间。此外，为了维持一定机身高度范围，确定一个矩形框作为足端轨迹规划区域。

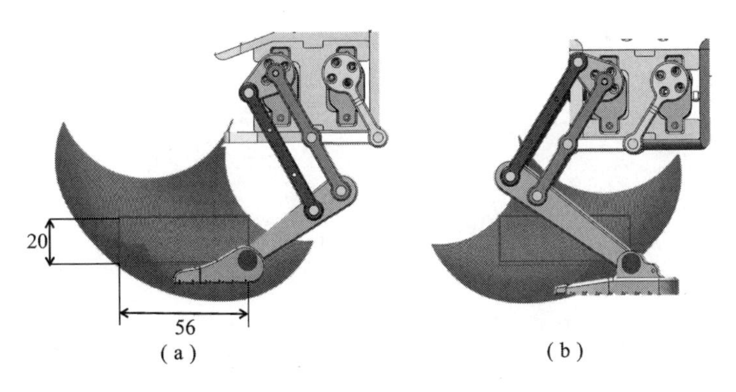

图 5－34 机器鼠左侧前肢和后肢运动空间（见彩插）

(a) 左侧前肢；(b) 后肢

在确定机器鼠腿部关节 D－H 参数及运动空间的基础上，采用几何法分析其逆运动学。以机器鼠左后肢为例，建立机器鼠的简化运动模型如图 5－35 所示。

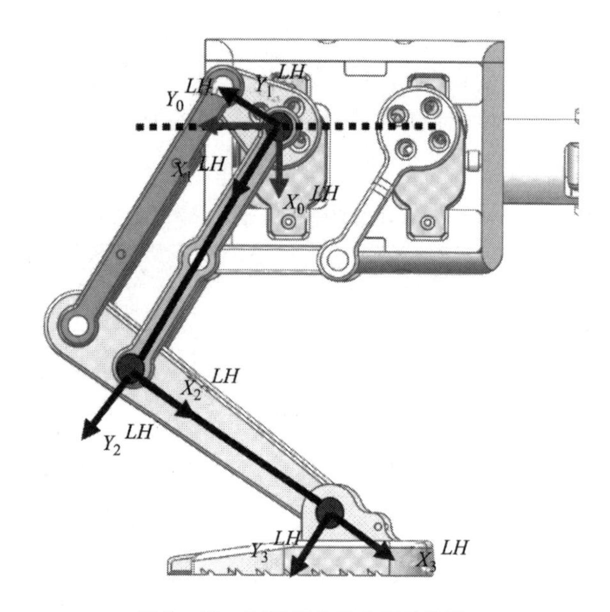

图 5－35　机器鼠左后肢运动模型

由几何关系，可得

$$\begin{cases} y = l_2\sin(\theta_1^q - \theta_2^q) + l_1\sin\theta_1^q \\ x = -l_1\cos\theta_1^q + l_2\cos(\theta_1^q - \theta_2^q) \end{cases} \tag{5-46}$$

则

$$\theta_1^q = \arccos\left(\frac{l_2^2 - l_1^2 - x^2 - y^2}{2l_1\sqrt{x^2 + y^2}}\right) - \phi \tag{5-47}$$

其中

$$\begin{cases} \cos\phi = \dfrac{x}{\sqrt{x^2 + y^2}} \\ \sin\phi = \dfrac{y}{\sqrt{x^2 + y^2}} \end{cases}$$

式（5－47）在求解过程中会产生两个结果，由于之前限制了关节转动的角度，可以减少一个解的存在。计算出 θ_1^q 的值之后，带入式（5－43）中，可求解出 θ_2^q 的值。

5.4.2　稳定性分析

由足式机器鼠的机械结构，可以构建简化的双倒立摆及柔性腰部模型，如图 5－36 所示。对该模型进行基于李雅普诺夫方法的稳定性分析，可以得到机器鼠直线行走及转弯时的稳定性判据，指导其后续的步态规划。根据机器鼠机械结构的特点，将机器鼠整体划分为前肢、腰部和后肢 3 个模块。由于前、后肢的设计是相似的，且双足机器人常采用倒立摆简化模型[13]，所以这两个模块可以分别简化为一个倒立摆系统模型。双足机器人的倒立摆模型通常是将所有质量集中于质心，质心与零力矩点（ZMP）间由一个无质量的杆连接。ZMP 处重力与惯性力所产生的合力矩在该点分量水平为零。对于双足机器人，ZMP 的位置在双脚行走时在两脚之间来回移动，由于机器鼠身体较窄，可以忽略 ZMP 在垂直于前进方向上的移动，仅考虑前进方向上的力学特性[14]。

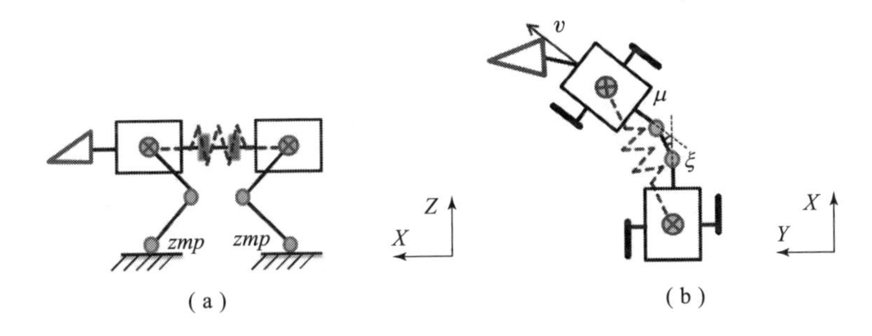

图 5 - 36　足式机器鼠简化模型

（a）双倒立摆模型；（b）柔性腰部模型

机器鼠腰部由多连杆组成，其转动由两个舵机驱动，考虑哺乳类动物腰部类似弹簧特性的特点，在腰部有卷簧条件下可近似满足力学条件，因此机器鼠的腰部可简化为具有一个弹簧的柔性系统。在图 5 - 36 中，x_2 为机器鼠切向速度，φ 为腰部和前半身的夹角。

通过上述简化模型，并对其进行动力学分析，得到机器鼠平面运动的状态方程为

$$\begin{cases} \dot{x}_1 = x_2 \\ \dot{x}_2 = g\dfrac{x_1}{z} - \dfrac{x_2^2}{r}\tan\varphi \end{cases} \tag{5-48}$$

式中，x_1 为前进方向下机器鼠质心的位移；x_2 为前进方向下机器鼠质心的速度；z 为机器鼠质心高度；r 为转弯半径；φ 为腰部和前肢的夹角。

基于变量梯度法构建李雅普诺夫函数 $V(x)$ 对此非线性系统进行稳定性分析。变量梯度法是 1962 年舒尔茨和吉布森提出针对非线性定常系统的稳定性判据。该方法通过设计相应的权重系数，得到满足稳定性要求（即 $\dot{V}(x)<0$）的 $\dot{V}(x)$，然后对 $\dot{V}(x)$ 进行积分便可得到李雅普诺夫函数。通过对函数的正定检验，可以得到系统的稳定性条件[15]，构建其导函数式为

$$\nabla V(x)=\begin{bmatrix}\nabla V_1\\ \nabla V_2\end{bmatrix}=\begin{bmatrix}a_{11}x_1+a_{12}x_2\\ a_{21}x_1+a_{22}x_2\end{bmatrix} \tag{5-49}$$

经过计算可得到当满足 $a_{12}=a_{21}<0$，$a_{22}=0$，$a_{11}=a_{21}\cdot\tan\varphi/r\cdot x_2$ 时，$V(x)$ 的导数恒小于零，有

$$V(x)=\int_0^{x_1(x_2=0)}\nabla V_1\mathrm{d}x_1+\int_0^{x_2(x_2=x_1)}\nabla V_2\mathrm{d}x_2 \tag{5-50}$$

由式（5-48），将 x_1 和 x_2 代入式（5-50）化简得到，在机器鼠进行转弯时，有

$$V(x)=a_{12}x_1x_2\left(\frac{1}{2}\frac{\tan\varphi}{r}x_1+1\right) \tag{5-51}$$

同理将式（5-48）改写成直线行走的状态方程，可得机器鼠直线行走时，有

$$V(x)=-\frac{1}{2}a_{22}\frac{g}{z}x_1^2+\frac{1}{2}a_{22}x_2^2 \tag{5-52}$$

系统稳定的条件为对应的 $V(x)$ 值大于零，该判据可以用来规划机身高度、步长、步频和腰部转角等信息。将机身高度、步长与步频等信息转换为机器鼠的质心高度及速度，将其与腰部转角同时代入，以分析能量函数是否满足大于零的条件。

5.5 足式机器鼠的运动控制

5.5.1 CPG 步态控制原理

一、CPG 生物机理及模型

动物行为中节律性运动是由低级神经中枢如中枢模式发生器（CPG）神经网络控制的一种自激性行为。动物的节律运动有很多种，如行走、奔跑、游泳等运动，在运动中其脊柱中的 CPG 神经单元会直接对这类节律运动进行控制而不经过高层神经中枢。此外，效应器官（如腿、肌腱等）的运动可以直接由 CPG 输出的信号控制，而从高层神经中枢（如大脑）向 CPG 中枢神经传输的信号仅起到初始化的作用而不直接产生任何运动效果。对于外界的刺激，CPG 中枢会做出如同高层神经网络一样的反射活动，对自身产生的电信号进行修正来适应于环境的变化。此外，在无外界环境刺激时，CPG 中枢同样会继续

工作。换言之，CPG协调节律运动是不需要借助反射活动或外部输入传感信息，神经元同样会产生周期性活动[16]。

二、基于CPG网络的步态规划

CPG振荡模型种类较多，如Hopf振荡器模型、Kuramoto模型以及Matsuoka模型等[17]。这其中基于Matsuoka模型的CPG神经元结构的生物意义较为明确，因此在机器人步态规划中应用比较广泛。Taga等人在面对控制双足机器人的问题时，利用两个Matsuoka神经元模型组成一个单元控制一个关节，并且关节运动的控制是根据两个神经元的兴奋和抑制程度来实现的，最后用6个振荡单元完成了对机器人的控制[18]。图5-37所示为Kimura等人为了避免Matsuoka模型存在的只有正值输出的问题，而提出的神经元单元模型，该模型的单元输出是由代表屈肌和伸肌的控制神经元的输出相减得到的，从而解决了该问题[19]。

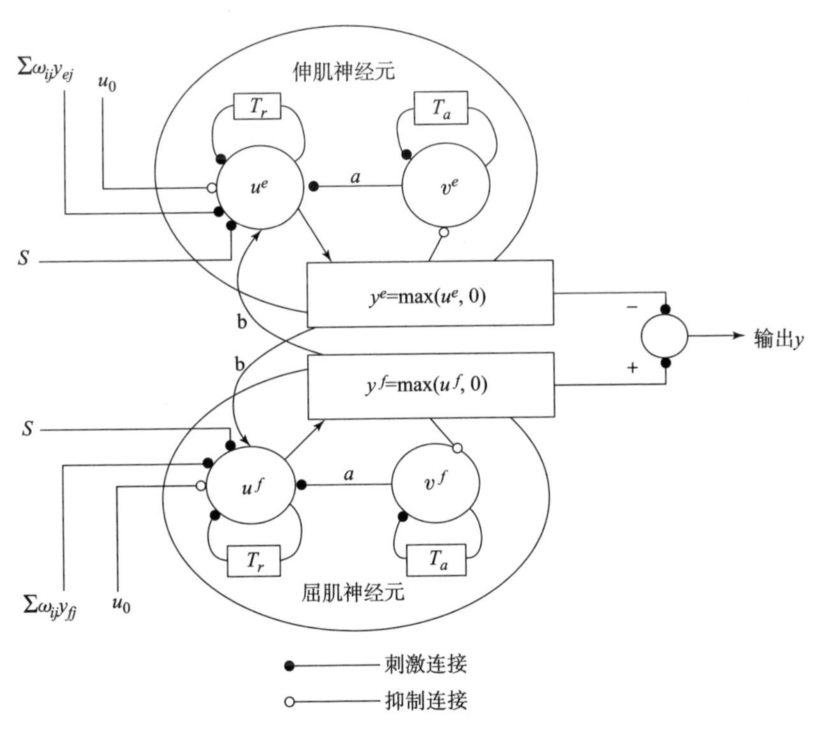

图5-37 基于Kimura模型的CPG振荡单元[19]

振荡单元是由Kimura模型中互相抑制的两个神经元构成的，并且由4个振荡单元组成CPG神经网络。这4个振荡单元分别代表四足机器人的4条腿，它们两者之间的连接方式均是双向的。当 ω_{ij} 为正值时，相互连接的两个振荡单元的连接处于兴奋状态；当 ω_{ij} 为负值时，相互连接的两个振荡单元的连接处于抑制状态。通过改变振荡单元连接权重的正负值就可以改变为其他步态，实现不同步态之间的转换，这也是 CPG 控制常用于四足机器人控制的优势之一。

振荡单元 i（$i=1, 2, 3, 4$）的数学模型如下：

$$
\begin{cases}
T_r \dot{u}_i^e = -u_i^e - \alpha v_i^e - \beta y_i^f + \sum\limits_{j=1}^{n} \omega_{ij} y_j^e - \sum\limits_{k=1}^{m} h_k F_{ik} + s_i^e \\
T_a \dot{v}_i^e = -v_i^e + y_i^e \\
T_r \dot{u}_i^f = -u_i^f - \alpha v_i^f - \beta y_i^e + \sum\limits_{j=1}^{n} \omega_{ij} y_j^f - \sum\limits_{k=1}^{m} h_k F_{ik} + s_i^f \\
T_a \dot{v}_i^f = -v_i^f + y_i^f \\
y_i^{\{e,f\}} = g(u_i^{\{e,f\}})\,(g(u_i^{\{e,f\}}) = \max(u_i^{\{e,f\}}, C)) \\
y_i = -u_i^e + u_i^f
\end{cases}
\tag{5-53}
$$

式中，e、f 分别为伸肌（extensor）运动神经元和屈肌（flexor）运动神经元；u 为神经元内部状态；v 为神经元自抑制状态；y 和 $y^{\{e,f\}}$ 分别为振荡单元和神经元输出信号，这两个变量可作为实际的关节控制量；T_r 和 T_a 分别为上升时间系数和适应时间系数，分别说明神经元阶跃响应的上升时间和神经元适应效果的滞后时间；α 和 β 为神经元适应系数和振荡单元互抑制系数；ω_{ij} 为振荡器 j 对 i 之间的连接权重；F_{ik} 为外部刺激 k 对振荡单元 i 的反射输入，是反馈输入项；h_k 为反射系数；s 为高层的神经中枢（如大脑）的刺激输入，通常情况下所有神经元的输入相同；$g(u)$ 为一种阈值函数，阈值 C 取零值，但实际情况可根据需求进行设定。

步态矩阵定义了每个振荡单元的耦合模式。四足机器人最常见的 4 种步态是步行、小跑、踱步和双足跳跃。其中，除了步行属于四拍步态外，其他 3 种均为双拍步态。在步行步态下，其网络的任意两两振荡单元构成的连接对均处于抑制状态；对于双拍步态，在任意 1 个振荡单元与其他 3 个单元构成的连接对中，仅有一对连接处于兴奋状态；另外两对连接处于抑制状态。4 种不同步态下的步态矩阵如下：

$$
\boldsymbol{W}_{\text{walk}} = \begin{bmatrix} 0 & -1 & -1 & -1 \\ -1 & 0 & -1 & -1 \\ -1 & -1 & 0 & -1 \\ -1 & -1 & -1 & 0 \end{bmatrix}
\tag{5-54}
$$

$$\boldsymbol{W}_{\text{trot}}=\begin{bmatrix}0 & -1 & 1 & -1\\ -1 & 0 & -1 & 1\\ 1 & -1 & 0 & -1\\ -1 & 1 & -1 & 0\end{bmatrix} \tag{5-55}$$

$$\boldsymbol{W}_{\text{pace}}=\begin{bmatrix}0 & -1 & -1 & 1\\ -1 & 0 & 1 & -1\\ -1 & 1 & 0 & -1\\ 1 & -1 & -1 & 0\end{bmatrix} \tag{5-56}$$

$$\boldsymbol{W}_{\text{bound}}=\begin{bmatrix}0 & 1 & -1 & -1\\ 1 & 0 & -1 & -1\\ -1 & -1 & 0 & 1\\ -1 & -1 & 1 & 0\end{bmatrix} \tag{5-57}$$

三、关节驱动函数设计

在保持频率和振幅的条件下，4 个振荡器在步行步态中的输出经过上述的参数整定过程实现了稳定的输出。考虑到机器鼠肩关节和髋关节在行走时呈现明显的周期性摆动，可以将 CPG 网络的 4 个输出信号作为肩关节和髋关节的驱动函数。由于动物在行走过程中，前肢的肘关节和肩关节以及后肢的膝关节及髋关节的运动存在固定的相位关系，因此使用关节映射函数（见式（5－58））作为驱动肘关节和膝关节的关节驱动函数。该函数为经典的 CPG 信号的映射函数，广泛应用于足式机器人的研制过程中[20]。

关节驱动函数可定义为

$$\theta_{\{e,k\}}=\begin{cases}\dfrac{A_{\{e,k\}}}{A_{\{s,h\}}}(A_{\{s,h\}}-|\theta_{\{s,h\}}|), & \dot{\theta}_{\{s,h\}}\geqslant 0\\ 0, & \dot{\theta}_{\{s,h\}}<0\end{cases} \tag{5-58}$$

式中，$\theta_{\{s,h\}}$ 和 $\theta_{\{e,k\}}$ 分别为肩/髋关节和肘/膝关节控制信号；$A_{\{s,h\}}$ 和 $A_{\{e,k\}}$ 分别为肩/髋关节和肘/膝关节振幅值。

此外，该函数产生的肘关节/膝关节控制信号在摆动阶段移动，在支撑阶段不移动。图 5－38 为步行步态中所有关节输出的模拟曲线。利用这种控制策略，可以将 CPG 网络的输出和映射功能应用于驱动整个机器鼠。

通过 CPG 网络得到各关节的控制信号，就可以获取其足端轨迹的信息。可以看出，机器鼠的跨步长度由肘关节的运动决定，而肩关节的作用则是提高摆臂的高度。如图 5－39 所示，得到的足端轨迹曲线具有平滑、无尖点、无突变的特点，而且支撑相轨迹接近直线利于机身稳定，摆动相抬脚较高不会产生

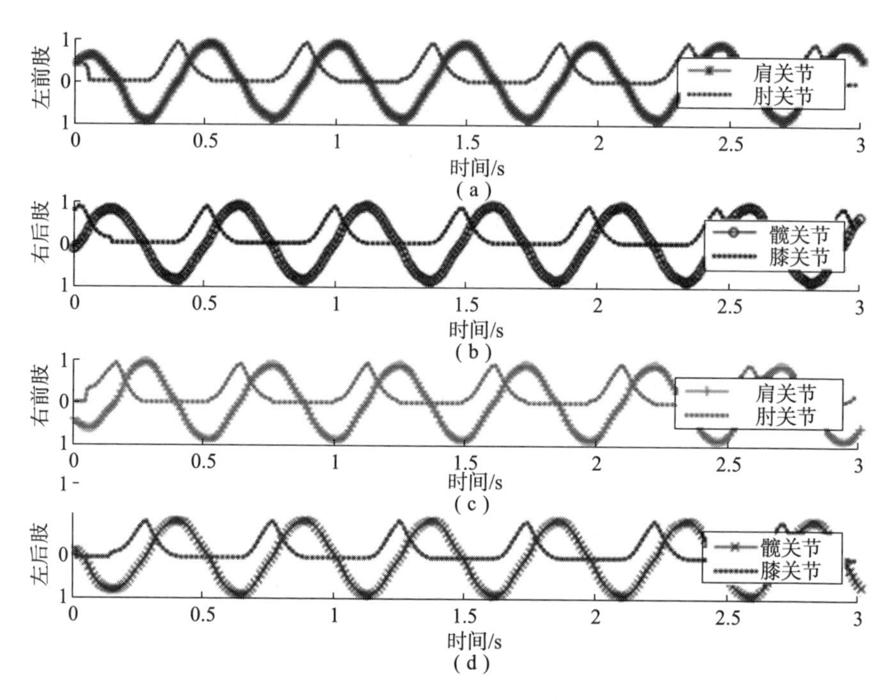

图 5-38 机器鼠步行步态下控制关节的输出曲线

(a) 左前肢；(b) 右后肢；(c) 右前肢；(d) 左后肢

脚拖地的现象。此外，通过分析 CPG 网络的输出轨迹的相轨迹图，由图可以看出，CPG 网络的输出随时间变化最终稳定收敛在极限环内，如图 5-40 所示。

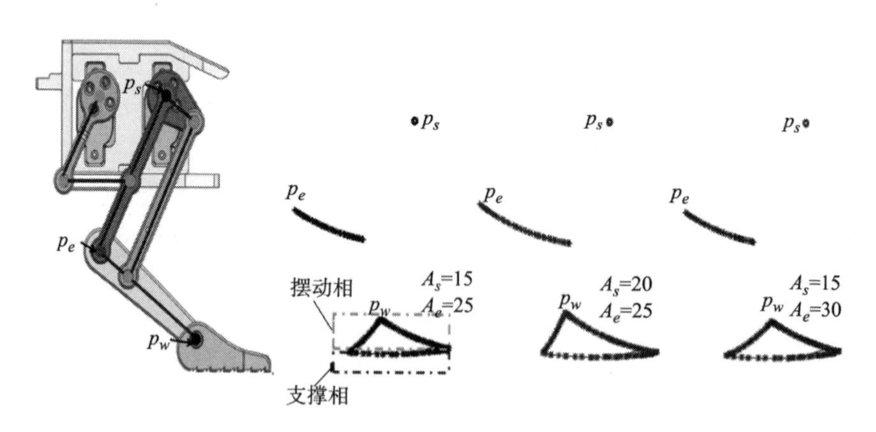

图 5-39 机器鼠在不同幅值信号下的足端轨迹曲线

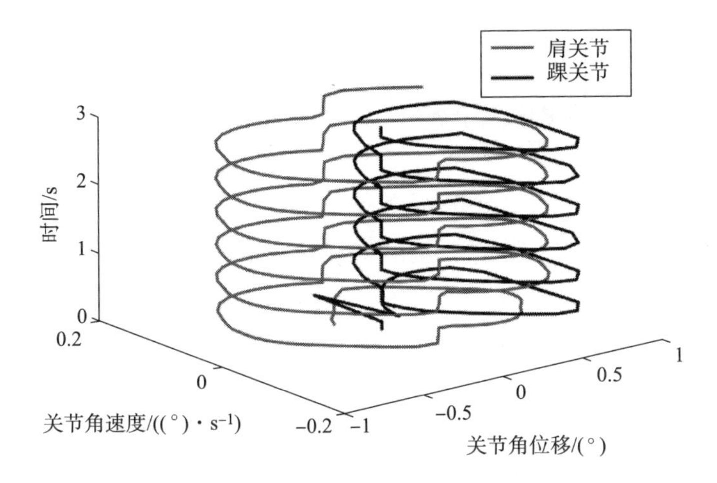

图 5-40　CPG 网络的关节输出量的相轨迹图（见彩插）

四、CPG 参数优化

在实际控制过程中，控制程序是时间离散的差分方程，对上述基于 Kimura 模型的 CPG 振荡单元方程进行离散化处理，得到 CPG 中枢神经离散方程。在实际运算中，对于差分方程的精确求解通常使用高阶龙格 - 库塔法。但是，在参数整定过程中，由于不需要过于精确地求值，所以使用欧拉法和中值定理来进行振荡曲线的仿真。由于求解的是改写后的差分方程，因此存在差分方程数值解与原方程真实解的误差问题。为了降低误差，将 T_c 值取为 0.01，并忽略外部信息对振荡单元的输入，由此建立的行走步态下的数学模型如下：

$$\begin{cases} T_r\left(\dfrac{u_i^e(k)-u_i^e(k-1)}{T_c}\right)=-u_i^e(k)-\alpha v_i^e(k)-\beta y_i^f(k)+\sum\limits_{j=1}^{n}\omega_{ij}y_j^e(k)-s_i^e \\ T_a\left(\dfrac{v_i^e(k)-v_i^e(k-1)}{T_c}\right)=-v_i^e(k)+y_i^e(k) \\ T_r\left(\dfrac{u_i^f(k)-u_i^f(k-1)}{T_c}\right)=-u_i^f(k)-\alpha v_i^f(k)-\beta y_i^e(k)+\sum\limits_{j=1}^{n}\omega_{ij}y_j^f(k)-s_i^f \\ T_a\left(\dfrac{v_i^f(k)-v_i^f(k-1)}{T_c}\right)=-v_i^f(k)+y_i^f(k) \\ y_i^{\{e,f\}}(k)=g(u_i^{\{e,f\}})\left(g(u_i^{\{e,f\}})=\max(u_i^{\{e,f\}}(k),C)\right) \\ y_i(k+1)=-u_i^e(k)+u_i^f(k) \end{cases} \tag{5-59}$$

粒子群优化算法（PSO）是由 Eberhart 等人发明的一种基于群体智能的进化计算方法[21]。该算法是一种基于迭代计算的优化工具，其最先启发于鸟类的觅食活动，是一种种群式优化算法。该算法在大类的智能算法中依然属于一种进化算法，对比其他遗传和免疫等进化算法，其具有更少的超参数，不需要很多的调参经验便可以得到很好的结果的优点，因而得到了广泛的应用。其工作流程为：初始化所有的粒子（随机生成），每个粒子在一次迭代中随机选取方向得到新的解，并综合所有粒子的解比较得到本次迭代中所有粒子找到的最优解，该最优解的位置为 g_{best}，标定的最优解作为粒子群的全局最优解。每个粒子都会了解到这个全局最优解，在下次迭代时也会趋于上次找到的最优解。对于每个个体粒子来说，除了参考全局最优解，还会记录自己在过程中所找到的个体最优解的位置 g_{best}，在更新时会同时考虑这两点，然后更新其速度 v 和新位置 p_{present}，这使得系统具有较强的稳健性，不会陷入局部最优，则

$$\begin{cases} v[\cdot] = w \times v[\cdot] + c_1 \times \text{rand}(0,1) \times (p_{\text{best}}[\cdot] - p_{\text{present}}[\cdot]) + \\ c_2 \times \text{rand}(0,1) \times (g_{\text{best}}[\cdot] - p_{\text{present}}[\cdot]) \\ p_{\text{present}}[\cdot] = p_{\text{present}}[\cdot] + v[\cdot] \end{cases} \tag{5-60}$$

式中，$v[\cdot]$为粒子的速度；$p_{\text{present}}[\cdot]$为粒子的位置；rand(0, 1）为生成的随机数；c_1、c_2 是学习因子；w 为惯性权重。

PSO 中并没有许多需要调节的参数，大多可靠经验设置，并参考 CPG 参数整定特殊性，可以优化选择参数值。

（1）粒子数。粒子数一般取 20 ~ 40。粒子数有时会取 100 ~ 200，这是因为对于比较难的问题或者某些具体的问题，粒子数太少会找不到最好的结果。对于机器鼠腿部 CPG 模型的参数整定，取常用值 20。

（2）学习因子。对于学习因子，一般取 c_1 等于 c_2，且范围应该在 4 以内。对于 CPG 参数整定，粒子的移动速度不需要很快，所以选择了较小值，$c_1 = c_2 = 0.6$。

（3）惯性权重。惯性权重取值为 0.9 时利于寻找全局最优；当寻找局部最优时，惯性权重一般为 0.4。由于 CPG 参数耦合的特殊性，如果粒子得到较优解时，在周围搜索一般即可得到更优的解，所以惯性权重为 0.4。

（4）最大速度 $V_{\max}$。最大速度是粒子在单次循环中移动速度的最大值。在参数整定中，它的作用是限制各粒子的移动速度，防止在参数整定过程中漏过最优解。

在具体的控制过程中，T_r 和 T_a 的取值是相互联系的，一般有 $T_r = T_a/10$，这样可以获得较好的振荡曲线。因此，依据经验选择 T_a、α、β、s 这 4 个参数来进行整定即可，而 T_r 则由上述规律可以得到。由于在试凑过程中，发现 T_a 的取值范围一般不超过 1，所以在整个 PSO 算法中，把 T_a 的求解粒子的速度最大值做了限制。但是，α、β、s 3 个值的变化范围较大，为了防止其快速收敛于局部最优，同时扩大其搜索速度，经多次尝试发现限制求解 T_a 最大速度为 1，限制求解 α、β、s 的最小速度为 0.03 会让整个过程快速收敛于理想的解。对于 CPG 模型控制：首先要得到稳定的预设频率和幅值的振荡曲线；其次得到的曲线起振时间越短越好。对于频率和幅值的求取，由于输出曲线需要频率和幅值均达到较优，涉及多目标的参数整定，所以设置实际输出曲线的幅值 x 和频率 y 与目标幅值 x_T 和频率 y_T 之间的距离 D 为损失函数（见式（5-61）），实现同时对幅值和频率两个目标的优化求解。此外，机构及驱动的限制所施加的约束条件为频率 y_0（$0 > y_0 < 4$ Hz）时

$$D = (x - x_T)^2 + (y - y_T)^2 \tag{5-61}$$

CPG 控制步态选择小跑步态时，目标频率选择 3 Hz，目标幅值选择 6，该参数用来检验 CPG 优化的效果。利用 PSO 算法，迭代 1 000 代后得到结果。输出波形稳定，得到其优化后的振荡频率为 2.963 Hz，幅值为 5.988 5。目标频率和幅值误差在可接受的范围内。优化后的 CPG 参数如下：

$$T_r = 0.011\ 93,\ T_a = 0.109\ 3,\ \alpha = 1.029\ 9,\ \beta = 1.076\ 4,\ s = 1.181\ 7$$

CPG 控制步态选择步行步态时，目标频率为 3 Hz，目标幅值为 6。利用 PSO 算法，粒子数为 20，学习因子为 0.6，惯性权重为 0.4，迭代 1 000 代后得到结果。输出波形稳定，但在 2 s 后才真正达到完全的振荡。得到稳定振荡后其优化的振荡频率为 3.157 9 Hz，幅值为 6.074 4。频率和幅值误差在可接受的范围内。优化后的 CPG 参数如下：

$$T_r = 0.018\ 17,\ T_a = 0.141\ 7,\ \alpha = 3.718\ 3,\ \beta = 1.350\ 7,\ s = 7.271\ 5$$

对于步行步态，同时要求起振时间越短越好。可以发现，整定后的输出曲线各单元输出稳定的时间不同，最后大部分都会稳定振荡。对于初值的选取，采用的是先将前一步优化得到的 T_r、T_a、α、β、s 5 个参数确定，再将其稳定输出后的 u_e、u_f、v_e、v_f 带入 CPG 控制模型中，将其作为 CPG 控制初值的方法，这样即可得到稳定输出的曲线。整定初值后的输出曲线（图 5-41（a））与未整定初值的输出曲线（图 5-41（b））相比可以实现更为快速的振荡[22]。

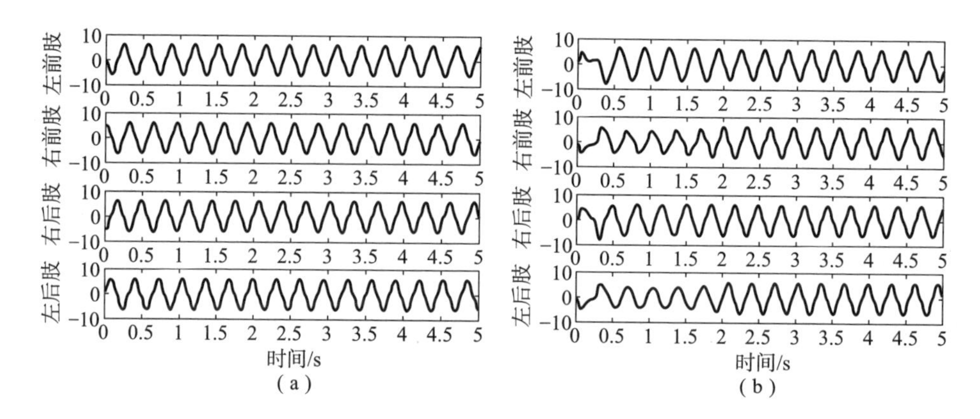

图 5-41 CPG 输出曲线对比

(a) 整定初值后；(b) 未整定初值

5.5.2 行走控制

从机器鼠仿生步态实现机理出发，常用的运动控制方法主要有基于建模的方法、基于行为的方法和生物控制方法。其中，基于建模的运动控制是通过对机器人结构建模然后对其运动轨迹进行规划实现的，而生物控制方式由于其较好的拟生物特性在步态生成与转换方面降低了难度。因此，足式机器鼠的运动控制器采用了 CPG 网络和建模控制相结合的混合控制模型。如图 5-42 所示，

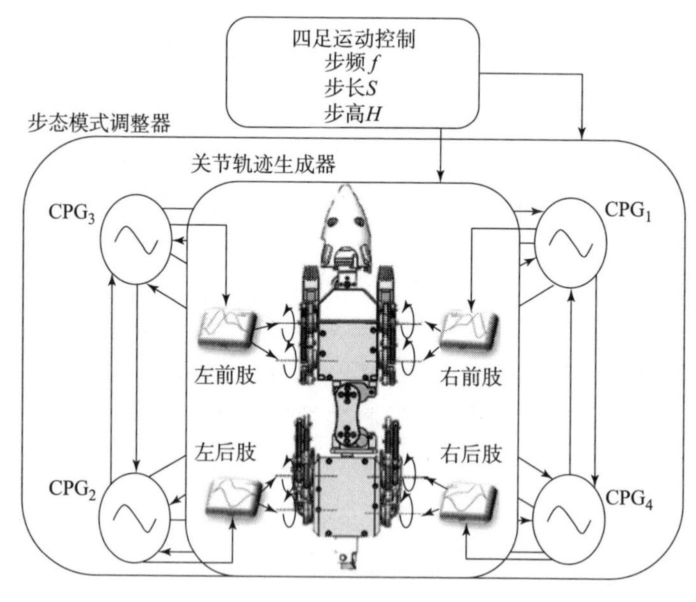

图 5-42 机器鼠四足运动控制器

控制器由两个部分组成：第一个是由 4 个振荡源构建的 CPG 网络，该网络是一个步态模式调整器模型，用来产生控制步态调整的信号；第二个是由求解逆运动学而得到的足端轨迹生成器，用来产生驱动各个关节的信号。前者可以调整步频，后者可以用来调整步幅和步高。

一、步态模式调整器

步态模式调整器由一个 CPG 控制，该 CPG 为一个耦合非线性振荡器网络。首先利用 CPG 控制网络的输出生成目标步态模式；然后将步态调整器产生的相位信号传送到关节轨迹生成器。利用 Kimura 模型中两个互抑制的神经元构成一个振荡单元，整个网络由 4 个振荡单元构成，形成的拓扑结构如图 5－43 所示。这 4 个振荡单元分别代表四足机器人的 4 条腿，两者之间的连接方式均为双向。当 ω_{ij} 为正值时，相互连接的两个振荡单元的连接处于兴奋状态；当 ω_{ij} 为负值时，相互连接的两个振荡单元的连接处于抑制状态。多种步态模式的实现依赖于改变单元间的连接方式，ω_{ij} 为振荡单元 j 到 i 的连接权重系数，而 $\boldsymbol{W}=(\omega_{ij})_{4\times4}$ 为步态矩阵[23]。

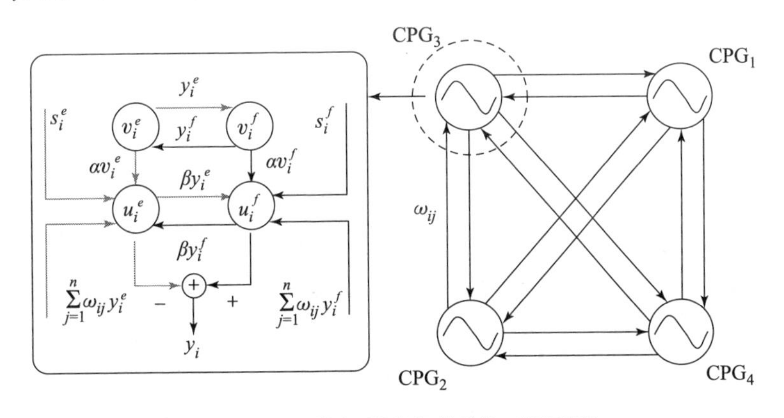

图 5－43　机器鼠 CPG 拓扑结构（见彩插）

由于 CPG 网络是作为步态信号而不是直接作用于关节变量，所以只需要固定幅值信息，就可以实现对其输出信号的频率信息进行整定。依旧选择对频率和幅值信息影响较大的 T_a、α、β、s 4 个参数进行修正，且对应的损失函数变为目标频率 y_T 和实际频率 y 之间以及目标幅值 x_T 和实际幅值 x 之间的欧几里得距离式（5－61）。图 5－44 所示为设定目标频率为 2 Hz 和目标幅值为 1 的损失函数迭代 100 次的收敛情况。最终整定后的步行步态为频率为 2 Hz 的 CPG 输出信号（图 5－45），取该信号的上升段对应各肢足端的摆动相，下降段为各肢足端的支撑相，由此实现了四足机器鼠的步态模式调整器。

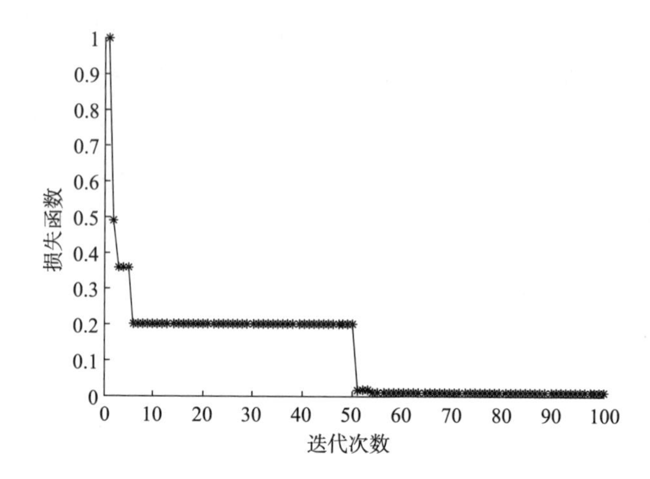

图 5-44 损失函数值随迭代次数收敛的情况

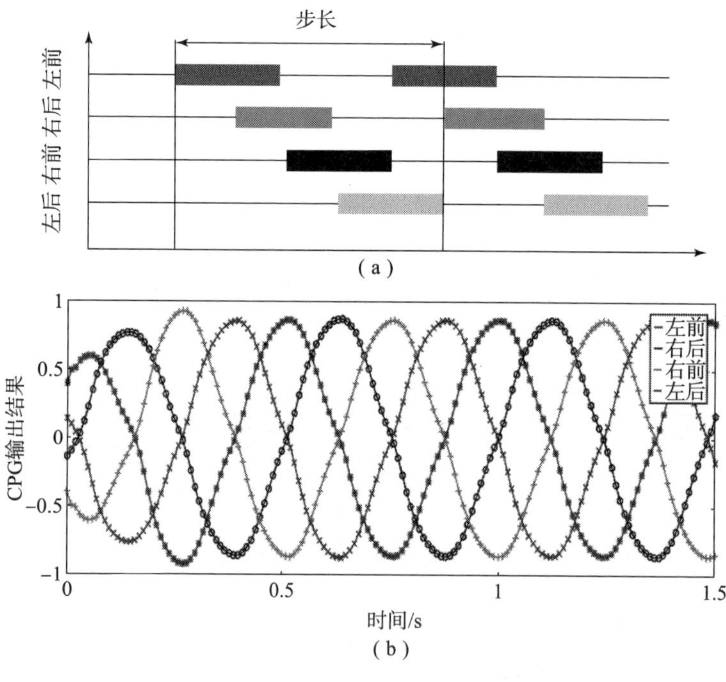

图 5-45 经参数整定后的 CPG 输出信号（见彩插）

(a) 步态规划；(b) CPG 输出结果

二、关节轨迹生成器

对于足端轨迹的规划，在国内外研究中有圆弧模型、三次曲线拟合、椭圆轨迹、多项式插值和曲线拟合等多种轨迹规划方法。通过对实验鼠足端轨迹的

采集及滤波优化，选取摆线轨迹作为摆动相时的机器鼠的运动轨迹，即

$$\begin{cases} x = S\left(\dfrac{t}{T_\omega} - \dfrac{1}{2\pi}\sin\left(2\pi\dfrac{t}{T_\omega}\right)\right) \\ y = H\left(\dfrac{1}{2} - \dfrac{1}{2}\cos\left(2\pi\dfrac{t}{T_\omega}\right)\right) \end{cases} \tag{5-62}$$

式中，S、H、T_ω 分别为步幅、抬腿高度和摆动相周期。

在实际的运动过程中，该运动轨迹的速度和加速度都在控制中是完全可以达到的，所以可采用摆线轨迹作为轨迹函数。根据采集得到的实验鼠前后肢步长和步高的信息，得到其平均的步长 S 为 50 mm，步高 H 为 10 mm。此外，对于支撑相的轨迹，默认在垂直方向上不产生移动。出于对其速度和加速度有界的考虑，将摆线轨迹映射到水平方向，得到了支撑相的规划轨迹。令 $S=50$ mm，$H=10$ mm，得到的仿真步态轨迹如图 5-46 所示。

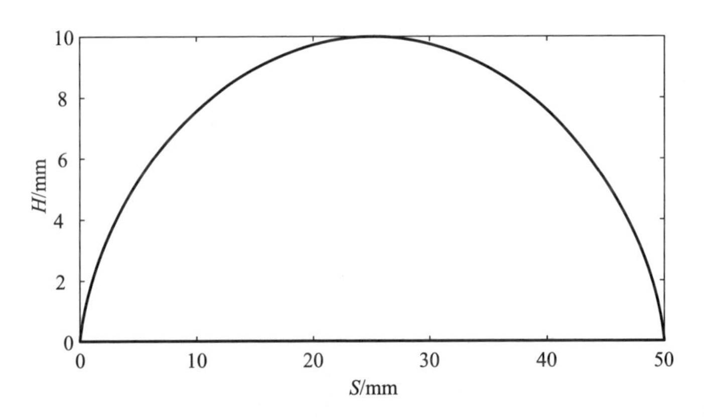

图 5-46　机器鼠足端仿真步态轨迹

四足机器人有多种步态，而步态的设计来源于四足哺乳动物的仿生研究。其中小跑步态、踱步步态和双足跳跃步态等步态在任意时刻都会有两个肢体同时运动并存在同时离地的时刻，属于两拍步态，运动速度快。与它们相比，实验鼠在通常运动中采用的是步行步态，这种步态在任意时刻都有至少 3 条腿支撑身体，属于四拍步态，运动速度较慢。考虑步行步态下机器鼠在一个周期内的行走，其足端轨迹曲线如图 5-47 所示。

根据之前得到的逆运动学求解公式和规划的摆动相和支撑相的足端轨迹，可以得到各个关节的角度驱动曲线，以左前肢和左后肢为例，如图 5-48（a）和（b）所示。此外，构造了驱动曲线的相轨迹图，如图 5-48（c）和（d）所示。为了更好地调整步态特征，如步幅和步高，可将曲线拟合为一个函数应用于关节角的驱动。

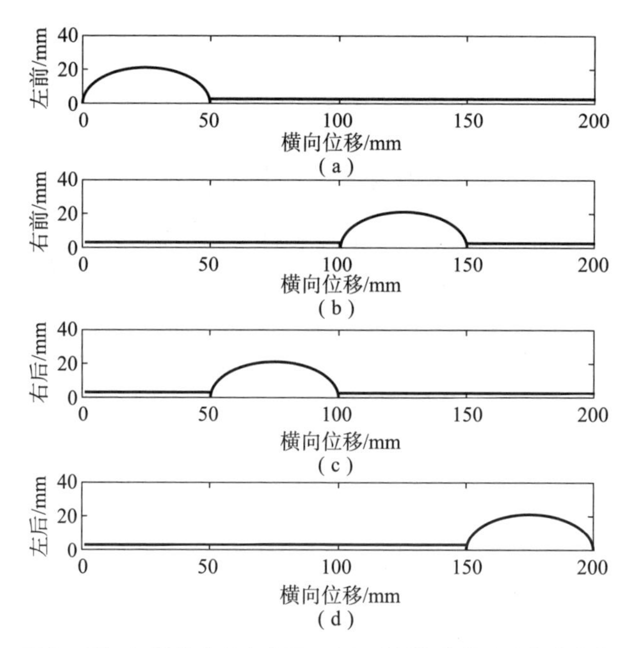

图 5-47　机器鼠步行步态下一个运动周期内的足端轨迹曲线

(a) 左前肢；(b) 右前肢；(c) 右后肢；(d) 左后肢

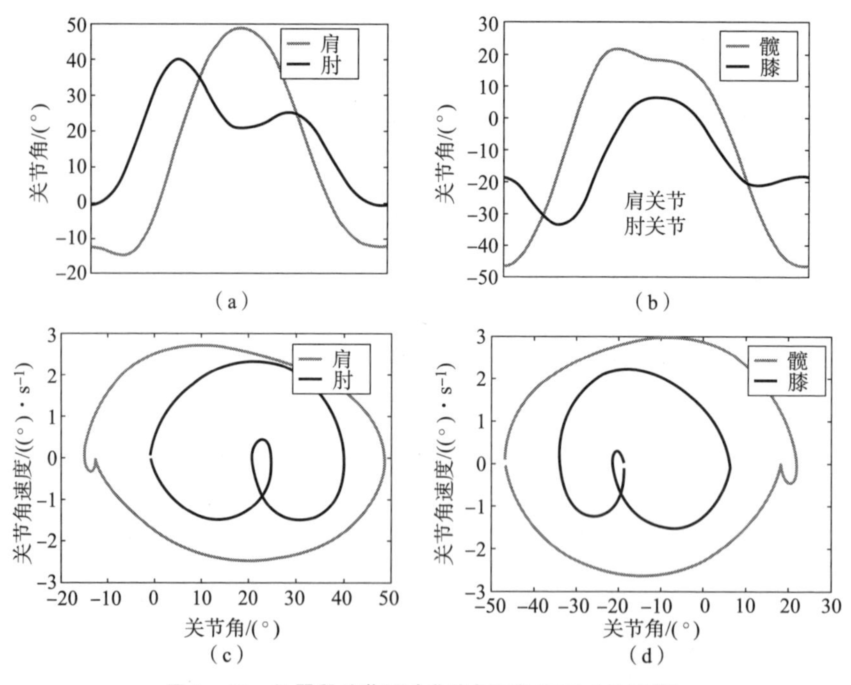

图 5-48　机器鼠关节驱动曲线与相轨迹图（见彩插）

(a) 左前肢关节曲线；(b) 左后肢关节曲线；(c) 左前肢相轨迹图；(d) 左后肢相轨迹图

参考文献

[1] 蒋志宏．机器人学基础［M］．北京：北京理工大学出版社，2018.

[2] 李康．机器鼠的仿生运动控制研究［D］．北京：北京理工大学，2018.

[3] 李康，石青，李昌，等．机器鼠的仿鼠运动程度评估［J］．机器人，2017，39（03）：347－354.

[4] 杨林．六自由度机械臂运动学分析及轨迹规划方法研究［D］．沈阳：东北大学，2014.

[5] Tokarz K, Manger C. Geometric and rough set approach to inverse kinematics for arm manipulator [J]. International Journal of Mathematical Models & Methods in Applied Sciences, 2011, 5 (1): 1－8.

[6] Artemiadis P K, Katsiaris P T, Kyriakopoulos K J. A biomimetic approach to inverse kinematics for a redundant robot arm [J]. Autonomous Robots, 2010, 29 (3): 293－308.

[7] Palli G. The dexmart hand: Mechatronic design and experimental evaluation of synergy－based control for human－like grasping [J]. International Journal of Robotics Researoh, 2014, 33 (5): 799－824.

[8] Rodriguez G, Jain A, Kreutz－Delgado K. A spatial operator algebra for manipulator modeling and control [J]. International Journal of Robotics Researoh, 1991, 10 (4): 371－381.

[9] Bish R, Joshi S, Schank J, et al. Mathematical modeling and computer simulation of a robotic rat pup [J]. Mathematical and Computer Modelling, 2007, 45 (7/8): 981－1000.

[10] Shi Q, Li C, Li K, et al. A modified robotic rat to study rat－like pitch and yaw movements [J]. IEEE/ASME Transactions on Mechatronics, 2018, 23 (5): 2448－2458.

[11] Kinovea [OL]. [2019－07－01]. https://www. kinovea. org/.

[12] Li C, Shi Q, Gao Z H, et al. Design and optimization of a lightweight and compact waist mechanism for a robotic rat [J]. Mechanism and Machine Theory, 2020, 146: 103723.

[13] Semini C, Tsagarakis N G, Guglielmino E, et al. Design of HyQ－a hydrauli-

cally and electrically actuated quadruped robot [J]. Proceedings of the Institution of Mechanical Engineers Part I Journal of Systems & Control Engineering, 2011, 225 (6): 831 - 849.

[14] 朱家万. 线性系统控制理论 [M]. 武汉：武汉工业大学出版社，1990.

[15] Tae - Ju K, Byungrok S, Ohung K, et al. The energy minimization algorithm using foot rotation for hydraulic actuated quadruped walking robot with redundancy [C]//41st International symposium on robotics and 6th german conference on robotics, IEEE, 2011.

[16] 张秀丽. 四足机器人节律运动及环境适应性的生物控制研究 [D]. 北京：清华大学，2004.

[17] Wang Z L, Gao Q, Zhao H Y. CPG - inspired locomotion control for a snake robot basing on nonlinear oscillators [J]. Journal of Intelligent and Robotic Systems, 2017, 85 (2): 209 - 227.

[18] Billard A. Biologically inspired neural controllers for motor control in a quadruped robot [C]//IEEE - INNS - ENNS International Joint Conference on Neural Networks, IEEE, 2000.

[19] Fukuoka Y, Kimura H. Adaptive dynamic walking of a quadruped robot on irregular terrain based on biological concepts [J]. The International Journal of Robotics Research, 2003, 304 (22): 187 - 202.

[20] 孙磊. 四足机器人仿生控制方法及行为进化研究 [D]. 合肥：中国科学技术大学，2008.

[21] Kennedy J, Eberhart R. particle swarm optimization [C]//IEEE International Conference on Neural Networks, IEEE, 1995.

[22] Wang S, Shi Q, Gao J, et al. Design and control of a miniature quadruped rat - inspired robot [C]//IEEE/ASME International Conference on Advanced Intelligent Mechatronics, IEEE, 2019.

[23] Mcghee R B, Frank A A. On the stability properties of quadruped creeping gaits [J]. Mathematical Biosciences, 1968, 3 (1): 331 - 351.

第6章

机器鼠仿生行为控制

机器鼠实现典型仿鼠运动后，如何结合机器鼠感知模块指导机器鼠的与实验鼠的交互功能，是实现机器鼠自主运动的关键。本章首先对第5章中描述的机器鼠仿鼠动作进行了相似性评估，从而保证机器鼠与实验鼠具有相似的运动；在此基础上，结合第4章机器鼠感知模块，实现了实验鼠视觉伺服控制，并制定了面向交互的机器鼠行为控制方法，为机器鼠与实验鼠的交互实验提供理论基础。

6.1 运动性能指标

机器鼠的仿生行为控制需要考虑到机器鼠自身的仿生性、稳定性和机动性，以便机器鼠能够类鼠、快速、稳定地进行运动。下面，通过一些简单的示例分析机器鼠在运动过程中的这些性能指标。

6.1.1 仿生性

在分析机器鼠运动的动态仿生性时，仍以实验鼠俯仰和偏航运动的 X 射线视频图像作为参考。截取实验鼠在不同时刻运动的 X 射线图片，在实验鼠脊柱骨骼上标记特征点，这些特征点与机器鼠的俯仰和偏航关节点相对应。由此可以得到实验鼠在不同时刻的运动轨迹序列，如图 6－1 所示。其中，图 6－1（a）为实验鼠俯仰运动的轨迹序列，设实验鼠的俯仰运动周期为 T_P，选取离散时刻 0、$T_P/6$、$T_P/3$、$T_P/2$、$2T_P/3$、$5T_P/6$、T_P 进行标记；图 6－1（b）为实验鼠偏航运动的轨迹序列，设实验鼠的偏航运动周期为 T_y，选取离散时刻 0、$7T_y/47$、$13T_y/47$、$20T_y/47$、$27T_y/47$、$33T_y/47$、$40T_y/47$、T_y 进行标记。

基于图 5－4 所示的机器鼠运动坐标系，根据实验鼠的运动轨迹序列，可以得到机器鼠各关节旋转角（相对值）随时间的离散的变化规律。对于每个关节，为了避免运动过程中的刚柔性冲击，初始和最终的角速度和角加速度都

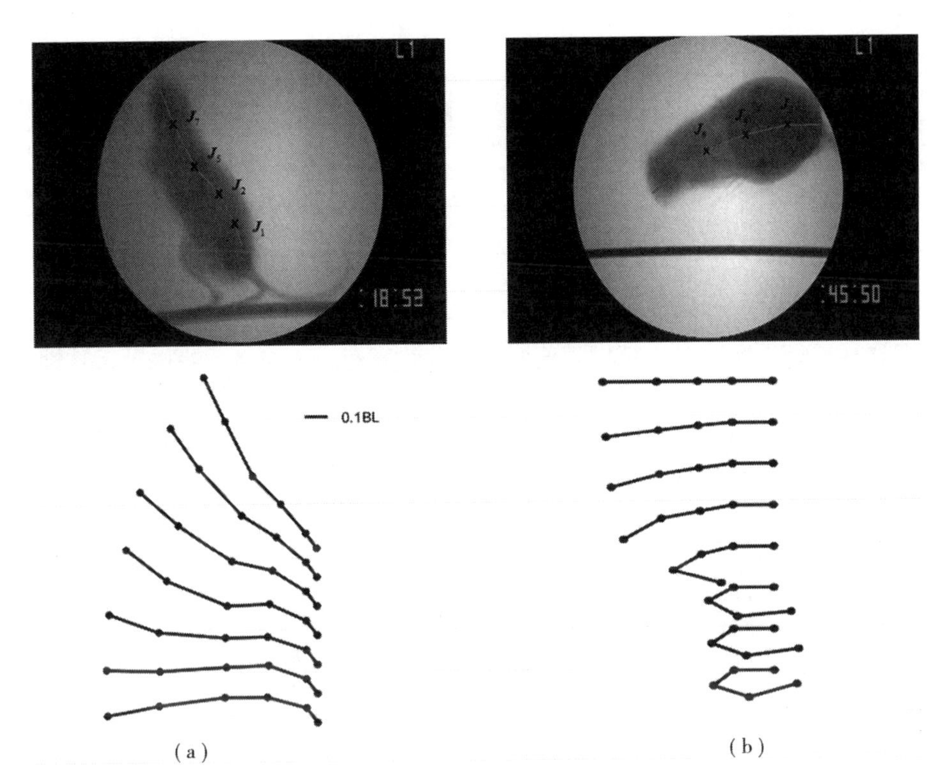

(a) (b)

图6-1 实验鼠运动轨迹序列（见彩插）

(a) 俯仰运动；(b) 偏航运动

应接近于零。为了满足这一条件，对每个关节角在开始和结束阶段进行插值。用一系列正弦函数的组合来逼近这些离散点（包括插值得到的离散点），拟合得到机器鼠各关节运动规律，即

$$\theta_i = \sum_{j=1}^{n} A_{ij}\sin(B_{ij}t/T + \Phi_{ij}) \tag{6-1}$$

式中，当 $i=1, 2, 5, 7$ 时，$T=T_p$；当 $i=3, 4, 6$ 时，$T=T_y$。

表6-1给出拟合得到的各关节角位移曲线函数的参数。

表6-1 机器鼠各关节角位移曲线函数的参数

i	n	A_{ij}	B_{ij}	Φ_{ij}
1	4	0.851；0.565 0.032；0.023	2.867；4.026 13.52；17.82	2.554；-0.941 -1.155；0.819
2	3	0.156；0.104；0.035	5.310；8.887；18.08	0.085；2.930；-1.720
3	3	1.897；0.121；0.055	0.584；8.730；16.75	-0.052；0.430；1.208
4	3	2.035；0.390；0.127	1.071；7.817；16.46	-0.242；1.129；1.985

续表

i	*n*	A_{ij}	B_{ij}	Φ_{ij}
5	3	0.775；0.342；0.106	2.958；3.483；11.63	3.285；0.476；-0.599
6	3	1.365；0.410；0.170	2.681；11.47；21.39	-0.396；1.015；2.003
7	2	0.308；0.033	3.042；37.36	3.168；-0.165

机器鼠的自由度配置是为了尽可能模拟实验鼠的身体结构，但仅对有限的关节点处进行运动轨迹拟合仍会造成较大的轨迹误差。考虑实验鼠整个脊髓骨架在运动过程中的位置变化，在骨架上标记一系列特征点，这些特征点与实验鼠的所有脊髓关节（约 30 个）相对应。根据这些特征点的坐标拟合得到不同时刻实验鼠的脊髓曲线位置函数，在已知机器鼠关节角位移曲线函数的基础上，对各关节运动函数添加误差补偿项 $a_i\sin(b_it/T)$，可推导机器鼠含参变量 a_i、b_i 的运动轨迹。采用分段积分的形式计算实验鼠和机器鼠运动轨迹的差值，通过最小化此差值可以确定补偿项的系数 a_i、b_i，有

$$\begin{cases} \min E(a_i, b_i) = \left(\sum_{i,t}\left(\int(F_t - f_{i,t}(a_i, b_i))\right)^2\right)^{1/2} \\ \text{s.t.}\begin{cases} a_i \in [-A, A] \\ b_i \in [0, B] \\ c^s(t) = \sum_i L_i\cos(\varphi_i(t)) \end{cases} \end{cases} \tag{6-2}$$

式中，F_t 为 t 时刻实验鼠的脊髓曲线函数；$f_{i,t}$ 表示 t 时刻机器鼠的分段轨迹线；A 和 B 为 a_i 和 b_i 的设计最大值；c^s 为机器鼠鼻尖的坐标值；φ_i 为坐标轴 x 与连杆 i 之间的角度。

由此得到机器鼠各关节角位移曲线补偿项系数如表 6-2 所示。

表 6-2　机器鼠各关节角位移曲线补偿项系数

i	a_i	b_i
1	-0.966	0.214
2	-0.285	4.193e-3
3	1.179	0.225
4	-1.175	0.596
5	0.946	0.155
6	-0.017	0.366
7	-0.051	25.91

图6-2为机器鼠在附加补偿项前后与实验鼠运动轨迹的对比图。红色曲线为附加补偿项所形成的轨迹，蓝色曲线为未附加补偿项所形成的轨迹，黑色曲线为实验鼠脊髓曲线。图6-2（a）为俯仰运动在 $t=1/3T$、$t=1/2T$、$t=2/3T$ 时刻两种轨迹的对比，在运动过程中，轨迹误差主要出现在机器鼠颈部和腰部附近。由于附加补偿项之后机器鼠关节1角位移增大，关节5角位移减小，有效减小颈部和腰部附近的误差，使得生成轨迹更接近于实验鼠的脊髓曲线。图6-2（b）为偏航运动在 $t=20/47T$、$t=27/47T$、$t=33/47T$ 时刻两种轨迹的对比，在运动过程中，轨迹误差主要出现在机器鼠头部附近。由于附加补偿项之后机器鼠关节4角位移减小，缩减了机器鼠头端轨迹与实验鼠的误差，同样使得生成轨迹更接近于实验鼠的脊髓曲线。通过计算俯仰运动和偏航运动典型时刻两种轨迹与实验鼠脊髓曲线的总误差，附加补偿项之后俯仰轨迹误差减小约12.6%，偏航轨迹误差减小约41.0%。

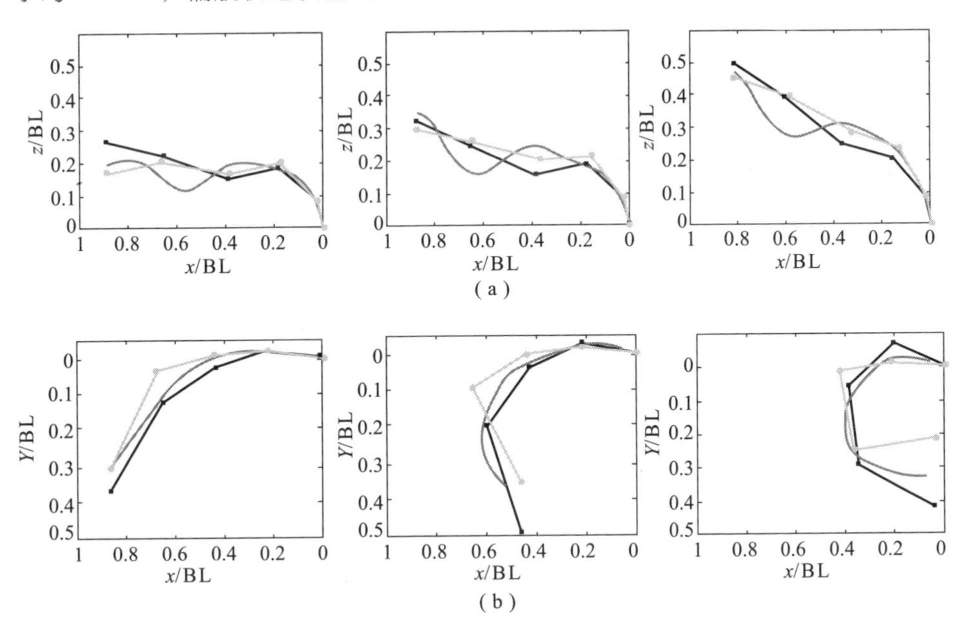

图6-2　机器鼠运动轨迹对比图（见彩插）

（a）俯仰运动；（b）偏航运动

6.1.2　稳定性

一、俯仰运动

机器人系统的稳定性是衡量机器人动态性能的重要指标之一。在分析轮式机器鼠俯仰运动的稳定性时，不仅要求其在运动过程中不发生倾覆，而且具有更为严格的约束，即在俯仰运动过程中不产生振动（轮子瞬时脱离地面）。建立机器鼠俯仰运动动力学模型如图 6－3 所示。机器鼠有 n（$i=1, 2, \cdots, n$）个旋转关节，从侧面看，其主体可以简化为 n 个连杆和一个车轮（底座）部件（前：被动轮，后：主动轮）。

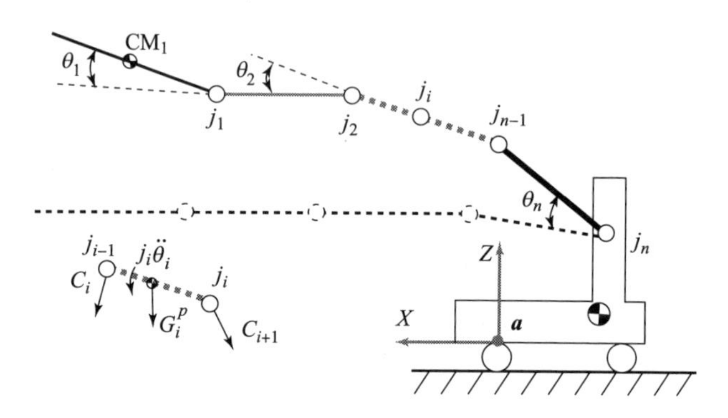

图 6－3　机器鼠俯仰运动动力学模型

考虑俯仰运动上升过程中机器鼠临界稳定的情形。此时，机器鼠后轮处的支持力为零。推导作用于 a 点的总力矩 $\boldsymbol{M}^p$，它由惯性矩 $\boldsymbol{M}_I^p$、离心力与科氏力矩 $\boldsymbol{M}_C^p$ 和重力矩 $\boldsymbol{M}_G^p$ 三部分组成，为了防止机器人在俯仰运动中产生振动，应满足以下约束方程：

$$\begin{cases}\boldsymbol{M}^p = \boldsymbol{M}_I^p + \boldsymbol{M}_C^p + \boldsymbol{M}_G^p \\ \boldsymbol{M}^p \cdot \boldsymbol{j}_y \leqslant 0\end{cases} \tag{6－3}$$

其中，$\boldsymbol{j}_y$ 表示 y 轴的单位方向矢量。$\boldsymbol{M}_I^p$ 取决于四个俯仰关节运动的角加速度。根据牛顿第三定律，连杆的旋转将对车轮部分产生反作用力，$\boldsymbol{M}_I^p$ 可以表示为：

$$\boldsymbol{M}_I^p = -J^p \cdot \ddot{\boldsymbol{\theta}}^p \tag{6－4}$$

其中，$\theta^p = [\theta_1 \quad \theta_2 \quad \cdots \quad \theta_n]^T$，关节角位移变量应遵循上述得到的机器鼠仿生运动规律。$J^p = [J_1 \quad J_2 \quad \cdots \quad J_n]$，$J_1$ 为连杆 1 绕旋转关节 1 的转动惯量，J_2 为连杆 2 绕旋转关节 2 的转动惯量，J_n 为连杆 n 绕旋转关节 n 的转动惯量。$\boldsymbol{M}_C^p$ 则取决于各俯仰关节运动的角位移和角速度，可以表示为：

$$\boldsymbol{M}_C^p = -\sum_{i=1}^{n} \boldsymbol{r}_i(\boldsymbol{\theta}^p) \times \boldsymbol{C}_i(\dot{\boldsymbol{\theta}}^p) \tag{6－5}$$

其中，$\boldsymbol{C}_i$ 为由于作用于连杆 i 的离心力与科氏力的合力（如图 6－3 所示），$\boldsymbol{r}_i$ 为 a 点到关节点 j_{i-1} 的矢径。为了简化对于 $\boldsymbol{M}_C^p$ 的计算，我们通过仿真估计其数值范围。在 ADAMS 软件中建立与机器鼠 WR－5M 对应的机械模型，使机器鼠各连杆以恒定角速度绕各俯仰关节旋转，得到各关节 $\boldsymbol{M}_C^p$ 之和的变化曲线如图 6－4 所示。为了保证机器鼠的运动稳定性，我们取其中的最大值参与到机器鼠的稳定性分析当中。$\boldsymbol{M}_G^p$ 则由机器鼠的 n 个连杆和底座部分产生，显然，底座部分的重力矩 $\boldsymbol{M}_b^p$ 在俯仰运动过程中是恒定值。由各连杆重力 $\mathbf{G}_i^p(i=1,2,\cdots,n)$ 以及 a 点到各连杆质心处的矢径 $\boldsymbol{r}_{iG}$ 可以得到重力矩，即：

$$\boldsymbol{M}_G^p = \sum_{i=1}^{n} \boldsymbol{r}_{iG}(\boldsymbol{\theta}^p) \times \boldsymbol{G}_i^p + \boldsymbol{M}_b^p \tag{6-6}$$

对于俯仰运动下降过程中的稳定性条件，可通过上述方法对 b 点取矩类似得到。

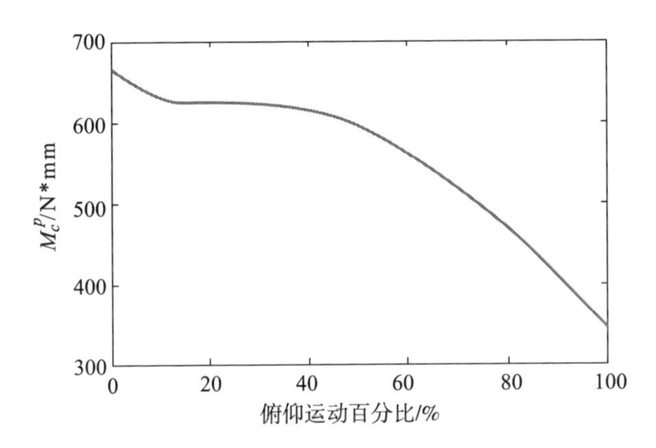

图 6－4　机器鼠俯仰运动过程中的离心力与科氏力矩

二、偏航运动

在分析轮式机器鼠偏航运动的稳定性时，要求在偏航运动过程中不发生侧滑（侧滑条件严格于振动/倾覆条件，故仅考虑侧滑约束）。建立机器鼠俯仰运动动力学模型如图 6－5 所示。机器鼠有 k（$i=n+1,\cdots,n+k$）个旋转关节，从上面看，其主体可以简化为 k 个连杆和一个底座部件。

机器鼠有两个脚轮（a 点和 d 点）以及两个橡胶轮（b 点和 c 点）与地面接触。每个点可提供的最大静摩擦力可由静摩擦系数与该点处支持力的乘积表示，即有 $\boldsymbol{f}_a=\mu_a\boldsymbol{N}_a$，$\boldsymbol{f}_b=\mu_b\boldsymbol{N}_b$，$\boldsymbol{f}_c=\mu_c\boldsymbol{N}_c$，$\boldsymbol{f}_d=\mu_d\boldsymbol{N}_d$。$\boldsymbol{F}_{co}$ 为作用于各连杆 $\boldsymbol{C}_i$（$i=n+1,\cdots,n+k$）的合力。在偏航运动过程中，机器鼠容易在接触点滑动。当四个接触点中的任何一个产生滑动时，都会破坏机器鼠的稳定性。此时，施加在机器鼠上的偏航主动力超过了接触点所产生的最大静摩擦力。由此可得机器鼠在偏航运动过程中保持稳定的条件为：

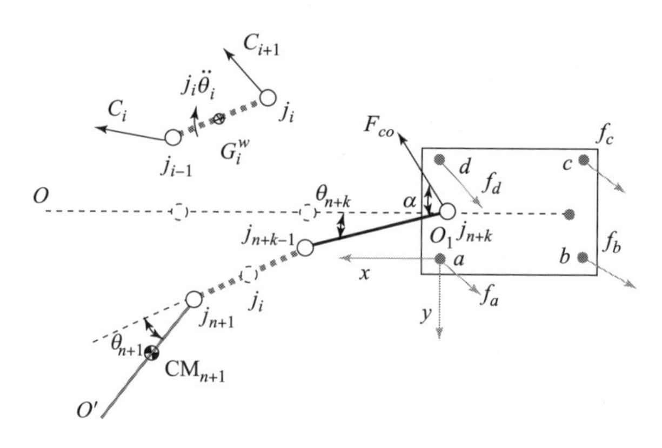

图 6-5 机器鼠偏航运动动力学模型

$$|\boldsymbol{F}_{co}| = \left|\sum_{i=n+1}^{n+k}\boldsymbol{C}_i\right| \leqslant |\boldsymbol{f}_a + \boldsymbol{f}_b + \boldsymbol{f}_c + \boldsymbol{f}_d| \tag{6-7}$$

为了进一步解析由式（6-7）所示的平衡条件，需要得到 N_a、N_b、N_c、N_d 的表达式。列写 x-y 平面内的力矩平衡方程（对 o_1 点取矩）：

$$-J^w \cdot \ddot{\theta}^w - \sum_{i=n+1}^{n+k}\boldsymbol{R}_i(\boldsymbol{\theta}^w) \times \boldsymbol{C}_i(\dot{\boldsymbol{\theta}}^w) + \boldsymbol{M}_{fa} + \boldsymbol{M}_{fb} + \boldsymbol{M}_{fc} + \boldsymbol{M}_{fd} = 0 \tag{6-8}$$

其中

$$\begin{cases}\boldsymbol{M}_{fa} = \boldsymbol{R}_a \times \boldsymbol{f}_a \\ \boldsymbol{M}_{fb} = \boldsymbol{R}_b \times \boldsymbol{f}_b \\ \boldsymbol{M}_{fc} = \boldsymbol{R}_c \times \boldsymbol{f}_c \\ \boldsymbol{M}_{fd} = \boldsymbol{R}_d \times \boldsymbol{f}_d\end{cases}$$

$\boldsymbol{\theta}^w = [\theta_{n+1} \quad \cdots \quad \theta_{n+k}]^T$，关节角位移变量应遵循上述得到的机器鼠仿生运动规律。$J^w = [J_{n+1}, \cdots, J_{n+k}]$，$J_{n+1}$ 为连杆 $n+1$ 绕旋转关节 $n+1$ 的转动惯量，J_{n+k} 为连杆 $n+k$ 绕旋转关节 $n+k$ 的转动惯量。$\boldsymbol{R}_i$ 为 o_1 点到关节点 j_{i-1} 的矢径，$\boldsymbol{R}_a$、$\boldsymbol{R}_b$、$\boldsymbol{R}_c$、$\boldsymbol{R}_d$ 分别是 o_1 点到 a、b、c、d 点的矢径。类似地，可列写 x-z 平面和 y-z 平面的力矩平衡方程：

$$\begin{cases}\boldsymbol{M}_y^w = \boldsymbol{M}_{gx}^y + \boldsymbol{N}_b \cdot l_{ab} + N_c \cdot l_{ab} = 0 \\ \boldsymbol{M}_x^w = \boldsymbol{M}_{gy}^y + N_c \cdot l_{ad} + N_d \cdot l_{ad} = 0\end{cases} \tag{6-9}$$

其中

$$\begin{cases}\boldsymbol{M}_{gx}^w = \sum_{i=n+1}^{n+k}\boldsymbol{r}_{ix}(\boldsymbol{\theta}^w) \times \boldsymbol{G}_i^w + \boldsymbol{M}_{bx}^w \\ \boldsymbol{M}_{gy}^w = \sum_{i=n+1}^{n+k}\boldsymbol{r}_{iy}(\boldsymbol{\theta}^w) \times \boldsymbol{G}_i^w + \boldsymbol{M}_{by}^w\end{cases}$$

$\boldsymbol{r}_{ix}$ 与 $\boldsymbol{r}_{iy}$ 分别为 x－z 平面和 y－z 平面内 a 点到连杆 i 质心处的矢径。在机器鼠偏航运动过程中，机器鼠在 z 轴方向的加速度为零。由此，易得沿 z 轴方向的力平衡方程：

$$\boldsymbol{N}_a + \boldsymbol{N}_b + \boldsymbol{N}_c + \boldsymbol{N}_d = \boldsymbol{G} \tag{6-10}$$

通过式（6－8）～（6－10）可得到由关节角位移变量 $\boldsymbol{\theta}^w$ 表示的 $\boldsymbol{N}_a$、$\boldsymbol{N}_b$、$\boldsymbol{N}_c$、$\boldsymbol{N}_d$。

6.1.3　机动性

除了仿生性与稳定性，机器鼠的机动性也是评估其运动性能的指标之一。高机动性对于机器鼠与实验鼠间自然灵巧的交互过程具有重要意义。在此，主要对机器鼠运动过程中关节角位移变量的参数 T 进行优化，且不违背上述的稳定的条件。对于俯仰运动，建立目标函数及约束条件如下：

$$\begin{cases} \min f(T^p) = T^p \\ s.\ t. \begin{cases} |\dot{\theta}_i|_{\max} - \omega_i \leqslant 0 \\ M^p \cdot j^y \leqslant 0 \end{cases} \end{cases} \tag{6-11}$$

式中，ω_i 为第 i 关节角速度峰值（$i=1, 2, \cdots, n$），由该关节电机最大转速决定。

类似地，对于偏航运动，建立目标函数及约束条件如下：

$$\min f(T^w) = T^w$$

$$s.\ t. \begin{cases} |\dot{\boldsymbol{\theta}}_i|_{\max} - \omega_i \leqslant 0 \\ |\boldsymbol{F}_{co}| = \left|\sum_{i=n+1}^{n+k} C_i\right| \leqslant |\boldsymbol{f}_a + \boldsymbol{f}_b + \boldsymbol{f}_c + \boldsymbol{f}_d| \end{cases} \tag{6-12}$$

式中，$i=n+1, \cdots, n+k$。

由式（6－11）和式（6－12）可以计算得到机器鼠俯仰运动的最短时间 $T^p=0.95$ s，偏航运动的最短时间 $T^w=0.60$ s。通过观察实验鼠的典型运动，得到实验鼠平均俯仰时间约为 1.05 s，偏航时间约为 0.47 s。和机器鼠相应运动的极限时间相比，机器鼠俯仰运动的最短时间快于实验鼠观测得到的数据，而偏航运动则慢于实验鼠。对于偏航运动，在极限条件下机器鼠后轮仍会出现轻微的打滑现象，从而延长了整体运动时间。

6.2 仿生相似性评估

仿生机器人模仿动物相似度的评估一直是仿生机器人领域的一个难题。虽然，在6.1节中通过控制机器鼠的仿生性使得机器鼠从关节角度具有类似实验鼠的运动规律，但是从整体考虑仍欠缺机器鼠仿生性能的衡量。在本节中，将分析机器鼠的静态、动态运动相似性，给出机器鼠的静态、动态相似性评估指标。

6.2.1 静态相似性评估

对于俯仰运动，采用俯仰角和俯仰高度（定义见5.3.1节）的最大值（α_p^{max}，h_p^{max}）作为评估其静态相似性的依据[1]。通过分析实验鼠俯仰运动的X射线视频图像可以发现，当实验鼠进行直立动作时，俯仰角和俯仰高度这两项参数达到最大。对机器鼠而言，各俯仰关节角在其极限运动范围之内且不发生运动干涉的情形下，同样取其最大俯仰角和最大俯仰高度。图6－6所示为实验鼠与机器鼠俯仰运动参数的对比图。由图可以看出，机器鼠最大俯仰角 α_p^{max} = 65°，最大俯仰高度 h_p^{max} = 1.20 BL；实验鼠最大俯仰角 α_p^{max} = 62°，最大俯仰高度 h_p^{max} = 1.52 BL。机器鼠的俯仰运动参数与实验鼠接近，且其最大俯仰角略高于实验鼠。由此可见，机器鼠具有类似于实验鼠的俯仰运动性能。

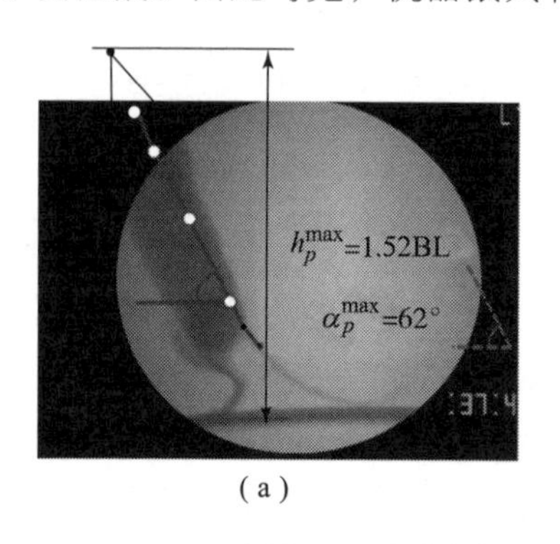

(a)

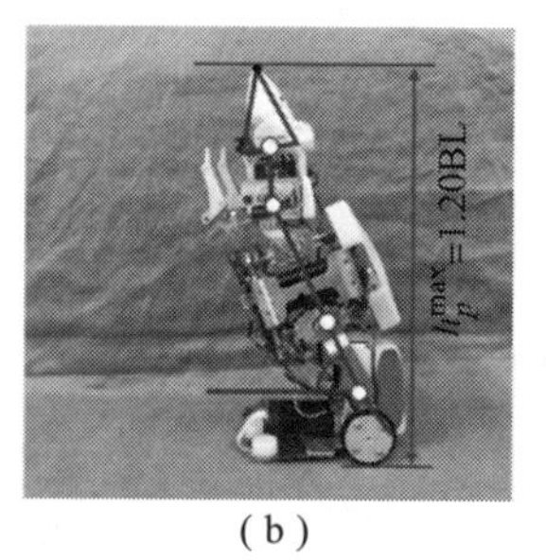

(b)

图6－6 实验鼠与机器鼠俯仰运动参数对比（见彩插）

(a) 实验鼠俯仰参数；(b) 机器鼠俯仰参数

对于偏航运动，采用偏航半径和偏航距离（定义见5.3.2）的最小值（r_y^{min}，d_y^{min}）这两个参数作为评估其静态相似性的依据。通过分析实验鼠偏航运动的 X 射线视频图像可以发现，当实验鼠进行理毛动作时，最小偏航半径和最小偏航距离这两项参数达到最小。对机器鼠而言，各偏航关节角在其极限运动范围之内且不发生运动干涉的情形下，同样取其最小偏航半径和最小偏航距离。图 6－7 所示为实验鼠与机器鼠偏航运动参数的对比图。由图可以看出，机器鼠最小偏航半径 $r_y^{\min}=0.20$ BL，最小偏航距离 $d_y^{\min}=0.22$ BL；实验鼠最小偏航半径 $r_y^{\min}=0.19$ BL，最小偏航距离 $d_y^{\min}=0$ BL。机器鼠的最小偏航半径与实验鼠接近，由于机构设计所限，其最小偏航距离与实验鼠有一定的差距。但就总体而言，机器鼠具有类似于实验鼠的稳态偏航运动性能。

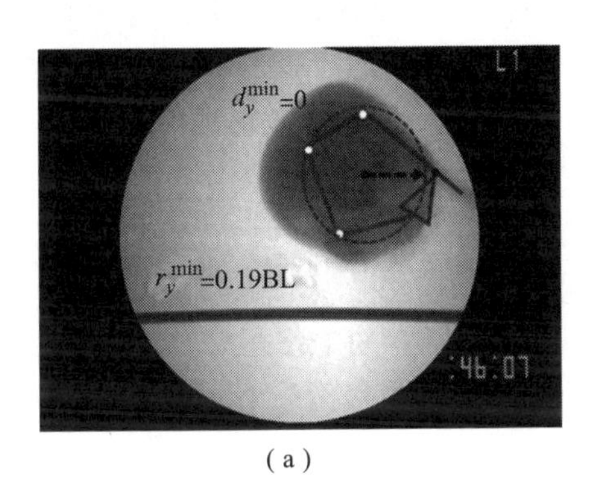

(a)

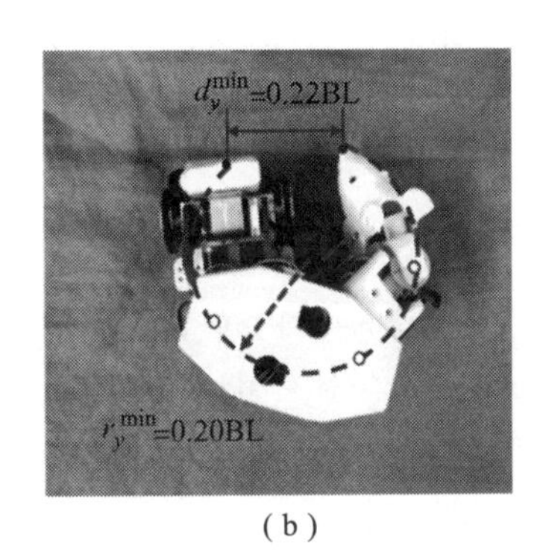

(b)

图 6－7　实验鼠与机器鼠偏航运动参数对比（见彩插）

(a) 实验鼠偏航参数；(b) 机器鼠偏航参数

6.2.2　动态相似性评估

一、动态时间规整

动态时间规整（DTW）是一种衡量两个不同长度的时间序列的相似度的方法，可以用于语音识别、手势识别、数据挖掘、信息检索等方面。对于机器鼠而言，其在运动过程中的某一参数即可以看做是一个时间序列。同样地，实验鼠的对应参数也是时间序列。因此，可以采用 DTW 的方法来衡量两者在动态运动过程中的相似程度。

动态时间规整的思想如下[2]：假设有两个时间序列 $\boldsymbol{Q}_{Ns}$ 和 $\boldsymbol{C}_{Ms}$，其序列长度分别为 Ns 和 Ms。$\boldsymbol{Q}$ 序列和 $\boldsymbol{C}$ 序列一个作为参考模板，另一个作为测试模板，序列中的每一个点值为机器鼠或实验鼠的运动参数，即

$$\boldsymbol{Q}_{Ns}=\{q_1,\ q_2,\ \cdots,\ q_{Ns}\}$$

$$\boldsymbol{C}_{Ms}=\{c_1,\ c_2,\ \cdots,\ c_{Ms}\}$$

首先，构造一个 $Ns \times Ms$ 的矩阵网格，其矩阵元素（i，j）表示 q_i 和 c_j 两个点的距离 $d(i,j)$，因此，该矩阵表示了序列 $\boldsymbol{Q}_{Ns}$ 的每一个元素与序列 $\boldsymbol{C}_{Ms}$ 中每一个元素之间的距离。通常，这个距离取为欧几里得距离，即

$$d(i,j)=(q_i-c_j)^2,\ i=1,2,\cdots,Ns;\ j=1,2,\cdots,Ms \tag{6-13}$$

然后，需要找到一条最优的路径，来“规整”两个序列，使 $\boldsymbol{Q}$ 与 $\boldsymbol{C}$ 在路径上“对齐”。我们定义这条最优的路径为 $\boldsymbol{W}_{Kw}$，长度为 Kw，$\boldsymbol{W}_{Kw}$ 的第 k 个元素为 $w_k=(i,j)_k$，表示了序列 $\boldsymbol{Q}$ 与序列 $\boldsymbol{C}$ 的映射关系，即

$$\boldsymbol{W}_{Kw}=\{w_1,w_2,\cdots,w_k,\cdots,w_{Kw}\},\ \max(Ns,Ms)\leqslant Kw\leqslant Ns+Ms-1$$

需要注意的是，这条路径并不是随便选择的，需要满足以下几个约束条件：

（1）边界条件。$w_1=(1,1)$，$w_{Kw}=(Ns,Ms)$，即规定了路径的起点和终点。

（2）连续性。如果 $w_{k-1}=(i',j')$，那么对于路径的下一个点 $w_k=(i,j)$ 需要满足 $(i-i')\leqslant 1$ 且 $(j-j')\leqslant 1$。

（3）单调性。如果 $w_{k-1}=(i',j')$，那么对于路径的下一个点 $w_k=(i,j)$ 需要满足 $(i-i')\geqslant 0$ 且 $(j-j')\geqslant 0$。

在满足上述约束的条件下，动态时间规划的一个可能路径如图 6-8 所示。但是，这样的路径并不唯一，而我们感兴趣的是规整代价最小的路径，即满足下式的路径：

$$\mathrm{DTW}(\boldsymbol{Q}_{Ns},\boldsymbol{C}_{Ms})=\min\frac{\sqrt{\sum_{k=1}^{Kw}w_k}}{Kw} \tag{6-14}$$

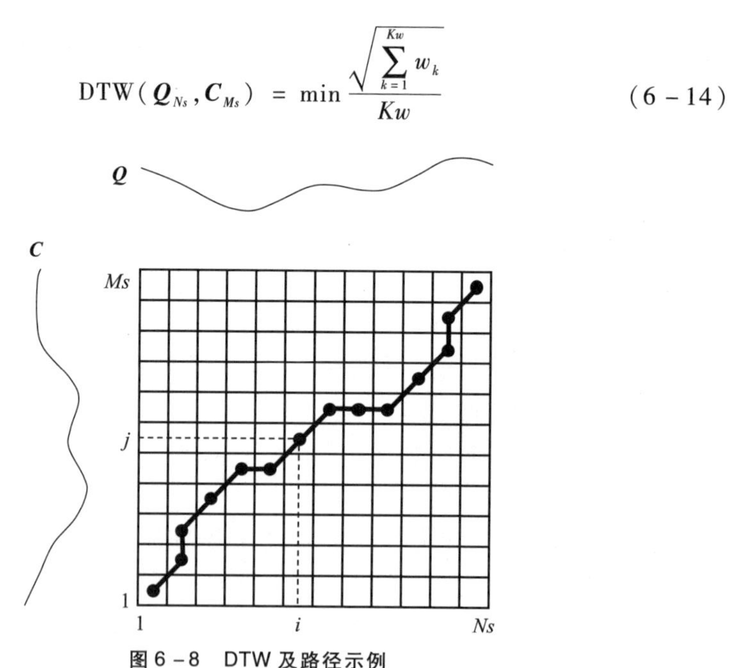

图 6-8　DTW 及路径示例

为此，可以通过计算累积距离获取最优路径。下面，将矩阵（i，j）处的

累积距离定义为$\gamma(i,j)$（见式（6-15）），即当前格点距离$d(i,j)$与可以到达该点的最小的临近元素的积累距离之和：

$$\gamma(i,j)=d(i,j)+\min\{\gamma(i-1,j-1),\gamma(i-1,j),\gamma(i,j-1)\} \tag{6-15}$$

最佳路径即为使得沿路径的累积距离达到最小值的这条路径。这条路径可以通过动态规划算法得到。

二、机器鼠动态相似性

我们分析了实验鼠 BP-Ⅰ和 BP-Ⅱ（见5.3.1小节）两种情况下机器鼠运动的动态相似性。在这两种情况下，以实验鼠和机器鼠的俯仰高度h_p为例，将 BP-Ⅰ和 BP-Ⅱ过程中该量的变化看做两组时间序列：实验鼠的俯仰高度序列作为参考序列，机器鼠的俯仰高度序列作为测试序列。为了验证 DTW 作为动态相似度评估的有效性，控制机器鼠以正常速度（test1）和慢速（test2）分别实现 BP-Ⅰ和 BP-Ⅱ运动，并最终计算出了它们的比较结果，如图6-9和图6-10所示[3]。

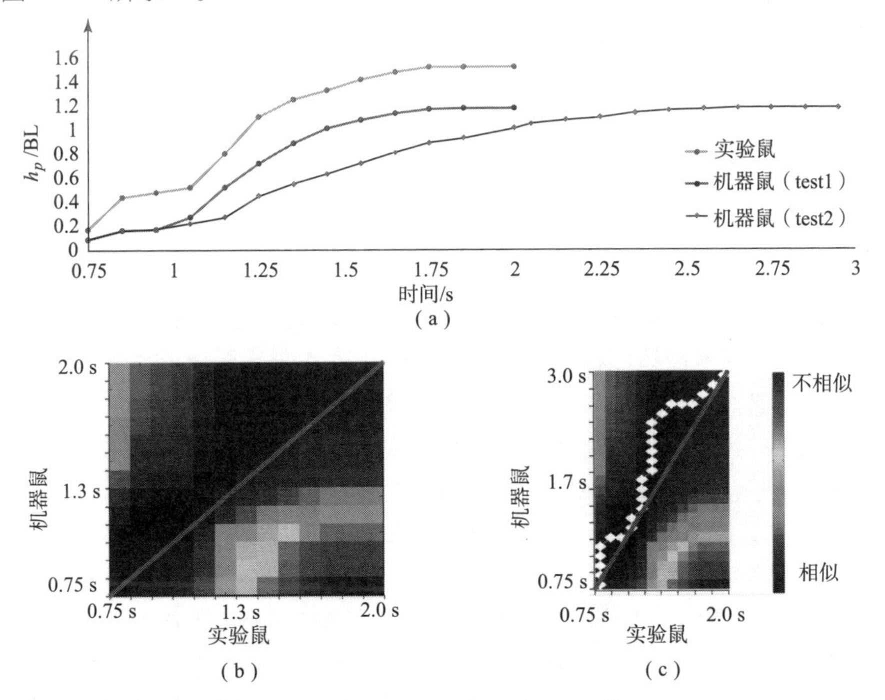

图6-9 BP-Ⅰ动态相似度比较（见彩插）

（a）实验鼠与机器鼠的俯仰高度时间序列；（b）正常速度下机器鼠和实验鼠的DTW结果；（c）慢速下机器鼠和实验鼠的DTW结果

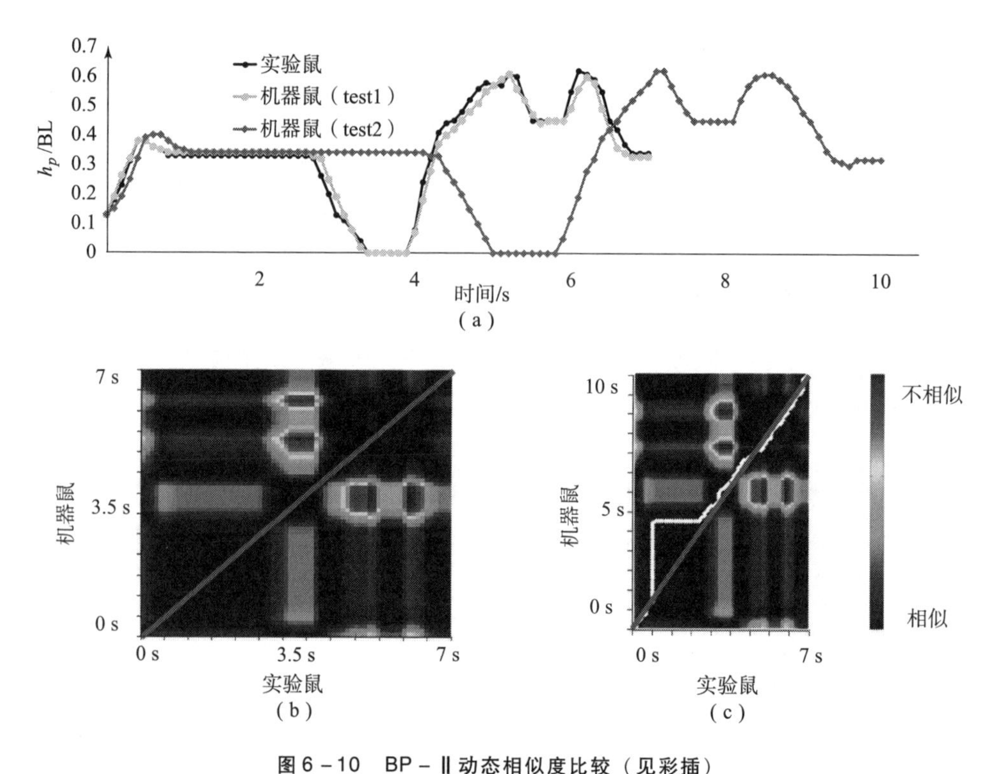

图6－10　BP－Ⅱ动态相似度比较（见彩插）

（a）实验鼠与机器鼠的俯仰高度时间序列；（b）正常速度下机器鼠和实验鼠的DTW结果；（c）慢速下机器鼠和实验鼠的DTW结果

由图6－9（a）和图6－10（a）可以发现，test1的曲线与实验鼠相比具有相似的趋势，而test2的曲线在一定程度上被拉长，这是由于机器鼠以慢速执行的缘故。仅从曲线形状上看，机器鼠test1曲线与实验鼠的曲线是相似的。但是，机器鼠test2曲线与实验鼠的相似性就比较难以判断。此外，上述判断都是主观性的判断，因而仍然需要一些定量指标来评估该相似程度，DTW方法正好解决了上述问题。DTW比较的最终结果如图6－9（b）和（c）以及图6－10（b）和（c）所示。在图中，矩阵块的不同颜色表示实验鼠与机器鼠运动时间序列之间的欧式距离，白道线表示DTW的最佳路径。根据该结果，BP－Ⅰ的DTW累积距离分别为0.574 1（test1）和0.605 8（test2），而BP－Ⅱ的DTW累积距离分别为0.019 2（test1）和0.025 2（test2）。显然，BP－Ⅰ的累积距离远大于BP－Ⅱ的累积距离。这意味着，机器鼠在执行两个不同的动作时，BP－Ⅱ具有比BP－Ⅰ更好的相似性。同时，在正常速度和慢速测试中，两者的累积距离值几乎相等，表明DTW方法对不同的运动速度不敏感，从而可以忽略机器鼠运动的速度，而只关注于机器鼠与实验鼠的运动相似性。

此外，DTW的最终结果还可以帮助我们确定机器鼠与实验鼠的最相似处或最不相似处。以图6-10（b）为例，紫色对角线表示理想的最优路径，表示机器鼠的运动与实验鼠严格相同。当白色的实际最优路径和紫色理想最优路径越接近时，则表示此时机器鼠与实验鼠的运动越相似；反之，当白色线与紫色线距离越大，则表示机器鼠与实验鼠的运动在该时刻越不相似。在图6-10（b）中，白色线和紫色线之间的距离在0.8~2.6 s时达到最大值。这意味着，在此期间机器鼠的行为与实验鼠的行为有较大的不同。由此，可以根据比较结果有针对性地改进机器鼠的控制，从而使得机器鼠的运动最大化地与实验鼠的运动相似。

6.3 双目视觉伺服控制

在第4章中，介绍了机器鼠的双目视觉系统，并对单目相机、双目相机分别进行了矫正。因此，被赋予了双目视觉的机器鼠具有利用视觉感知其周围环境的能力，从而能够获取环境的深度信息、定位自身在环境中的位置，并且能识别感兴趣的目标等。在本节中，将进一步地利用机器鼠的双目视觉进行深度信息的获取、自定位以及基于深度学习的目标识别，从而使机器鼠可用双目进行交互。

6.3.1 深度信息获取

一、立体匹配

从机器鼠的双目视觉中获取深度信息，需要匹配相同目标在左、右两目上对应的位置并计算相应的视差，利用两目的视差来确定目标的深度。因此，如何匹配相同目标在左、右两目的位置以及匹配的程度成为深度信息获取的关键。由于经过立体校正后的双目图像是行对准的（图6-11（a）），因此可以在对齐的每一行内利用匹配算法寻找像素间的匹配关系。常用的立体匹配算法有BM[4]、SGBM[5]以及GC[6]等。这3种匹配算法所得到的重建精度逐次升高，但是相应的每一帧的计算速度逐次减慢。考虑到机器鼠的实时性要求，我们选择BM算法作为立体匹配算法。

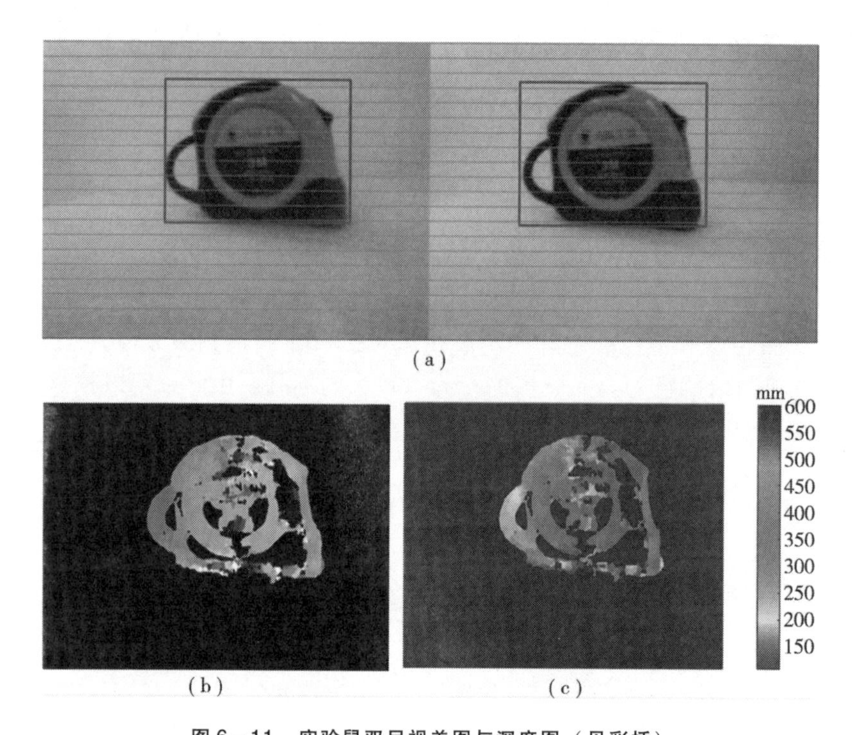

图 6－11　实验鼠双目视差图与深度图（见彩插）

（a）被识别物体；（b）视差图；（c）根据视差图还原的深度图

BM 算法需要进行双向匹配：首先以图 6－11（b）为参考，根据匹配的成本函数计算图 6－11（b）中某一像素点 P_l 在图 6－11（c）中的最佳匹配点 P_l^r；然后以图 6－11（c）为参考，利用相同的方法计算出 P_l^r 在左图的最佳匹配点 $(P_l^r)^l$；最后比较 $(P_l^r)^l$ 与 P_l 是否一致，如果一致，则匹配成功。对于匹配的成本函数，选择 SAD 算法[5]，其基本思想是寻找像素差绝对值之和最小的像素块，计算公式如下：

$$\mathrm{SAD}(i) = \min_{1 \leqslant i \leqslant M_I - m_I + 1} \sum_{j=1}^{m_I} \sum_{k=1}^{n_I} \left| R_{\mathrm{img}}(i + j - 1, k) - L_{\mathrm{img}}(j, k) \right| \quad (6-16)$$

式中，L_{img}、R_{img} 分别表示左、右相机图像，图像大小为 $M_I \times N_I$；SAD 搜索的像素块区域大小为 $m_I \times n_I$。

由式（6－16）可知，对于图 6－11（b）某一像素块，遍历图 6－11（c）同行所有相同大小像素块，找到与图 6－11（b）像素块最相似的像素块作为最终匹配结果。

通过调节 BM 算法中的 SAD 区域尺寸、预处理滤波器窗口大小及预处理滤波器的截断值等参数可以对计算出的视差图进行调节，从而获得比较理想的视差图，如图6－11（b）所示。

在许多情况下，可以直接使用视差图获取物体的深度信息。例如，检测目标物是否在工作台上等，但是对于机器鼠而言是不够的。为此，需要从图6－11（b）中还原物体的真实深度。若图6－11（b）上任意（x，y）处像素点的值用d表示，那么可以通过下式还原深度：

$$\begin{bmatrix} 1 & 0 & 0 & -c_{x,l} \\ 0 & 1 & 0 & -c_{y,l} \\ 0 & 0 & 1 & f_l \\ 0 & 0 & -\frac{1}{T_x} & \frac{c_{x,l}-c_{x,r}}{T_x} \end{bmatrix} \begin{bmatrix} x \\ y \\ d \\ 1 \end{bmatrix} = \begin{bmatrix} X \\ Y \\ Z \\ W \end{bmatrix} \tag{6-17}$$

式中，$c_{x,l}$和$c_{y,l}$分别为图6－11（b）的图像中心坐标；$c_{x,r}$为图6－11（c）图像中心的水平方向坐标；T_x为图6－11（c）相对于图6－11（b）的水平方向的偏移量；f_l为左目相机的焦距。

最后，式（6－17）等号右边的Z值即为利用视差图还原得到的深度信息的值。经计算，图6－11（b）所对应的深度信息图如图6－11（c）所示。

二、RANSAC去噪与深度值测量实验

通过计算得到的深度图可以直观地看出立体匹配的效果：对于纹理信息比较强的区域，匹配点比较稠密，这样与原图的匹配效果较好；反之，对于纹理信息不明显的区域，匹配点比较稀疏，与原图的匹配效果差。由于匹配误差的存在，目标区域内每个像素点的距离值存在异常数据，如果直接对这些距离值取平均值会导致最终的计算结果与实际距离值误差较大，因此首先需要去除异常数据，然后再计算均值。

为此，采用随机采样一致性（RANSAC）[7]的思想去除异常数据。RANSAC是一种稳健的模型拟合算法，可以从一组包含有异常数据的数据集中拟合出准确的数学模型。RANSAC的算法流程如图6－12所示。具体地，仅对目标区域内有视差值的像素点进行计算：假设原始数据有N_R个，首先，随机采样n_R个数据，并计算出它们的均值μ_{nR}；然后，计算出每个数据点与μ_{nR}的距离e_μ，如果大于某一阈值E_μ，则标记该数据，对上述步骤迭代K_R次后，统计每个数据被标记的次数并排序；其次，去除被标记次数前N_r大的数据；最后计算剩余N_R-N_r个数据的均值μ作为目标的平均距离。

测距实验如下：将双目系统与目标的水平距离设置为3种不同的值，即100 mm、200 mm和300 mm，如图6－13（a）～（c）所示。对于每种不同的

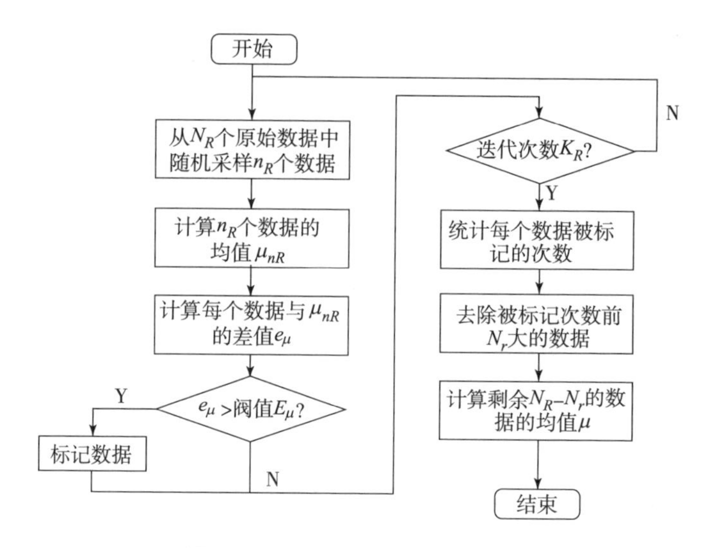

图 6－12　RANSAC 的算法流程图

距离值测试 3 次，共进行 9 组实验。从重建出的视差图中可以看出，距离双目系统较近的视差图细节丰富，视差值比较大，而距离双目系统较远的目标视差图细节较少，视差值也比较小。每组实验结果采用上述 RANSAC 方法去除异常数据后，根据重建出的深度信息计算出了物体距离成像平面的距离值和误差值，实验结果如表 6－3 所示。

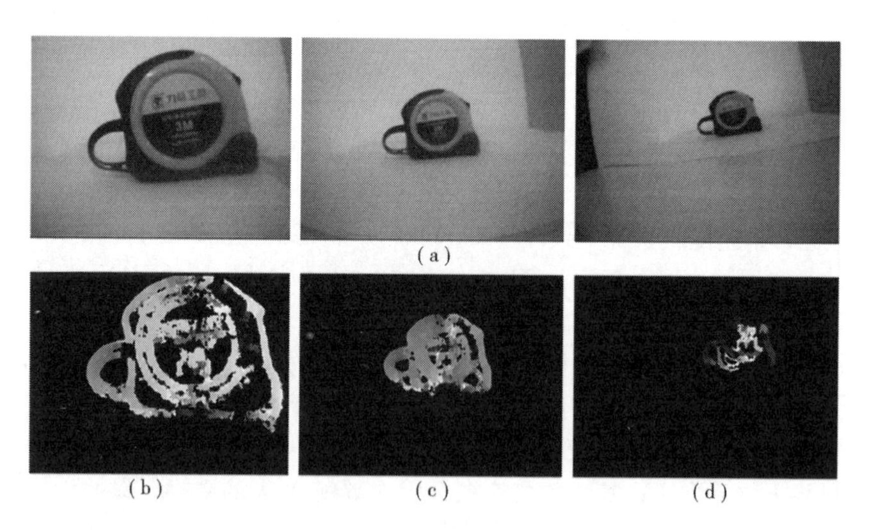

图 6－13　目标测距实验结果图

(a) 实物图；(b) 目标距离 100 mm；(c) 目标距离 200 mm；(d) 目标距离 300 mm

由表6－3可知，随着测量距离的增大，双目系统的测量误差也在逐渐增加，最大误差约为实际值（300 mm）的11%。在同一个测量距离下，多次测量结果的误差基本保持不变，表明该双目视觉系统具有较好的稳定性。总体来说，这里介绍的双目视觉系统测距性能较好。误差方面，距离双目系统较远的目标测距误差较大。一方面，由于较远的目标在左右两个相机中成像较小，进行双目立体匹配时匹配点的数目较少，同时匹配效果较差，对最终的测量结果带来较大的误差；另一方面，由于这里介绍双目视觉系统的基线很近，能够测得的距离比较近，而且相机的像素较低，因此在目标距离双目系统较远时会带来较大的误差。

表6－3　目标测距实验结果

实际值/mm	测量值/mm	误差/%	平均测量值/mm	平均误差/%
100	106.63 105.90 107.48	6.63 5.90 6.48	106.34	6.34
200	214.76 216.58 215.42	7.38 8.29 7.71	215.59	7.79
300	331.21 328.06 333.61	11.07 9.35 11.20	330.96	10.32

6.3.2　双目视觉SLAM

为了最终实现机器鼠与实验鼠能够在复杂化和多样化的环境下进行高效行为交互实验，需要机器鼠能够通过视觉反馈系统感知周围环境，并利用这些信息来确定自身位置、了解环境状态。视觉SLAM技术可以在实时定位自身的同时对周围环境进行建模，是实现机器鼠与实验鼠自主交互的重要条件。为此，将基于ORB－SLAM2实现机器鼠的实时位姿估计与地图构建功能。

一、视觉SLAM原理及ORB－SLAM算法分析

（一）视觉SLAM模型简介

视觉SLAM[8]指的是机器人运动过程中，在没有环境先验信息的情况下，仅依靠视觉传感器实时估计自身的位姿，并建立周围环境的模型。用于SLAM的相机种类可分为单目、双目和RGB－D三大类。单目相机简单而且容易实

现，但是无法依靠单张图片计算出三维空间中的真实尺度；双目相机解决了单目相机的缺点，可以消除尺度不确定性，但是计算视差需要消耗大量计算资源，而且配置及标定相对复杂；RGB－D 相机解决了双目相机计算量大的缺点，利用红外结构光或者飞行时间法获得物体的深度信息，但是无法测量透射性材料，并且存在视野小、易受光照干扰、噪声大等缺点。

视觉 SLAM 可以描述为一个从含噪声的相机的观测量中估计周围环境地图和机器人位姿的数学问题：输入为相机获取的带噪声的信息，输出为机器人位置和环境地图。设环境地图由一系列路标点组成 $Q=\{q_1, q_2, \cdots, q_{Nq}\}$，机器人在该环境中进行连续的运动。将机器人连续的运动过程离散化为 $t=\{1, 2, \cdots, T\}$，设其各个时刻的位置记为 $P=\{p_1, p_2, \cdots, p_T\}$，任意 t 时刻机器人的位置为 p_t，相机的输入为 u_t，对应的噪声为 w_t，则 p_t 可以用一个通用数学模型来表述：

$$p_t=f(p_{t-1}, u_t, w_t) \tag{6-18}$$

式（6－18）表示机器人当前的位置可以由前一个时刻的位置、当前含噪声的相机的输入等信息推断得出，称为运动方程。另外，当机器人处于 $\boldsymbol{p}_t$ 位置时，其通过相机观测到所在路径上的某个路标点 $\boldsymbol{q}_n$，从而产生观测数据 $\boldsymbol{o}_{t,n}$。类似地，$\boldsymbol{o}_{t,n}$ 也可以用一个抽象的数学模型来表述：

$$\boldsymbol{o}_{t,n}=h(q_n, p_t, \boldsymbol{v}_{t,n}) \tag{6-19}$$

式中，$\boldsymbol{v}_{t,n}$ 为此次观测的噪声，该式称为观测方程（视觉 SLAM 中，观测方程即为相机成像模型，见 4.2 节）。

由此，可以将视觉 SLAM 过程总结为两个抽象的、通用的基本方程，即式（6－18）和式（6－19）。这两个公式描述了最基本的视觉 SLAM 问题：根据相机输入和观测数据，求机器人定位问题和建图问题。整个视觉 SLAM 框架如图 6－14 所示，由相机数据读取、前端视觉里程计、后端优化、回环检测和建图五大部分组成[9]。

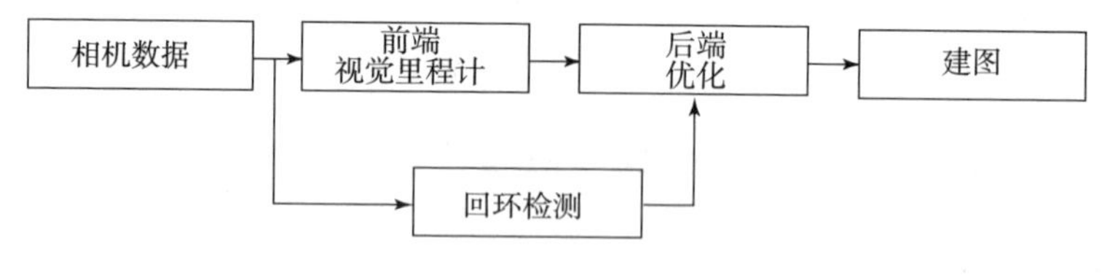

图 6－14　视觉 SLAM 框架

视觉里程计，即视觉 SLAM 系统的前端，其主要任务是估算相机在相邻两幅图像之间进行的运动。目前，视觉里程计的算法主要分为两类，即特征点法和直接法。特征点法是当前主流的方法，通过提取两幅图像中关键点，并在两幅图像中进行匹配。由于特征点法只需要对特征点进行计算，不需要处理图像中其他信息，因此计算量较少，实时性较强。然而，特征点法忽略了图像中除特征点以外的信息，使得计算结果不够准确，同时特征点的提取与计算耗时很大。直接法根据图像的像素灰度信息来计算相机运动，从而可以利用图像的全面信息，并且节约了计算量。但是，直接法易受光照影响，而且要求相机运动速度比较慢。仅使用视觉里程计来估计相机的运动会造成漂移，这就需要后端优化和回环检测进行校正。

后端优化主要为了解决系统噪声的问题。常用的方法有滤波算法和非线性优化算法。视觉 SLAM 早期通常使用以扩展卡尔曼滤波（EKF）为主的滤波方法估计相机位姿和路标点的状态，但是使用 EKF 造成的非线性误差会导致系统的误差较大。目前的主流方法是基于非线性优化理论的算法，来进行状态估计。

回环检测主要是为了解决位姿估计中的漂移问题，目的是让机器人识别出之前到达过的场景。通常采用基于外观的回环检测算法，通过判断图像间的相似度来实现。

建图是对环境的描述，可以根据具体的任务来构建不同形式的地图。稀疏地图可以应用到定位任务中，稠密地图可以应用到导航和避障任务中，语义地图可以应用到人与地图直接的交互（AR、VR）任务中。

随着视觉 SLAM 技术的飞速发展，产生了一系列优秀的视觉 SLAM 算法。表 6－4 列出了一些常用的、具有代表性的视觉 SLAM 方案[10]。Mur－Artal 等人于 2015 年提出的基于 ORB 特征[11]的 ORB－SLAM 算法[12]是现代视觉 SLAM 算法中功能完善的算法之一。它继承了 PTAM 算法的多线程思想并弥补了该算法的缺陷，既可以应用在室内小场景，也可以用在室外大场景中。ORB－SLAM2 算法[13]在 ORB－SLAM 基础上支持了双目和 RGB－D 相机，并进行了一定的优化。我们选择 ORB－SLAM2 算法作为机器鼠实时位姿估计与地图构建方法，主要原因如下。

表 6－4　一些具有代表性的视觉 SLAM 算法

算法	相机形式	前端方法	地图类型	全局有优化
Mono－SLAM	单目	特征点法	稀疏	否
PTAM	单目	特征点法	稀疏	是
LSD－SLAM	单目	直接法	半稀疏	是
DTAM	RGB－D	直接法	稠密	否
ORB－SLAM2	单目、双目、RGB－D	特征点法	稀疏	是

（1）ORB－SLAM2 是一套非常完善、易用的基于特征点法的视觉 SLAM 系统，支持单目、双目和 RGB－D 3 种模式，适用性强。

（2）整个系统围绕 ORB 特征进行计算，包括前端中的 ORB 特征和回环检测中的 ORB 字典[14]。由于 ORB 相比于 SIFT[15] 和 SURF[16] 速度快，可以在 CPU 上实时进行计算，同时 ORB 又具有尺度和旋转不变性，因此体现出一种在效率和精度之间的优秀的折中方案。

（3）ORB－SLAM2 进行了许多优化，包括特征点、关键帧、局部优化等，使得系统具有很好的精度并且能够在不同场景下顺利执行。

（4）系统的回环检测算法功能强大，能够有效地减少累计误差。另外，系统加载在运行前需要载入一个 ORB 字典文件，保证一旦发生丢帧可以快速找回。

（二）ORB－SLAM2 算法分析

ORB－SLAM2 是一种基于特征点法和全局非线性优化的视觉 SLAM 系统。本书采用双目图像作为 ORB－SLAM2 算法系统的输入，算法的整体架构如图 6－15 所示，主要由跟踪、局部地图构建和回环检测 3 个线程构成。

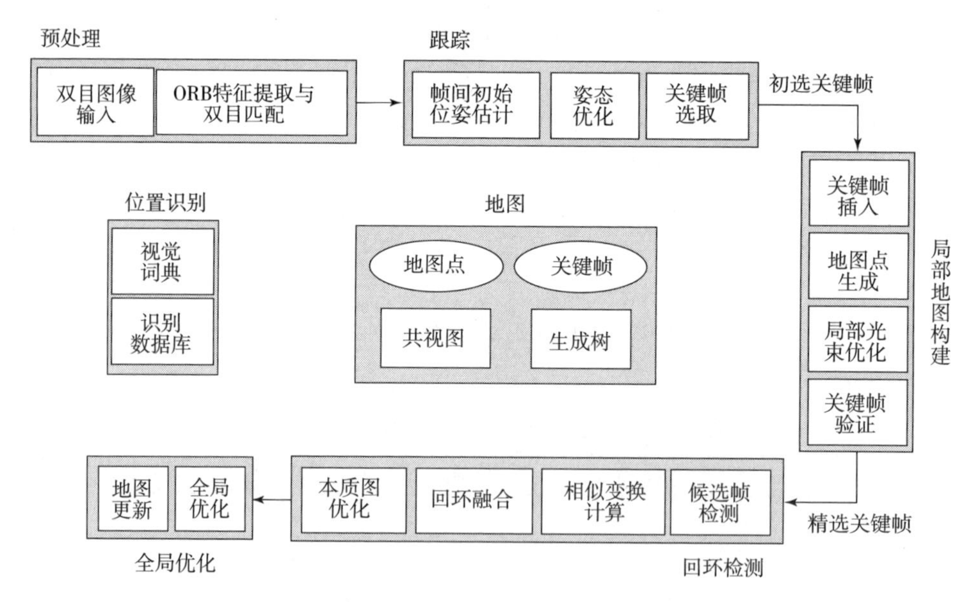

图 6－15　ORB－SLAM2 算法框架

跟踪线程是 ORB－SLAM2 算法中最重要的一步，主要负责完成每帧图像中相机的位姿估计与优化。首先，根据预处理阶段的 ORB 特征提取与双目匹配估计相机的运动；然后，利用光束平差法（BA）来最小化重投影误差，从而对相机位姿进行优化，基本原理见式（6－20）；最后，需要根据当前帧的特征点比例、局部地图是否空闲等规则判断是否选取当前帧为关键帧。

优化后的相机姿态可以表示为

$$\{R', t'\} = \arg\min_{R,t}\sum_{i=1}^{N_F}\rho(\|u_i - \pi(Rq_i + t)\|_{\Sigma}^{2}) \tag{6-20}$$

式中，$\{R, t\}$ 为优化前的相机姿态；$\{R', t'\}$ 为优化后的相机姿态；q_i为当前帧中第 i 个特征点的空间坐标；u_i为对应特征点在图像上的坐标（$i=1, 2, \cdots, N_F$）；$\pi(\cdot)$ 为投影函数，可将三维点投射到二维图像平面中；$\rho(\cdot)$ 为鲁棒核函数，主要作用是平衡误差从而防止二范数误差增长过快。

局部地图构建线程主要负责管理关键帧和地图点、建立局部地图并进行优化。首先，加入跟踪线程提供的关键帧并更新地图；然后，验证新加入的地图点并进行筛选去除离群点，生成新的地图点；其次，使用局部 BA 对关键帧位姿和地图点进行优化（见式（6－21）），可以看出式（6－20）与式（6－21）不同的是，后者将关键帧位姿和地图点同时当作优化变量进行优化；最后，需要再次筛选关键帧，去除不必要的关键帧。

$$\{q'_i, R'_j, t'_j \mid i \in Q_L, l \in K_L\} = \underset{q_i, R_l, t_l}{\operatorname{argmin}}\sum_{k\in K_L\cup K_F}\sum_{j\in Q_L^K}\rho(\|u_j - \pi(R_k q_j + t_k)\|_{\Sigma}^{2}) \tag{6-21}$$

式中，K_L 为共视关键帧；K_F 为除 K_L外的其他关键帧；Q_L为所有共视关键帧中的关键点；Q_L^K 为所有第 k 帧中所有 Q_L中的关键点。

回环检测线程主要负责检测是否存在回环，从而降低累计误差。系统在初始化时需要加载一个 ORB 词袋模型：首先，通过匹配当前帧与其他关键帧的词袋相似度来探测回环的存在；然后，计算相似变换并进行回环融合；最后，进行位姿图优化更正累计漂移误差。在位姿优化之后，会启动第四个线程执行全局 BA 算法，来计算整个系统最优结构和运动的结果。

经过以上线程完成了相机位姿的估计与点云地图的构建。由于 ORB－SLAM2 算法中的地图点来自关键帧中的特征点，因此构建的是稀疏点云地图。

二、实验场景下机器鼠的实时位姿估计与建图

为了测试机器鼠的实时位姿估计与建图功能，需要设计一个具体实验场景。本实验选择实验室中的实验桌作为实验场地，划分出 1 m×1 m 作为实验区域。为了测试算法的回环检测功能，本实验将机器鼠的运动路线设计为

一个完整的闭环。对于转弯过程，由于机器鼠的转弯是依靠后肢两轮的差速实现的，而双目视觉系统的位置与轮子的位置不在同一条垂直轴线上，因此无法完成纯直角转弯，故本实验将转弯处设计为圆弧形状。当转弯时，协调控制机器鼠的头部、腰部和后肢电机，使机器鼠沿着预定弧线完成转弯。因此，将机器鼠的整体运动路线设计为长 0.9 m，宽 0.7 m 的带有圆角的矩形。

为了使机器鼠能够沿着预定路线进行运动，同时减少对 SLAM 过程中的干扰，本实验在预定运动路线上粘贴透明胶带，从而在实验过程中可以控制机器鼠沿着透明胶带进行运动。另外，由于 ORB－SLAM2 是一种基于特征点法的 SLAM 算法，因此在实验区域内放置一些实验室常用物品（如工具刀、万用表等），以增加算法能够提取到的特征。同时，实验区域为开放区域，周围无遮挡，因此实验室的环境信息也可以为算法提供远处的特征。实验场景如图 6－16 所示，实验过程中需要控制机器鼠沿着预定轨迹（图中黑色虚线）进行运动。

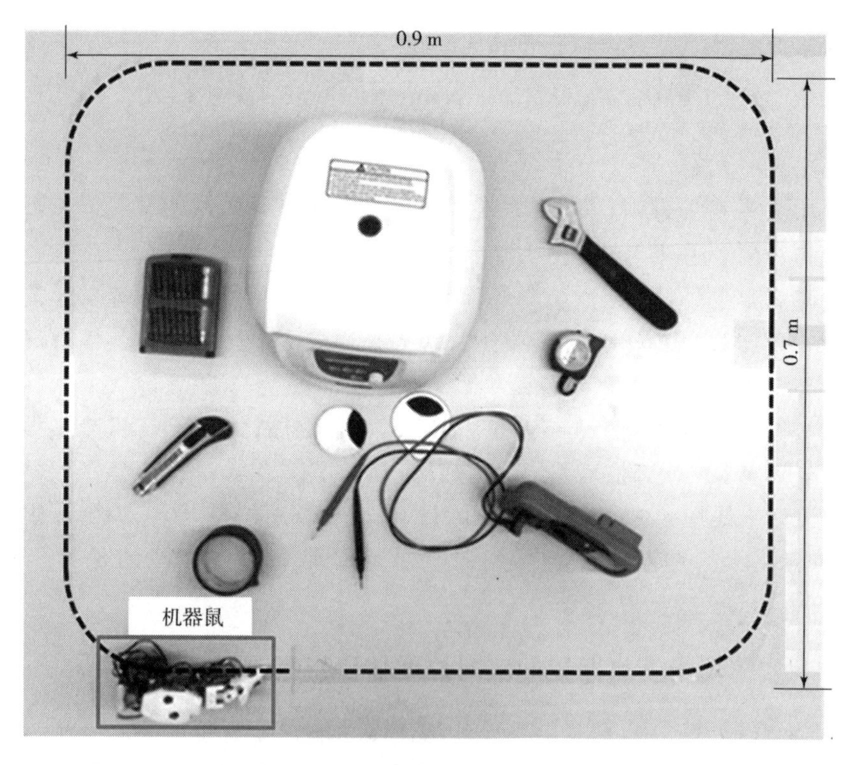

图 6－16　实验场景：控制机器鼠沿着预定轨迹（黑色虚线）进行运动

机器鼠在运动过程中需要对双目系统的位姿进行实时估计，因此需要跟踪线程处理速度要足够快。根据分析与测试可知，跟踪线程的耗时主要集中在ORB特征的提取与匹配上，因此需要对该过程进行加速处理。为此，采用CUDA作为CPU与GPU混合编程框架，加速ORB特征的提取与匹配，并通过ROS系统完成算法与机器鼠相机之间的通讯。

由于双目系统内参、外参和畸变系数和校正后的变换矩阵已经在4.2.2节中通过标定和立体校正得到，这里可以直接应用到ORB－SLAM2的参数中。ORB－SLAM2算法中使用双目近远特征点进行位姿估计，将计算出的深度值小于ThDepth倍基线的特征点定义为双目近特征点，反之则为双目远特征点。一帧中的近特征点可以有效地进行三角测量从而得到深度信息，并且能够提供尺度、平移和旋转信息。远特征点能够提供准确的旋转信息，但是尺度和平移信息就不准确了。由于机器鼠的双目视觉系统基线只有14 mm，因此可以测量得到的准确深度范围较小（这也符合实验鼠的视觉特征）。为此，取ThDepth阈值为25，即有效深度为0.35 m。由于ORB－SLAM2是基于特征点法，需要提取足够多的特征点用于位姿估计，因此设置每张图片提取的特征点数量为1 200个。此外，还设置图像金字塔的层数为8，变化尺度因子为1.2，提取FAST特征点的默认阈值为20，如果默认阈值提取不出足够的FAST特征点则使用最小阈值8。

三、实验结果与分析

为了测试基于ORB－SLAM2算法的机器鼠实时位姿估计与建图效果，我们在图6－16所示实验场景下进行实验。在实验过程中，上位机发送控制指令控制机器鼠按照预先制定的路线运动一圈。为了便于分析算法的定位精度，假设机器鼠能够完全沿着预定的路线运动。因此，将预定路线作为实验的真值轨迹，同时忽略机器鼠俯仰方向的运动，只对水平二维平面的运动轨迹进行分析。实验过程中共获得314个关键帧，将关键帧坐标绘制成二维轨迹，实验结果轨迹与真值轨迹对比如图6－17（a）所示。其中，黑色虚线表示真值运动轨迹，红点表示算法估计运动轨迹。本实验采用均方根误差（RSME）度量该实验场景下算法的定位精度。RSME是测量值与真值偏差的平方和与测量次数比值的平方根，具体计算公式为

$$\mathrm{RSMS}=\sqrt{\frac{\sum_{i=1}^{Ne}(q_i-\hat{q}_i)^2}{Ne}} \tag{6-22}$$

式中，Ne为测量次数（取314）；q_i实验中为真值轨迹点；$\hat{q}_i$为算法估计的轨

迹点。

由于算法估计的轨迹点与真值轨迹点不是一一对应关系，因此本实验只是计算算法估计轨迹点与真值轨迹线最短距离作为偏差，最终计算出的 RSME 结果为 0.081 m，表现出了较好的定位精度。根据实验结果可以看出，算法在直线运动阶段表现很好，与真实轨迹误差较小，但是在转弯阶段表现不佳，最大误差可达 0.113 m。原因在于：一方面，相比于直线运动阶段，转弯过程中帧间的特征点变化明显，跟踪容易丢失，造成较大误差；另一方面，由于双目视觉系统的发射端安装在机器鼠的腰部，在转弯阶段腰部的运动有时会触碰到发射端的天线，对图传质量产生影响，一定程度上也降低了定位的精度。本实验的跟踪阶段每帧图像平均耗时约为 24 ms，小于双目视觉系统相邻帧之间的时延（33 ms），说明本系统具有较高的实时性。

地图构建结果在 Pangolin 中进行可视化展现，如图 6－17（b）所示[17]。由图可以看出，ORB－SLAM2 构建的是稀疏点云地图，蓝色框为关键帧位置，绿色框为当前关键帧所在位置，黑色和红色点为稀疏地图点，其中红色点为当前局部地图点。此外，当前相机位置在图 6－17（a）中以相同颜色标出，其箭头代表机器鼠的运动方向。

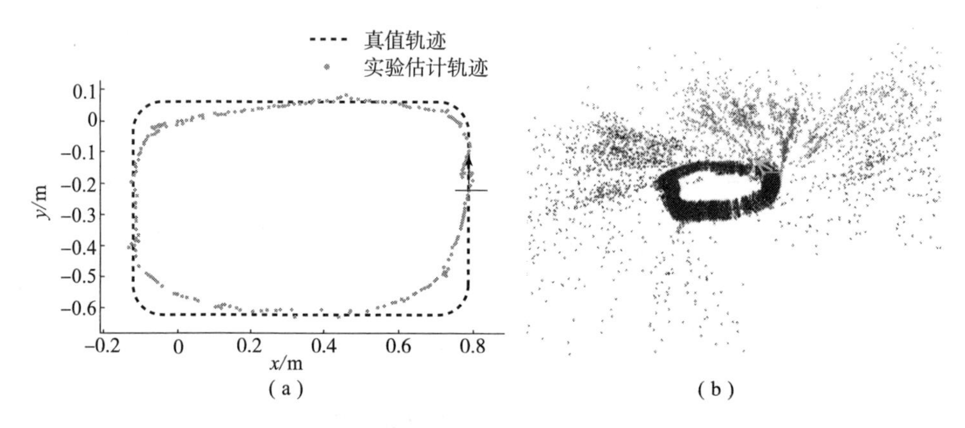

图 6－17　实时位姿估计与建图结果（见彩插）

（a）SLAM 轨迹与真值轨迹；（b）SLAM 构建的稀疏点云

6.3.3　目标识别与分类

为了实现机器鼠与实验鼠在复杂化和多样化的环境下进行高效行为交互实验，需要双目视觉系统能够对目标实验鼠进行实时检测，获取实验鼠及其头尾的位置，从而为机器鼠与实验鼠自主交互提供反馈信息。由于实验鼠是柔性体，其外形尺寸等都会随着实验鼠的运动发生改变，传统目标检测的方法无法准确而且快速地完成该任务，而基于深度学习的目标检测算法可以很好地解决这些问题。本节将基于深度学习的目标检测算法 YOLOv3 应用到机器鼠与实验鼠交互的视觉反馈中，用来检测实验鼠及其头尾的位置和类别信息。

一、目标检测算法研究进展及 YOLOv3 算法分析

目标检测作为计算机视觉领域中重要的一项任务，其主要作用是找出给定图像中感兴趣的物体的位置和尺寸大小并给出相应的类别。由于各类物体的外观、形状、尺寸等不尽相同，而且存在光照、形变、遮挡等干扰，目标检测一直以来都是计算机视觉领域中最具有挑战性的问题之一。目标检测算法主要有传统的目标检测和基于深度学习的目标检测。传统目标检测算法由于其使用各种尺寸的滑动窗口进行遍历以及手工选择特征等原因造成了耗时长、区域冗余、鲁棒性差等缺点，难以适用于目标存在遮挡或者多目标识别等情况。

由于深度学习，尤其是卷积神经网络（CNN）的迅速发展，自 2014 年开始基于深度学习的目标检测算法取得了巨大突破。目前，主流的基于深度学习的目标检测算法主要分为两种。

（1）两步式检测算法，即将目标检测问题分为两个阶段：首先得到候选区域；然后进行分类。主要代表算法为 R – CNN、Fast R – CNN、Faster R – CNN、Mask R – CNN 等。

（2）一步式检测算法，即不需要使用候选区域，直接预测出物体的位置坐标和类别概率。主要代表算法有 YOLOv1、YOLOv2、YOLOv3 等。

两步式检测方面，R – CNN 是由 Ross B. Girshick 于 2014 年提出的基于候选区域方法的目标检测算法[18]，其均值平均精度（mAP）在 PASCAL 数据集上的检测结果有了巨大的提升。但是，由于 R – CNN 需要对提取的所有候选区域都要利用 CNN 提取特征向量，因此耗时巨大，而且训练步骤烦琐。Fast R – CNN[19]在此基础上进行了改进，避免每个候选区域都使用 CNN 提取特征而消耗的大量时间。在此基础上，Faster R – CNN 创新性地设计了 RPN，直接使用卷积神经网络产生候选区域[20]。何凯明等人提出的 Mask R – CNN 在 Faster R – CNN 的基础上进一步研究得到像素级别的检测结果，该算法不仅有效地完成了目标检测，同时完成了高质量的语义分割[21]。Mask R – CNN 可以同时完成分类、回归和分割 3 个任务，而且在 COCO 等数据集上展现出了非常好的检测效果，在单 GPU 上的运行速度约为 5FPS，然而速度上还是达不到实时检测的需求。

为了满足实时进行目标检测的需求，一步式检测方法应运而生。Joseph

Redmon 等人于 2016 年在 CVPR 上发表了一篇关于目标检测的论文[22]，首次提出了 YOLO 算法。该算法使用一个由 24 个卷积层和 2 个全连接层构成的 CNN 模型实现了端到端的目标检测。YOLO 算法将目标检测问题转换为一个回归问题，大幅提升了检测速度，检测帧率可以达到 45FPS。但是，其目标定位的准确度不高，在 VOC2012 数据集中的 mAP 值为 57.9。为此，YOLO 的作者对其进行了改进，于 2017 年提出了 YOLOv2 算法[23]。该算法采用了一个新的网络模型 Darknet - 19，在每个卷积层后都添加了 BN 层，提升了模型收敛速度并具有正则化的效果，同时借鉴了 Faster R - CNN 中的 Anchor 机制使得定位问题更为精确。此外，YOLOv2 还使用多尺度训练测量使得模型能够适应不同大小的图片。YOLOv2 在 VOC2012 数据集上与 YOLO 相比提高了 15.5%，但是 YOLOv2 对小目标的检测依然存在问题。

YOLOv3[24]算法是目前在速度和精度上最均衡的目标检测网络之一，融合了多种优秀的神经网络方法，达到了快速、高精度和高泛化的水平。YOLOv3 使用的网络模型为 DarkNet - 53，包含 52 个卷积层和 1 个全连接层，如图 6 - 18（a）所示。其中，YOLOv3 采用了 ResNet v2 残差结构（图 6 - 18（b）），从而使得训练深层网络的难度大幅减小，因此网络可以构建得更深，精度有所提升。另外，YOLOv3 采用了 3 个尺度的特征图，分别对应 32 倍降采样（适合检测大尺寸目标）、16 倍降采样（适合检测中等尺寸目标）和 8 倍降采样（适合检测小尺寸目标），从而能够从多个尺度上进行预测。

在 Anchor 机制方面，YOLOv3 使用的聚类方法与 YOLOv2 相同，依然是用 K - Means 的方法确定边界框的先验。以每个网格预测 3 个边界框，使用 3 个尺度的特征图进行预测为例，其输出的边界框数量多达 10 647 个，因此其对各种尺寸的物体都具有比较优秀的检测性能。

在类别预测方面，YOLOv3 采用多标签分类预测，因此在图 6 - 18（a）的网络结构上需要将原来用于单标签多分类的 softmax 层换成用于多标签多分类的逻辑回归层。逻辑回归层主要用到的是 sigmoid 函数，相应的计算公式为

$$S(x)=\frac{1}{1+\mathrm{e}^{-x}} \tag{6-23}$$

sigmoid 针对的是二分类问题，需要逻辑回归层对每个边界框的每个类别都做一次二分类，这样一个边界框可能属于多个类别，这种情况对于一些复杂场景下一个物体可能具有多个标签的问题可以更好地模拟数据。

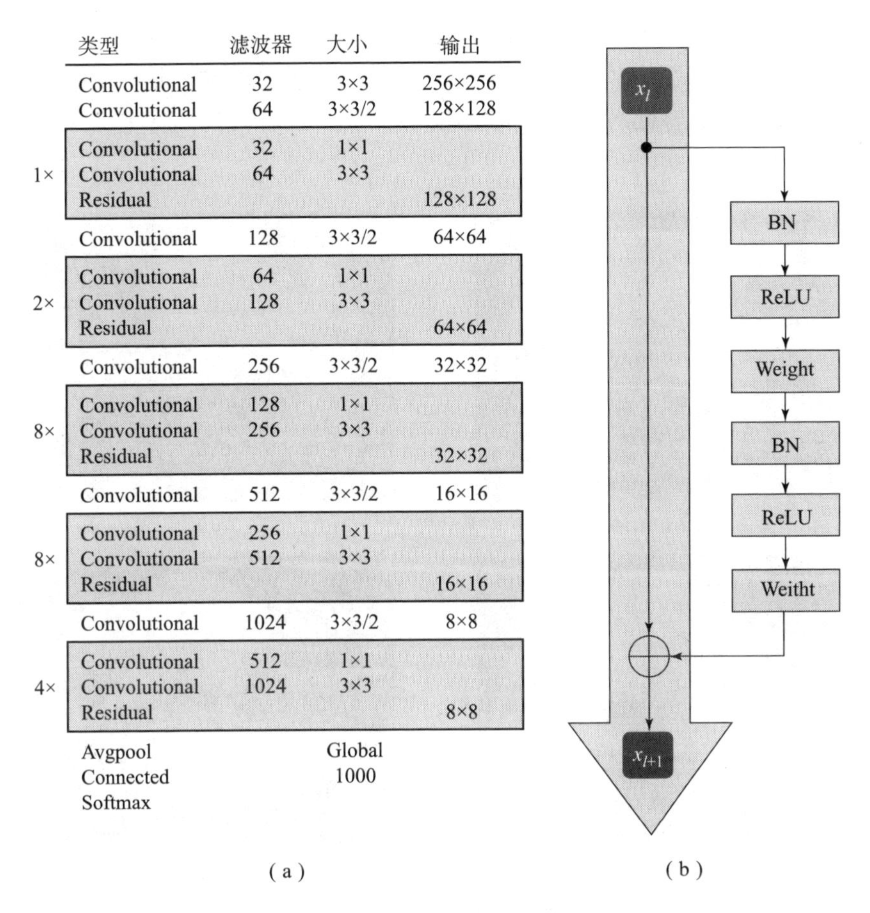

图 6－18　YOLOv3 网络模型和残差结构

(a) DarkNet－53 网络结构；(b) ResNet v2 残差结构

二、基于 YOLOv3 的实验鼠检测

（一）样本采集及预处理

不同于传统目标检测算法，基于深度学习的目标检测算法需利用大数据量的样本进行学习，通过多次训练迭代以达到优化网络模型参数的目的。由于现有数据集缺乏实验鼠的标记数据，因此首先需要获得机器鼠与实验鼠交互过程中，其微型双目视觉系统采集到的实验鼠运动视频作为样本并进行标记。采集实验鼠样本的实验装置如图 2－15 所示，实验中控制机器鼠头部朝向实验鼠（SD，雄性，16 cm，350 g），共采集 6 min 有效的样本，共 7 000 余张的实验鼠图像作为目标检测的数据集。此外，本实验采用了数据增强的方法以丰富样

本，从而增强目标检测算法的准确性和鲁棒性。由于实际情况中不存在实验鼠的背朝向下方，即图像上下翻转的情况，而图像水平翻转的情况是真实存在的。因此本实验选择的数据增强的策略为随机水平翻转、随机亮度和对比度调整等，数据增强策略的示例如图 6－19 所示。

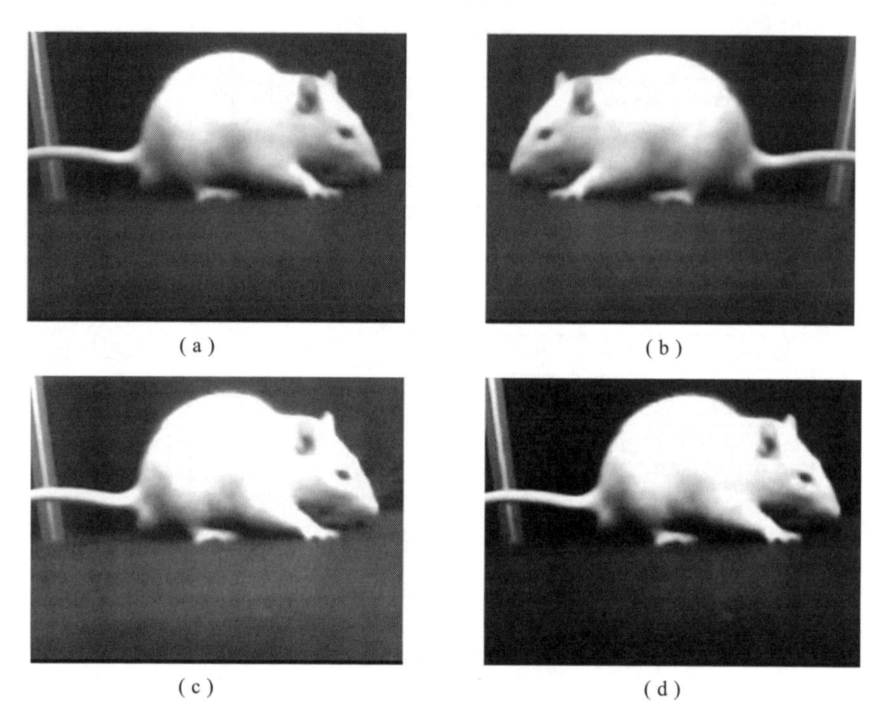

(a)　(b)　(c)　(d)

图 6－19　数据增强策略

(a) 原始图像；(b) 水平翻转；(c) 亮度调整；(d) 对比度调整

由于本实验采用的算法是基于监督学习式的深度学习算法，因此需要对每一个样本进行标注。我们设定标注的目标为实验鼠整体（鼻尖到尾巴根）、头部和尾巴 3 个类别；采用矩形框对目标进行标注，需要用矩形框标注出目标的位置并标记相应的类别。LabelImg 是一款常用的图像标注工具，其安装简单使用方便，输出的标注结果为 PASCAL VOC 格式，因此本实验选择 LabelImg 对图像样本进行标注。首先需要修改源文件中的类别为 rat、head 和 tail 3 个类别，然后选择图像和标注结果的文件夹即可开始进行标注。由于双目视觉系统的视场角限制以及实验鼠动作的灵活性，在捕捉实验鼠的运动过程中，无法使实验鼠每时每刻都完整地出现在图像中。因此，对于实验鼠部分超出图像范围的情况，只标注露出的部分的位置和类别，忽略没有捕捉到的部分。另外，由于实验鼠身体柔软，能够做出许多复杂的动作，因此在实际情况中会存在身体遮挡住头部或者尾巴的情况，对于遮挡问题同样只对露出的部分进行标注。

此外，YOLOv3 选取的是在 COCO 数据集上使用 K - Means 方法进行聚类的结果，最终选择了 9 种 Anchors。为了更好地拟合本实验的样本数据，使用实验采集的实验鼠样本数据集的标注数据进行聚类分析，同样选择 9 种聚类中心，选用样本边界框与聚类中心边界框之间的交并比（IOU）作为距离指标，即

$$d(\text{box},\ \text{centroid}) = 1 - \text{IOU}(\text{box},\ \text{centroid}) \tag{6-24}$$

K - Means 初始化聚类中心的方法是随机初始化，由于初始化的聚类中心的位置对最后的聚类结果和计算时间都有很大的影响。如果完全随机进行选择，则有可能导致算法收敛速度很慢，因此本章使用 K - Means ++ 算法对初始化聚类中心进行优化。最后，利用实验采集的数据集的标注数据，通过 K - Means ++ 算法进行聚类分析得到的 9 种 Anchors 尺寸（单位为像素）分别为 (44 × 54)、(69 × 94)、(108 × 37)、(110 × 126)、(123 × 263)、(151 × 65)、(181 × 120)、(215 × 182)、(292 × 301)。

（二）模型训练

为了对训练模型的效果进行评估，首先需要将数据集划分为训练集和测试集，本实验按照 9∶1 的比例进行划分，即 6 300 余张图像作为训练集，剩余 700 余张图像作为测试集；然后根据训练集使用上文优化后的 YOLOv3 算法进行网络模型的训练，具体步骤如下：

（1）由于 YOLOv3 使用的标注文件格式与 LabelImg 标注后的 VOC 格式不同，因此需要对标注文件格式进行转换。VOC 格式下标注框的坐标为按照图像真实宽高的像素坐标，而 YOLOv3 格式则为 0 - 1 的相对坐标，因此使用下式进行转换：

$$\begin{cases} \text{yolo\_}x = \dfrac{x_1 + x_2}{2 \cdot W} \\ \text{yolo\_}y = \dfrac{y_1 + y_2}{2 \cdot H} \\ \text{yolo\_}w = \dfrac{x_2 - x_1}{W} \\ \text{yolo\_}h = \dfrac{y_2 - y_1}{H} \end{cases} \tag{6-25}$$

式中，yolo_x 和 yolo_y 为 YOLOv3 格式下标注框中心位置的相对坐标；yolo_w 和 yolo_h 为 YOLOv3 格式下标注框的相对宽度和高度；W 和 H 为原始图像的宽

度和高度；x_1、y_1和x_2、y_2分别为VOC格式下标注框的左上角和右下角坐标。

（2）将所有训练集的图像的文件路径放入到训练列表文件中，程序会根据该文件列表读取训练样本及相应的标注文件。

（3）修改类别文件中的物体类别为rat、head、tail 3类，修改目标类别数目为3。

（4）修改网络结构相关配置。将batch设置为64，subdivisions设置为8，那么每轮同时训练8张图像。初始学习率设置为0.001，每幅4 000代衰减为之前的0.1，一共迭代12 000次，Anchors按照之前得到的结果进行修改。

（5）为了防止训练过程中突然中断导致数据丢失，本实验设置每迭代1 000次对权值文件进行保存，可以作为断点备份继续进行训练。

（6）由于本实验使用的训练集样本量较少，而模型需要的参数数量巨大，直接训练难度较大。因此，采用迁移学习方法，使用在大数据集上经过训练的模型作为初始权重，在此基础上进行训练会得到较快的收敛速度与较好的检测效果。选用在ImageNet上的预训练模型darknet53. conv. 74，调用GPU开始模型的训练。

（7）训练结束后，将训练过程中的损失函数曲线画出，如图6－20所示，可以看出网络模型已经完全收敛。

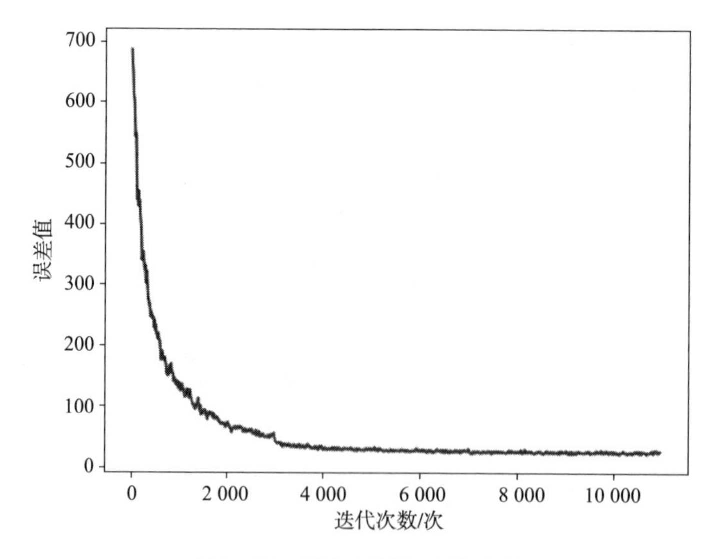

图6－20　训练中的损失函数曲线

三、实验结果与分析

为了评估基于 YOLOv3 的实验鼠目标检测算法性能，本实验划分的测试集对模型性能进行评估与分析，使用到的评估指标有查全率（Recall）、查准率（Precision）和均值平均精确度（mAP）等，计算公式如下：

$$\begin{cases} \text{Precision} = \dfrac{TP}{TP + FP} \\ \text{Recall} = \dfrac{TP}{TP + FN} \\ \text{mAP} = \dfrac{1}{|Q_R|}\sum_{q \in Q_R} AP(q) \end{cases} \tag{6-26}$$

式中，TP 为真正例，表示实际存在目标且被检出来的实例数量；FP 为假正例，表示实际不存在目标但却被检出有目标的实例数；FN 为假负例，表示实际存在目标但却没有检测出来的实例数量；Q_R 为目标检测的类别的总数。

因此，由式（6－26）可以看出，查全率表示图像中被正确检出的目标数占所有目标数的比例，查准率表示被正确检出的目标数占所有识别出的目标数的比例。一般来说，查全率越高，查准率则越低，可以通过查准率－查全率曲线（P－R 曲线）来表示它们之间的关系。然而，不管单独使用这两者中的哪个指标都不能准确衡量模型的性能，故引入平均精确度（AP）的概念，即 P－R 曲线下的面积，而 mAP 表示的是所有类别的平均精度求和除以所有类别的均值。

本实验将测试集输入到训练好的模型中，进行位置回归与类别预测，这里认为模型预测的边界框与标签边界框的 IOU≥0.6 时，检测结果正确，否则检测结果错误，以下实验结果均是在此条件下进行的。首先，利用 mAP 指标评估本实验场景下的 YOLOv3 算法与优化后的算法性能，同时对比两种算法的运行平均帧率，对比结果如表 6－5 所示，可以看出在本实验场景下，优化后算法的 mAP 增加了 4%，说明检测准确度有了一定的提升。检测速度方面，优化后算法的平均帧率为 50.7FPS，与优化前的算法速度相当，表现出很高的实时性。另外，为了选取合适的置信水平阈值进行检测，本实验计算了不同置信水平阈值下的查全率和查准率，计算结果如表 6－6 所示。由表可以看出，随着置信水平阈值的增加，查准率逐渐升高，而查全率逐渐降低，因此需要选择一个均衡点，使得查全率和查准率都具有比较好的表现。本实验选择 0.4 作为模型的置信水平阈值，在此置信水平阈值下，查全率为 93.3%，查准率为 91.7%，表现出很好的检测性能。基于 YOLOv3 的实验鼠检测算法能够在机器鼠与实验鼠的交互场景下准确识别出实验鼠及其头尾的位置，部分目标检测结果如图 6－21 所示。

表 6－5　YOLOv3 算法优化前后性能对比

比较项	优化前	优化后
平均帧率	51.1	50.7
mAP	85.3	89.6

表 6－6　不同置信阈值下的查全率和查准率

置信水平阈值	0	0.2	0.4	0.6	0.8	1
查全率	1	0.981	0.933	0.728	0.381	0
查准率	1	0.612	0.917	0.954	0.975	1

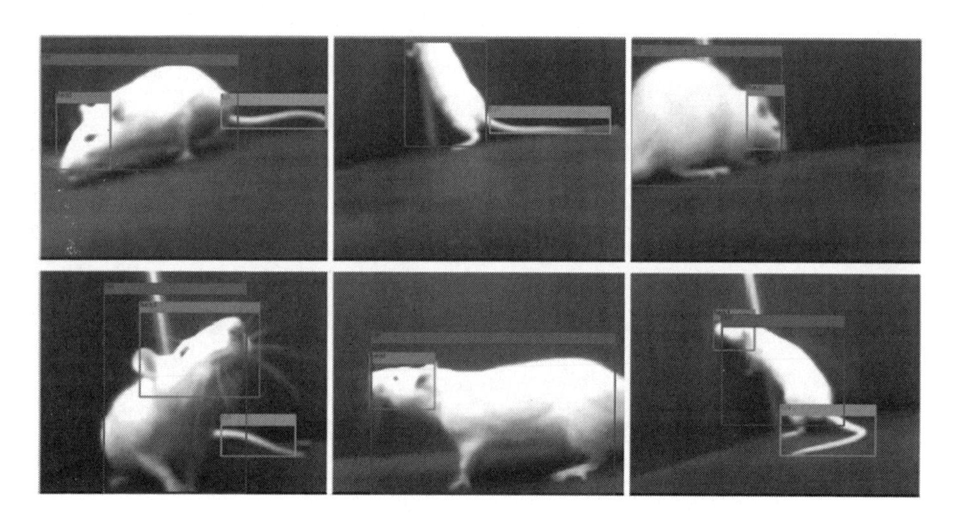

图 6－21　基于单目的目标检测结果（见彩插）

通过上述模型机器鼠可以在与实验鼠交互过程中获得实验鼠及其头尾在双目图像中的位置，进而可以结合第 3 章的双目立体视觉算法计算出相应区域内的视差，从而得到实验鼠及其头尾与机器鼠之间的深度信息。实验截取机器鼠与实验鼠相向运动的 4 s 时间内的双目图像进行深度值计算，由于上述模型的检测类别为 rat、head、tail 3 类，因此实验可以分别计算出这 3 类的深度信息。双目目标检测结果及对应的视差图如图 6－22 所示。其中，图 6－22（a）所示为左相机的目标检测结果，图 6－22（b）所示为右相机的目标检测结果，图 6－22（c）所示为根据左、右相机的目标计算出的视差图。

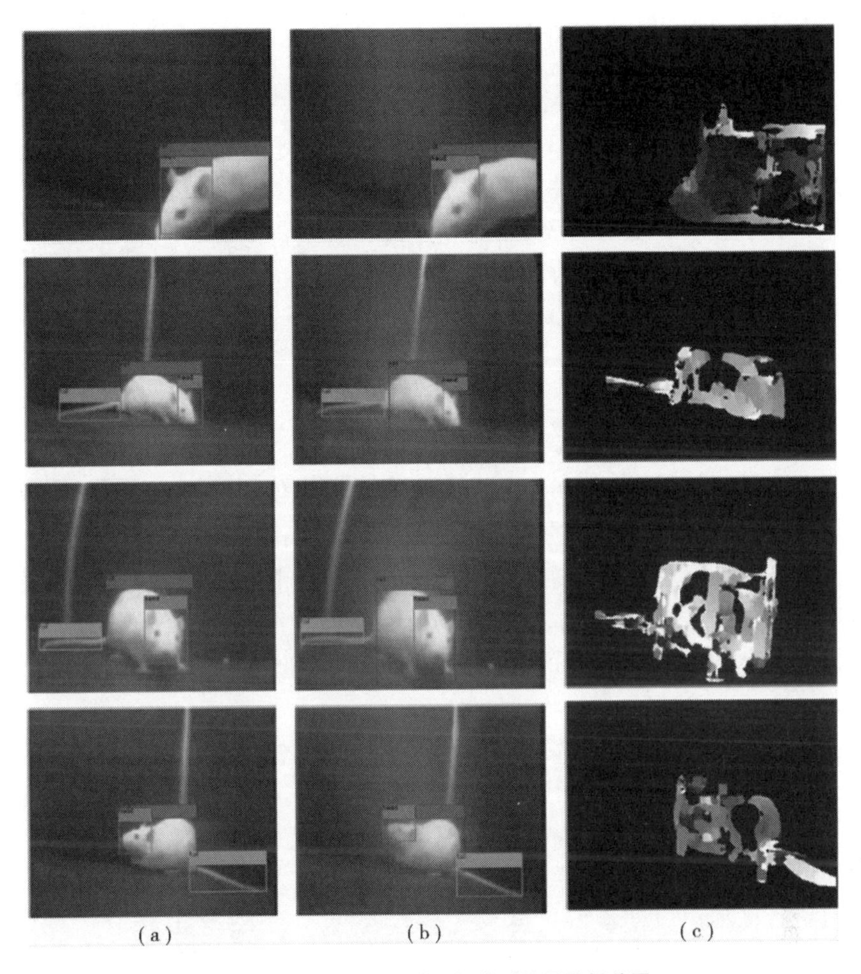

图 6－22　基于双目的目标检测结果及视差图
（a）左目相机画面；（b）右目相机画面；（c）三维重建效果

6.4　面向交互的仿生行为控制

在机器鼠与实验鼠的交互过程中，除了静态的环境外，也存在动态的实验鼠。这些实验鼠的行为具有随机性，不受实验者的控制。机器鼠如何与动态的实验鼠进行定向的交互将是需要解决的一个问题。本节，将利用虚拟阻抗模型解决上述问题。

6.4.1 虚拟阻抗模型介绍

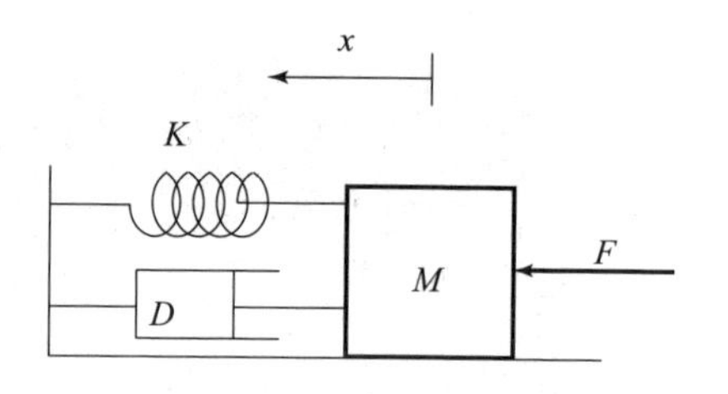

图 6－23 质量－弹簧－阻尼模型

在介绍虚拟阻抗模型（VIM）之前，先简单介绍阻抗模型。图 6－23 所示为一种典型的阻抗模型：质量－弹簧－阻尼模型。在该模型中，质量块 M 通过弹簧 K 和阻尼器 D 与大地连接。当 M 不受外力作用时会平衡在质量块所在的位置，并且 M 只可以在水平方向上移动。当在质量块 M 上施加一个力 F 之后，有

$$F = M\ddot{x} + D\dot{x} + Kx \tag{6-27}$$

式（6－27）为阻抗函数，是阻抗模型的核心。对于式（6－27）可以理解为：当质量块受到力 F 作用时，会导致滑块向左移动，此时质量块、弹簧以及阻尼会各自产生一个相应的反向力，从而阻碍或者抵抗这种运动趋势。这种阻碍或者抵抗会随着位移、速度或加速度的增加而相应地增加，从而减缓或避免滑块与墙面的碰撞。同时，根据控制理论可知，上述系统是一个稳定的二阶系统，滑块会最终稳定在一个新的位置，而稳定的时间由 M、K 和 D 的大小共同决定。

虚拟阻抗模型与阻抗模型具有类似的功能，只不过并不存在真实的弹簧和阻尼，而是通过人为地虚拟出一个可调参数的“弹簧”和“阻尼”，从而使得具有“弹簧”和“阻尼”的效果。在机器人的行为控制中，采用虚拟阻抗模型可以使机器人自主地避免与障碍物的碰撞，或者更快速地接近目标地点。

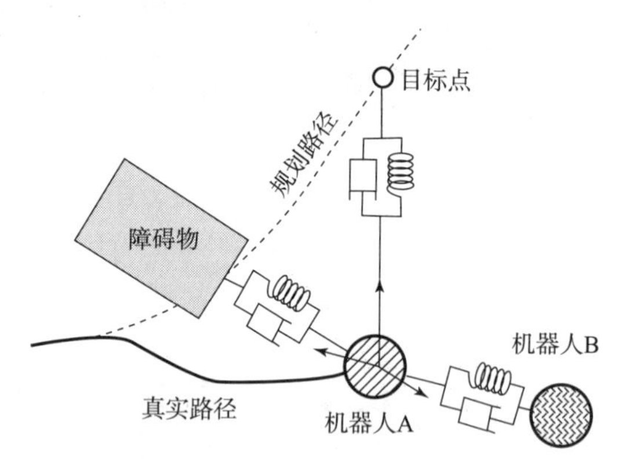

图 6－24 采用虚拟阻抗模型的机器人模型

图 6－24 所示为虚拟阻抗模型在机器人应用方面的示意图[28]：机器人 A 在沿着规划路径行进时，遇到了障碍物以及机器人 B，此时在机器人 A 与障碍物以及机器人 B 之间会产生虚拟阻抗，产生一个“虚力”推开机器人 A。这个“虚力”并不真实存在，而是由机器人 A“想象”出的。同时，为了促使机器人 A 更快地接近目标点，在机器人 A 与目标点之间也会加入另一个虚拟阻抗，“拉动”机器人 A 靠近目标点。同样地，这个“拉力”也不是真实存在的。在上述 3 个虚力的共同作用

下，机器人 A 会偏离规划路径，避开出现在路径上的障碍物，穿过障碍物与机器人 B 之间的空隙，最终到达目标点，避免发生碰撞。

6.4.2　自主交互行为控制

由于机器鼠在偏航方向上具有 3 个自由度，因此该机器鼠可以简化为由四连杆组成的杆组机构（l_0^1：头－颈；l_1^2 和 l_2^3：腰部；l_3^4：臀部）[29]。这里，采用之前介绍的 VIM 的方法生成机器鼠的姿势以及运动轨迹。定义机器鼠连杆 l_i^{i+1} 的转动惯量为 J_i^{i+1}，各关节处设置虚拟阻抗，其中弹簧的劲度系数为 K_i^{i+1}，阻尼系数为 D_i^{i+1}，如图 6－25 所示。因此，机器鼠上的虚力决定了其各个连杆的动作，其中虚力由 3 个部分组成：由目标鼠与机械鼠连杆之间产生的力，机器鼠的连杆模型之间产生的力，以及机器鼠连杆与外部非目标物之间产生的力。为了更好地理解这个模型，举一个简单的例子：机器鼠、旁观鼠与目标鼠之间的交互。在交互过程中，旁观鼠会在机器鼠各个关节处施加一个斥力 F_i^r，而目标鼠则对机器鼠头部只施加一个牵引力 F^a，这些力的大小与机器鼠关节到目标或非目标物之间的距离成正比，即

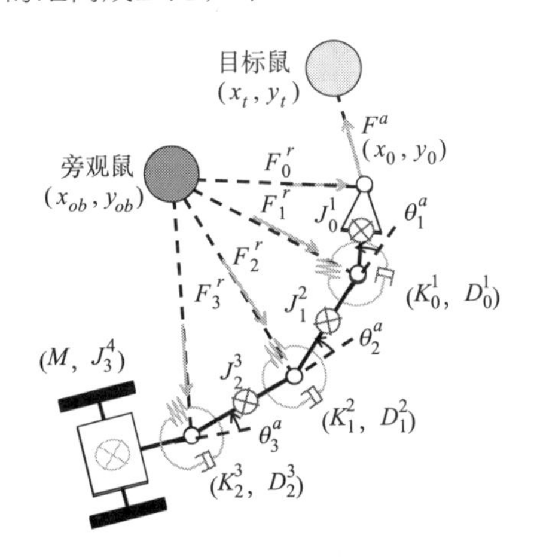

图 6－25　机器鼠简化虚拟阻抗模型

绿球—目标鼠；蓝球—旁观鼠；J_i^{i+1}—连杆 l_i^{i+1} 转动惯量；F_i^r—旁观鼠对机器鼠关节 i 施加的虚拟斥力；F^a—目标鼠对机器鼠的引力；K_i^{i+1} 和 D_i^{i+1}—虚拟弹簧/阻尼系数；M—臀部的有效质量；(x_{ob}, y_{ob})，(x_t, y_t)，(x_i, y_i)—分别为目标鼠、旁观鼠以及机器鼠各关节的坐标（其中 i 为关节编号，$i=0\sim3$）

$$F^a = C^a \cdot \sqrt{(x_t - x_0)^2 + (y_t - y_0)^2} \tag{6-28}$$

$$F_i^r = C^r \cdot \frac{1}{(x_{ob} - x_i)^2 + (y_{ob} - y_i)^2} \tag{6-29}$$

式中，(x_t, y_t)、(x_{ob}, y_{bo})、(x_i, y_i) $(i=0\sim3)$ 分别为目标鼠、旁观鼠的位置坐标以及机器鼠关节的坐标；C^a、C^r 为比例系数。

当以机器鼠的臀部作为参考系时，机器鼠的其他部分相对于其臀部只做旋转运动。在给定虚拟转动惯量 J_i^{i+1}、旋转角 θ_i^a 以及虚拟弹簧/阻尼系数 K_i^{i+1} 和 D_i^{i+1} 的条件下，根据牛顿第二定律，机器鼠每个关节的扭矩 N_i $(i=1\sim3)$ 可由下式计算：

$$\boldsymbol{N}+\boldsymbol{K}\times\boldsymbol{q}+\boldsymbol{D}\times\dot{\boldsymbol{q}}+\boldsymbol{J}\times\ddot{\boldsymbol{q}}=\boldsymbol{0} \tag{6-30}$$

其中

$$\boldsymbol{q}=(\theta_1^a, \theta_2^a, \theta_3^a)^{\mathrm{T}}$$

$$\boldsymbol{N}=(N_1, N_2, N_3)^{\mathrm{T}}$$

$$\boldsymbol{K}=\mathrm{diag}(K_0^1, K_1^2, K_2^3)$$

$$\boldsymbol{D}=\mathrm{diag}(D_0^1, D_1^2, D_2^3)$$

$$\boldsymbol{J}=\mathrm{diag}(J_0^1, J_1^2, J_2^3)$$

下面，就可以分析每个关节的受力情况了，如图 6-26 所示。根据 VIM 模型，机器鼠的第 i 个关节会受到来自旁观鼠的斥力 F_i^r 以及来自相邻关节的力 F_{i-1}^a 和 $-F_{i+1}^a$。此外，在第 i 个关节上会产生扭矩 N_i，并与其他关节的扭矩形成合力矩，各关节受力如图 6-26 所示。特别地，定义第一个关节（头部）为 J_0，其关节上的力 $F_0^a=F^a$，F_0^r 可根据式（6-29）计算，关节的力矩 $N_0=0$。对于其他关节 F_i^a 和 N_i 由下式计算：

$$\begin{bmatrix} F_{i+1}^a \\ N_{i+1} \end{bmatrix}=\begin{bmatrix} 1 & 0 \\ 0 & l_i \end{bmatrix}\begin{bmatrix} \cos\theta_i^a & \cos\theta_i^r \\ \sin\theta_i^a & -\sin\theta_i^r \end{bmatrix}\begin{bmatrix} F_i^a \\ F_i^r \end{bmatrix}+\begin{bmatrix} 0 & 0 \\ K_i^{i+1} & D_i^{i+1} \end{bmatrix}\begin{bmatrix} \theta_{i+1}^a \\ \dot{\theta}_{i+1}^a \end{bmatrix} \tag{6-31}$$

式中，l_i 为连杆 l_i^{i+1} 的长度；θ_i^r 为斥力 F_i^r 与连杆 l_i^{i+1} 之间的夹角。

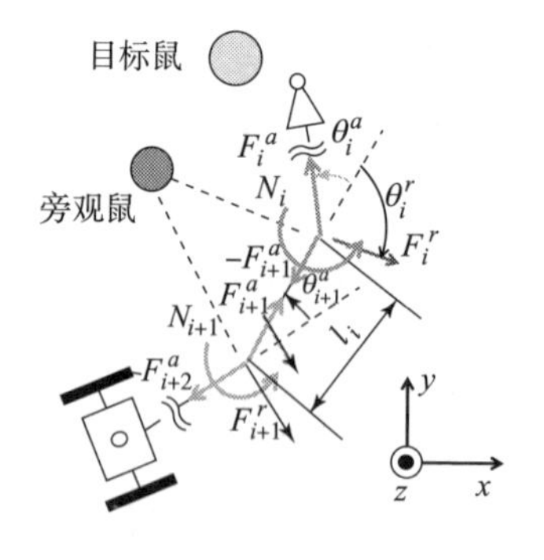

图 6-26　机器鼠腰、颈、头处各关节的受力分析

l_i—连杆的长度；θ_i^r—斥力 F_i^r 与连杆 l_i^{i+1} 之间的夹角

由于机器鼠的臀部采用轮式驱动，因此其受力分析有别于机器鼠的其他连杆。这里，在机器鼠臀部周线与头部和目标连线的交点处添加了一个虚弹簧 - 阻尼（K_w^a，D_w^a）模型，如图 6 - 27 所示。F_4^a 的计算与式（6 - 31）相似，由计算出来的作用于关节 3 的合力（F_3^a 和 F_3^r）共同决定。N_4 由 F_3^a 和 F_3^r 的合力生成的扭矩以及 K_w^a 和 D_w^a 生成的扭矩决定。不过，当机器鼠的头部距离目标很近时，引入另一个虚拟阻尼 D_w^x 用于停止机器鼠的运动，防止其受到冲撞。假设 v_l 为机器鼠臀部左轮的线速度，v_r 为右轮的线速度，则其臀部质心处的速度可以由 $\overline{V}=(v_l+v_r)/2$ 计算得出。此外，设 θ_w^x 表示机器鼠臀部中轴线与 x 轴的夹角，则臀部的受力方程由下式计算：

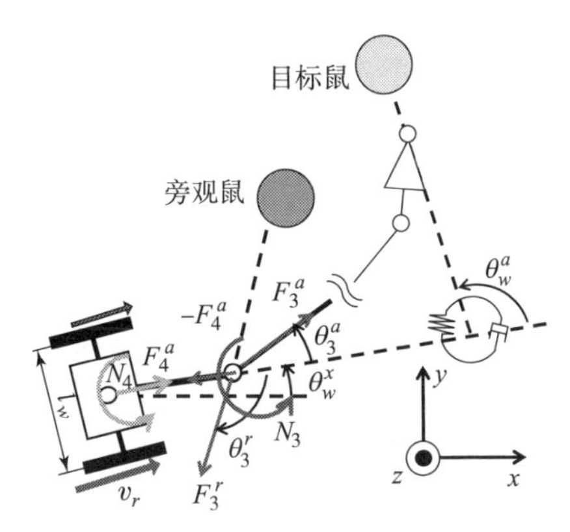

图 6 - 27　机器鼠臀部的受力分析

$$\begin{bmatrix} F_4^a \\ N_4 \end{bmatrix} = \begin{bmatrix} 1 & 0 \\ 0 & l_3 \end{bmatrix} \begin{bmatrix} \cos\theta_3^a & \cos\theta_3^r \\ \sin\theta_3^a & -\sin\theta_3^r \end{bmatrix} \begin{bmatrix} F_3^a \\ F_3^r \end{bmatrix} +$$

$$\begin{bmatrix} 0 & 0 \\ K_w^a & D_w^a \end{bmatrix} \begin{bmatrix} \theta_w^a \\ \dot{\theta}_w^a \end{bmatrix} + \begin{bmatrix} D_w^x & 0 \\ 0 & D_w^x \end{bmatrix} \begin{bmatrix} \overline{V} \\ \dot{\theta}_w^x \end{bmatrix} \tag{6-32}$$

已知质量 M、转动惯量 J_3^4 以及两个轮子之间的宽度 l_w，左右两个轮子的线速度可由下式计算：

$$\begin{bmatrix} \dot{v}_l \\ \dot{v}_r \end{bmatrix} = \begin{bmatrix} 1/M & l_w/(2\cdot J_3^4) \\ 1/M & -l_2/(2\cdot J_3^4) \end{bmatrix} \begin{bmatrix} F_4^a \\ N_4 \end{bmatrix} \tag{6-33}$$

虽然，上述分析是针对仅存在一只旁观鼠的情况，很容易将其扩展到多只旁观鼠的情况。假设旁观鼠的数量为 N_o，每一个旁观鼠 $O_j(j=0\sim n)$ 对连杆的斥力为 $F_i^{r_j}$。已知斥力 $F_i^{r_j}$ 与连杆之间的夹角为 $\theta_i^{r_j}$，则式（6 - 31）可由下式表述：

$$F_{i+1}^a = F_{i+1}^a + \sum_{j=1}^{No-1} F_i^{r_j}\cos\theta_i^{r_j} \tag{6-34}$$

$$N_{i+1} = N_{i+1} - l_i\sum_{j=1}^{No-1} F_i^{r_j}\sin\theta_i^{r_j} \tag{6-35}$$

正如在参考文献［28］提出的，使用试错法确定如下的设计参数：C^a，C^r，J_i^{i+1}，K_i^{i+1}，D_i^{i+1}，M，K_w^a，D_w^a，D_w^x。此外，坐标与角度参数（(x_{ob},y_{ob})，(x_t,y_t)，(x_i,y_i)，θ_w^x，θ_i^r）能够依靠识别系统[30]计算得出。综上所述，联立式（6 - 32）和式（6 - 33），能够求出系统所需的每一个轮子的线速度 v_1、v_2 以及每个关节旋转角（θ_i^a），从而控制机器鼠的行为。

6.4.3 实验与测试

为了验证上述理论，我们首先构造了一个简单的模拟环境用于仿真，该仿真环境包括一个机器鼠模拟器和一个目标鼠模拟器。目标鼠以 0.3 m/s 的速度沿着一个圆形轨迹移动，同时机器鼠模拟器对其进行持续跟踪。机器鼠的姿态和轨迹根据6.4.2 节中介绍的模型进行控制。机器鼠仿真的结果如图 6－28（a）和（b）中的蓝色线所示，结果表明利用 VIM 算法可以使得机器鼠模拟器能够紧紧跟随着目标。进一步地在机器鼠上进行了相同的实验，实验中把机器鼠放置于敞箱中（图2－15），使用计算机通信无线通信去控制机器鼠追踪一个在圆形轨迹上运动的虚拟目标，并记录机器鼠的轨迹以及臂部旋转角 θ_w^x（图6－28（a）和（b）中红色线所示）。结果表明，机器鼠的跟踪轨迹与仿真的轨迹十分相似，从而证明了这种控制方法的有效性。此外，根据图 6－28（c）所示结果，仿真和实验都表明机器鼠都能在较短的时间内（约为 0.7 s）追上目标，从而保证了对目标的实时追踪。

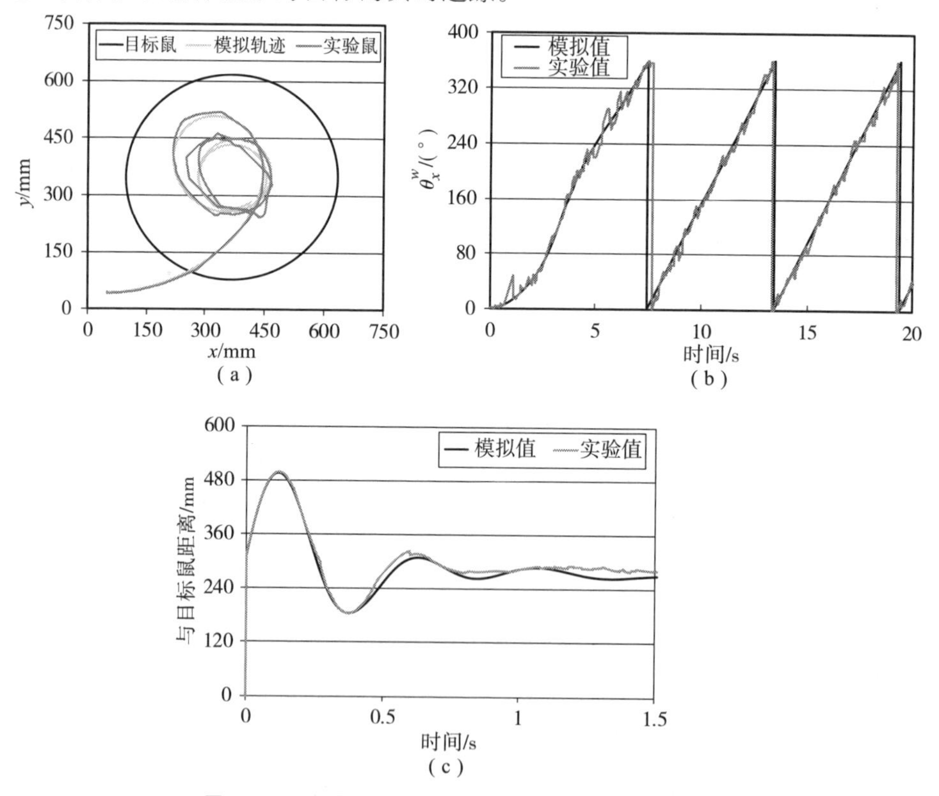

图 6－28 机器鼠行为控制仿真与实验结果（见彩插）

（a）机器鼠质心轨迹；（b）机器鼠臂部夹角 θ_w^x；（c）机器鼠与目标鼠的距离

下面，进行了机器鼠与多只实验鼠的交互实验：机器鼠在敞箱中定向地追踪一只实验鼠，而不与其他实验鼠（作为旁观鼠）进行接触。在实验中，使用了 3 只 9 周龄的 F334/Jcl 雄性实验鼠作为交互对象，为了方便区分，它们分别被涂成红、青、绿 3 种颜色，如图 6－29 所示。当机器鼠收到计算机生成的姿态以及轨迹信息时，它会自动跟踪特定目标（设目标为绿色实验鼠）。在每一次实验中，实验鼠始终在敞箱中跟随绿色实验鼠，同时机器鼠会尽量回避青色与红色实验鼠（共同作为旁观鼠）。跟踪实验结束后，每隔 1 min 计算机器鼠与 3 只实验鼠的平均距离，如图 6－30（a）所示。根据该图，绿色实验鼠与机器鼠距离的平均值是最低的（25.5～40.9 cm），而红色实验鼠以及青色实验鼠与机器鼠的距离分别为 49.1～70.3 cm 以及 55.3～66.9 cm。

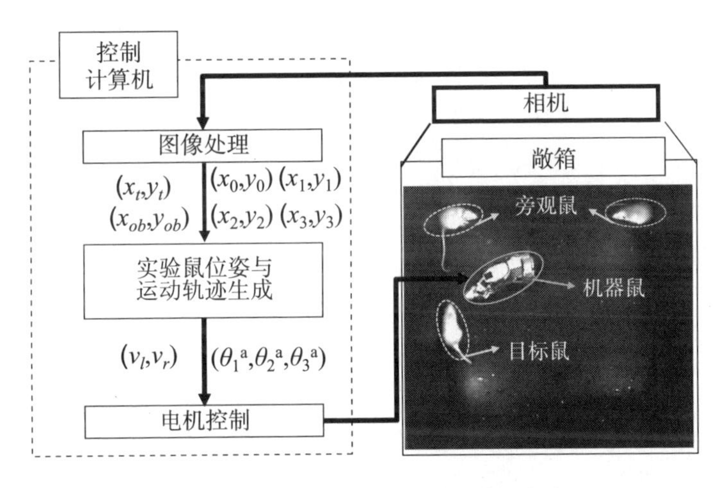

图 6－29　机器鼠与多只实验鼠交互实验

综上所述，无论是仿真抑或实验都表明，基于 VIM 的机器鼠控制能够保证机器鼠实时地持续跟踪特定的目标。特别地，机器鼠的头部会始终朝着目标鼠，这样就极大地提高了机器鼠与实验鼠之间在姿态上的相似度。因此，这也表明我们的方法可用于同时控制机器鼠的姿态和轨迹，从而更好地模仿实验鼠的行为。同时，这种控制方法同样能够让机器鼠实时地回避动态障碍物（移动的观察）。

有趣的是，在多次实验中发现，随着实验次数的增加，旁观鼠从最初对机器鼠表现出畏惧，到发现自己没有被追赶时对机器鼠表现出了兴趣。如图 6－30（b）所示，随着实验次数的增加，旁观鼠（红色与青色的实验鼠）与机器鼠的距离逐渐缩短，表明旁观鼠对机器鼠展现出了兴趣。相较于一只实验鼠与一个机器鼠交互的情况[31]，该实验情况下受到跟踪的实验鼠表现出更多的无助，感到更大的压力。因此，该实验也可以进行对特定的实验鼠进行施压，从而为培养动物疾病模型提供更为有效的方法。

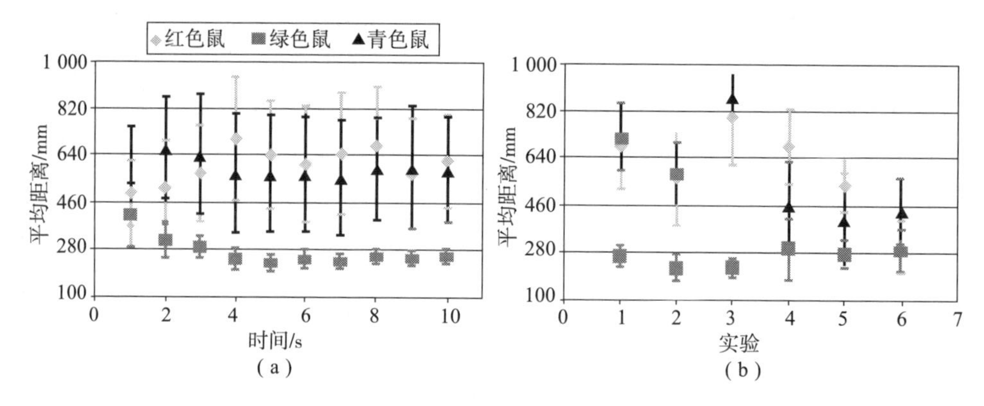

图 6－30　机器鼠与实验鼠平均距离比较

（a）平均距离随时间变化结果；（b）平均距离在多组实验过程中的变化结果

参考文献

[1] Shi Q, Li C, Li K, et al. A modified robotic rat to study rat－like pitch and yaw movements [J]. IEEE/ASME Transactions on Mechatronics, 2018, 2448－2458.

[2] Keogh E J, Pazzani M J. Derivative dynamic time warping [C]//Proceedings of the 2001 SIAM International Conference on Data Mining, 2001.

[3] Li C, Shi Q, Li K, et al. Motion evaluation of a modified multi－link robotic rat [C]//IEEE/RSJ International Conference on Intelligent Robots and Systems (IROS), IEEE, 2017.

[4] Tombari F, Mattoccia S, Stefano L D. Full－search－equivalent pattern matching with incremental dissimilarity approximations [J]. IEEE Transactions on Pattern Analysis and Machine Intelligence, 2009, 31 (1): 129－141.

[5] Hirschmuller H, Scharstein D. Evaluation of cost functions for stereo matching [C]//IEEE Conference on Computer Vision and Pattern Recognition, IEEE, 2007.

[6] Martull S, Peris M, Fukui K. Realistic CG stereo image dataset with ground

truth disparity maps [J] Technical Report of IEICE. PRMU 2012, 111 (430): 117 - 118.

[7] Fischler M A, Bolles R C. Random sample consensus: a paradigm for model fitting with applications to image analysis and automated cartography [J]. Communnications of ACM, 1981, 24 (6): 381 - 395.

[8] Fuentes - Pacheco J, Ruiz - Ascencio J, Rend N - Mancha J M. Visual simultaneous localization and mapping: a survey [J]. Artificial Intelligence Review, 2015, 43 (1): 55 - 81.

[9] 高翔，张涛，等. 视觉 SLAM 十四讲：从理论到实践 [M]. 北京：电子工业出版社，2017.

[10] Taketomi T, Uchiyama H, Ikeda S. Visual SLAM algorithms: a survey from 2010 to 2016 [J]. IPSJ Transactions on Computer Vision and Applications, 2017, 9 (1): 16.

[11] Rublee E, Rabaud V, Konolige K, et al. ORB: An efficient alternative to SIFT or SURF [C]//2011 International Conference on Computer Vision, IEEE, 2011.

[12] Mur - Artal R, Montiel J, Tardos J. Orb - slam: a versatile and accurate monocular SLAM system [J]. IEEE Transactions on Robotics, 2015, 31 (5): 1147 - 1163.

[13] Mur - Artal R, Tard S J D. Orb - SLAM2: An open - source SLAM system for monocular, stereo, and RGB - D cameras [J]. IEEE Transactions on Robotics, 2017, 33 (5): 1255 - 1262.

[14] Galvez - L Pez D, Tardos J D. Bags of binary words for fast place recognition in image sequences [J]. IEEE Transactions on Robotics, 2012, 28 (5): 1188 - 1197.

[15] Lowe D G. Distinctive image features from scale - invariant keypoints [J]. International Journal of Computer Vision, 2004, 60 (2): 91 - 110.

[16] Bay H, Tuytelaars T, Gool L J V. SURF: Speeded up robust features [C]// 9th European Conference on Computer Vision, 2006.

[17] Zou M, Shi Q, Li C, et al. A miniature stereo vision system for a biomimetic robotic rat [C]//IEEE International Conference on Real - time Computing and Robotics, IEEE, 2018.

[18] Girshick R, Donahue J, Darrell T, et al. Rich feature hierarchies for accurate object detection and semantic segmentation [C]//IEEE Conference on Comput-

er Vision and Pattern Recognition, IEEE, 2014.

[19] Girshick R. Fast R – CNN [C]//IEEE International Conference on Computer Vision, IEEE, 2015.

[20] Ren S, He K, Girshick R, et al. Faster R – CNN: towards real – time object detection with region proposal networks [J]. IEEE Transactions on Pattern Analysis and Machine Intelligence, 2017, 39 (6): 1137 – 1149.

[21] He K, Gkioxari G, Doll R P, et al. Mask R – CNN [C]//IEEE International Conference on Computer Vision, IEEE, 2017.

[22] Redmon J, Divvala S, Girshick R, et al. You only look once: unified, real – time object detection [C]//IEEE Conference on Computer Vision and Pattern Recognition, IEEE, 2016.

[23] Redmon J, Farhadi A. YOLO9000: Better, faster, stronger [C]. IEEE Conference on Computer Vision and Pattern Recognition, IEEE, 2016.

[24] Redmon J, Farhadi A. YOLOv3: an incremental improvement [J]. ArX7V, 2018, abs/180402767.

[25] 邹明杰. 仿生机器鼠视觉感知研究 [D]. 北京: 北京理工大学, 2019.

[26] He K, Zhang X, Ren S, et al. Deep residual learning for image recognition [C]//IEEE Conference on Computer Vision & Pattern Recognition. IEEE, 2016.

[27] He K, Zhang X, Ren S, et al. Identity mappings in deep residual networks [C]//European Conference on Computer Vision, 2016.

[28] Ota J, Arai T. Transfer control of a large object by a group of mobile robots [J]. Robotics and Autonomous Systems, 1999, 28 (4): 271 – 280.

[29] Shi Q, Ishii H, Sugahara Y, et al. Design and control of a biomimetic robotic rat for interaction with laboratory rats [J]. IEEE/ASME Transactions on Mechatronics, 2015, 20 (4): 1832 – 1842.

[30] Shi Q, Ishii H, Konno S, et al. Image processing and behavior planning for robot – rat interaction [C]//4th IEEE RAS & EMBS International Conference on Biomedical Robotics and Biomechatronics, IEEE, 2012.

[31] Ishii H, Shi Q, Fumino S, et al. A novel method to develop an animal model of depression using a small mobile robot [J]. Advanced Robotics, 2013, 27 (1): 61 – 69.

第7章

机器鼠与实验鼠行为交互

仿生机器人技术的出现，为研究生物个体和集群行为学及疾病动物模型评估等提供了有效的工具。前面第6章验证了机器鼠具备良好的动物行为相似性，因此，我们将研制的仿生机器鼠与实验鼠一同放置到动物实验环境中，开展机器鼠和动物之间的行为交互实验。本章将重点介绍机器鼠与单个实验鼠及多个实验鼠的行为交互。

7.1 机器人－动物行为交互简介

7.1.1 概述

近年来，机器人学在动物行为学、动物心理学和行为生物学中的动物行为研究中做出了重要贡献[1]。其中，动物行为学中的一类研究问题是研究某种动物针对来自同一物种以及其他物种的个体施加的刺激，会产生何种反应，而仿生机器人的应用对这类问题的研究起到了很好的推动作用。仿生机器人的出现使得许多研究人员对机器人与其环境之间的交互以及机器人之间交互的科学问题非常感兴趣[2]。机器人作为物理实体，其本身具有与真实环境中的动物交互的能力。与仿真模型相比，这种能力使得机器人能够和真实环境中的动物进行交互[3]。近来机器人技术的发展，使得机器人拥有通过不断学习、适应环境，并与环境交互的能力[4-6]。这为仿生机器人在实验生物学中的应用提供了许多机会。尽管许多机器人已被开发用于生物研究[7-10]，但是动物－机器人交互实验的关注较少，交互组件是一项最新的技术发展，并已成为动物行为研究的重要组成部分[11,12]。

与此同时，生物学的发展为工程应用提供了大量的研究依据和崭新的见解[13-18]。在从许多动物身上得到启发之后，已经有大量的仿生机器人被研制出来[19-21]。在数千年生存竞争中，进化的动物身上的特征为设计仿生机器人提供了最佳的设计灵感[13-16]。同时，它们也在提高这些机器人的动作行为表现上起到了重要作用。特别重要的是，研究人员在可以依托新技术的同时，提出新的研究方法以此来研究动物应对来自同种生物或者其他种类的生物的刺激所做出的反应。一些仿生机器人被设计用来和人类进行交互，最近的一个例子就是 pediAnklebot[22]，该机器人可以和患有小儿脑瘫的儿童交互。

机器人-动物行为交互的研究在医学领域也颇有意义。在神经医学研究中，新研制的药物必须在精神疾病动物模型（AMMD）进行测试，通过实验筛选出来，才能用于临床实践[23]。AMMD 模型的药物测试结果可作为模拟人类神经疾病的药物反应的依据。实验鼠因其与人类在药物反应上的遗传一致性和相似性，通常用于构建 AMMD。实验鼠的个体性和群体社会性可以通过行为实验，如社会性的交互实验进行评估，这也是检验人类精神障碍症状的主要指标之一[24]。在过去的研究过程中，大量关于社会交互的实验已经确定了其他实验鼠对同类行为的影响[25-27]。但是，如何量化实验鼠交互的效果和水平仍然是一个艰难的任务，这是因为实验鼠的行为极易受到同类的影响。

7.1.2　国内外的研究现状

随着科技的进步，仿生机器人技术的发展为研究动物行为的生物学家提供了工具，并为研究和评估潜在工程应用的生物算法提供了实验平台[28]。为了充分利用仿生机器人的优势，近来出现了许多相关研究。例如，仿蟑螂机器人[5]成功地模拟了蟑螂的集体决策过程，并提供了一种机器人集群全局思考的模式。Landgraf 等人[29]提出了一种能够在其环境中重现非常逼真的舞蹈和反应动作的仿蜜蜂机器人。无独有偶，一个称为 Poulbot 的仿鸡机器人[30]能够自动记录实验的视频和音频数据、检测雏鸡和机器人之间的距离情况、检测雏鸡的打鸣活动等。Polverino 等人[31]和 Kopman 等人[32]研究了斑马鱼对机器鱼的反应，实验结果证明，斑马鱼对机器鱼执行打尾动作表现出较高的偏好程度。还有一款仿生机器鼠可以模拟实验鼠的行为甚至同时完成多种行为动作[33]。

在此背景下，以实验鼠作为研究对象，将机器鼠与实验鼠进行交互，可以更好地了解动物行为，并且可以在心理学和药理学领域中找到治疗精神障碍和筛选精神药物的潜在应用。近年来，用来筛选精神药物并阐明精神障碍机理的精神障碍动物模型已被开发出来[34,35]。已有实验证明，在社交过程中将实验鼠暴露于敌对性同伴中可以有效地建立精神疾病实验鼠模型（RMMDs）[36]，这类实验被称为心理学中的压力暴露培训（SET）[37]。另外，通过行为测试，如社交行为实验，可以评估实验鼠模型的社会性程度（如对同伴的偏好/回避程度）[38,39]。因此，首先关注两个主体之间，如机器鼠和实验鼠之间的社交行为。为了了解同种个体如何影响实验鼠的行为，科学家进行了几项与社交行为相关的实验[25-27]。然而，由于实验鼠个体存在差异，所以不同的同伴可能导致实验鼠的评分有所不同，这使得实验鼠之间的社交行为难以控制和评估。由于仿生机器鼠在测试不同模型时具有可编程性和可重构性，因此在解决这一问题时会有所帮助。

由于机器鼠与实验鼠之间的直接交互存在较多未知因素，所以首先研究机器鼠与单实验鼠的交互实验，分析单实验鼠的行为特征；然后再从机器鼠与单实验鼠交互延伸至与多实验鼠的交互。因此，7.2 节将着重研究机器鼠和单实验鼠交互行为，分析机器鼠对实验鼠行为的调节作用；7.3 节将让机器鼠和多实验鼠进行交互，分析实验鼠之间的社会性行为。

7.2 机器鼠-单实验鼠行为交互

本节主要介绍实验鼠对能够产生不同类型行为（敌对的、友好的、中立的）的机器鼠的行为和动作反应，内容主要来自作者前期做的研究[33]。

前面的研究已经证实，机器鼠能够很自然地与实验鼠交互，并在一定程度上影响实验鼠的行为[36,40-42]。在实验中，旨在根据实验鼠行为的反馈进一步阐明实验鼠对机器鼠的反应。因此，进行机器鼠-单实验鼠交互实验将研究实验鼠对机器鼠做出的不同行为会采取何种反应。图 7-1 为我们提出的基于机器鼠和实验鼠行为分析系统。为了简化系统，机器鼠当作是一种独特的刺激，其作用涉及与实验鼠交互并调节它们的行为。如果严格控制机器鼠的行为，就可以预测和控制实验鼠的行为。在实验中，通过一个自动视频处理和行为识别系统让机器鼠对实验鼠的典型行为进行分类[41]。基于识别系统，机器鼠能够

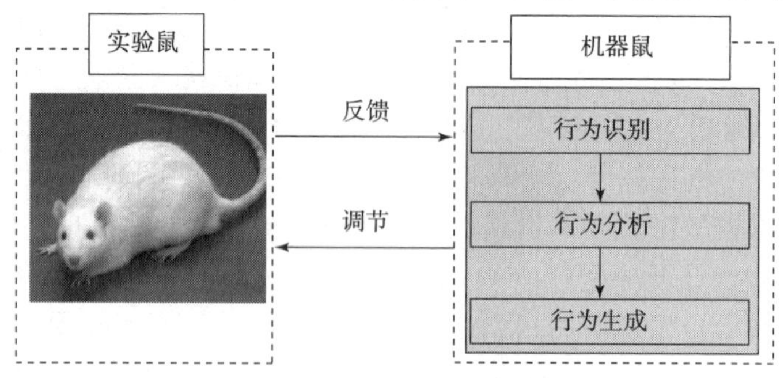

图 7-1 机器鼠和实验鼠行为分析系统

相应地产生敌对的、友好的、中立的行为，与实验鼠进行交互，机器鼠感知和运动规划的详细信息见参考文献［41］。

在实验中，每只实验鼠的活动水平是通过评估其活动量和动作频率来评估的（如直立、理毛及转身动作等）。实验鼠对机器鼠的偏好程度由机器鼠 - 实验鼠的距离和实验鼠接触机器鼠的频率来表示。研究结果表明，实验鼠在与输出敌对行为的机器鼠交互时活动量和偏好程度降低，与友好行为下的机器鼠交互时活动量和偏好程度增加，这说明机器鼠能够以可控的、可预测的方式调节实验鼠行为。

7.2.1　实验方法

一、动物和饲养环境

参与本研究的实验鼠为来自同一窝七周龄的实验鼠，体长为（320 ± 5）mm。每只雄性实验鼠的体重为（202.5 ± 3.4）g。它们被随机分为 3 组，每组 6 只实验鼠。这 3 组命名为敌对组（Sf）、中立组（Nt）和友好组（Fd），分别用于与机器鼠进行敌对/中立/友好性交互。在本实验中，实验鼠放置在一个 12 h/12 h 光照周期的饲养环境中，保证实验鼠在白天和实验期间都有一定的活动。环境室温保维持在（20 ± 1）℃，相对湿度保维持在 50% ~60% 。

二、实验系统

用于实验的系统同图 2 - 15 所示。实验场地为一敞箱[43]，四周悬挂遮光帘防止环境光对交互过程的影响。距离箱底 2m 位置固定了一台相机，用来提供实验场地鸟瞰图。同时，敞箱顶部还固定了四盏荧光灯用来模拟光照环境。由于机器鼠可以直接从控制计算机接收指令，自动生成与实验鼠行为和实验目标相对应的行为。因此，实验可以在密闭室和操作室中自主进行，而无须人工干预。

实时的视觉数据是由相机（分辨率：640（H）× 20（W）像素）的视觉系统采集的。利用 Opencv2.0 开发的跟踪程序可以自动标记实验鼠和机器鼠在敞箱的位置。特别是，通过在机器鼠背部上放置一块涂有一半蓝色和一半黄色的塑料板来跟踪其方向和位置。本研究所用的实验鼠均为白色，因此基于颜色提取，可明显区分实验鼠和机器鼠。

此外，为了自动识别和分析实验鼠的行为，机器鼠提供了一个基于直接图像处理和分类技术的识别系统[44]。为了分析实验鼠的社交和焦虑状况，我们着重研究分析一些常见动作，如运动、直立、理毛、转身等[45]。在运动方面，可以根据质心的运动速度来简单地识别，因此这里不作详细讨论。对于其他动作的识别，采用标记和轮廓搜索等基本图像处理算法提取与实验鼠行为相关的静态参数（体长 l、体面积 S、体半径 R、圆度 E、旋转角 θ 和椭圆度 ρ）。根据质心、尾点、鼻尖的瞬时位置，分别计算其运动速度和旋转角速度，并将其作为动力学参数。这些特征参数作为支持向量机分类的输入向量。性能评估测试表明，使用该识别系统，虽然直立和转身动作的分类混乱程度有些高，但对直立、理毛和转身动作能达到90%以上的精准分类。因此，基于支持向量机的识别系统以高精度代替传统的人工标注实现了对实验鼠行为分析的目的，同时它也满足了交互活动实验中评价社交所涉及指标（运动参数）的测量要求。

在实验中，可以通过视频信息来反映机器鼠与其所处环境之间的动态交互[46]，进而根据视觉识别系统的信息生成机器鼠的行为（图 7-2）。在机器鼠-实验鼠的交互中，机器鼠的主要任务是做出相应的行为与实验鼠进行交互，识别系统可以感知实验鼠的行为和位置，以及机器鼠的速度和位置。根据系统识别的信息，机器鼠能够自适应地输出相应行为与实验鼠交互。具体来说，运动参数 m_r（如体长、转动角度和运动速度）可以由视频序列中对实验鼠行为的图像处理获取。同理，还有机器鼠和实验鼠运动参数组成的运动参数 m 及其运动关系（如机器鼠和实验鼠之间的距离）。之后，利用基于支持向量

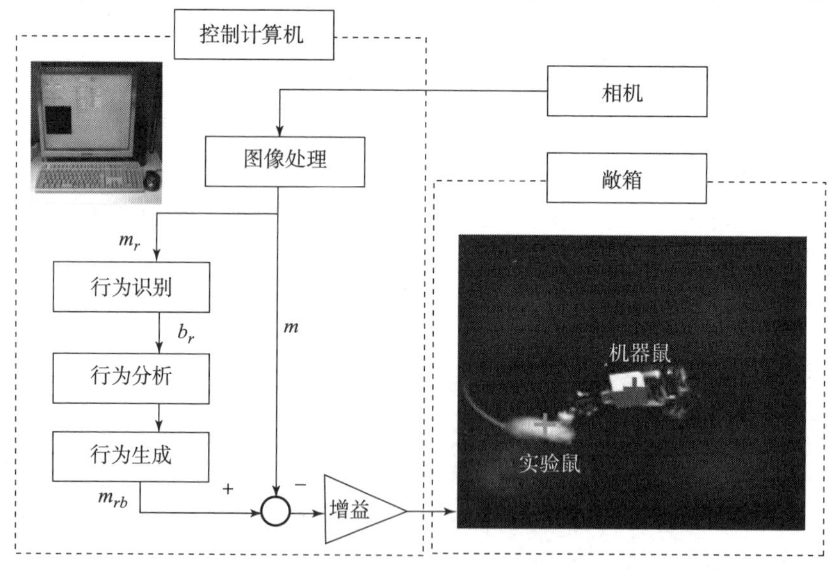

图 7-2　机器鼠与实验鼠进行敞箱实验

m—机器鼠和实验鼠的运动参数；m_r—实验鼠的运动参数；

m_{rb}—机器鼠的运动参数；b_r—实验鼠的行为

机的方法，可以根据提取的参数对实验鼠的行为进行分类，而机器鼠的运动参数 m_{rb} 取决于已经识别的实验鼠行为 b_r 和控制目标，如图 7－2 所示。基于这些参数，机器鼠拥有了对环境以及实验鼠个体差异的适应能力。根据实验需要，机器鼠可以输出适应实验鼠行为的行为。

三、实验设置

下面，研究产生机器鼠不同行为模式的 3 种实验情况。在每种实验情况下，机器鼠分别做出 3 种行为中的 1 种：敌对行为、友好行为和中立行为。在每种情况中，首先应该控制机器鼠在实验鼠附近移动。设（$x(t)$，$y(t)$）为 t 时刻机器鼠在平面上的位置、速度为 v_{rb}、头部相对于 x 轴方向为 $\theta(t)$ 以及 $\omega(t)=\mathrm{d}\theta(t)/\mathrm{d}t$ 为角速度。参考机器鱼的反馈控制[47]，规定转向控制为

$$\omega(t)=-k\sin\left[\frac{1}{2}(\theta(t)-\psi(t))\right] \tag{7-1}$$

式中，$k>0$ 为一个定常系数；$\psi(t)=\arctan^{-1}[(y(t)-y')/(x(t)-x')]$为目标的方位。

在不同实验情况下，分别计算了机器鼠的运动速度 $v_{rb}(t)$。

在敌对条件下，机器鼠不断追赶实验鼠，并在接近时攻击它。具体地说，当机器鼠－实验鼠的距离 d 在一个范围（$d\leqslant0.1$ m）内时，机器鼠将在 1 s 内反复撞击实验鼠的身体。当 $d>0.1$ m 时，机器鼠将以更高的速度追赶实验鼠。机器鼠的速度用下式计算：

$$v_{rb}(t)=\begin{cases} v_r(t)+k_1(d-0.2) & d>0.2\ \mathrm{m} \\ v_r(t)+0.2 & 0.2\ \mathrm{m}\geqslant d>0.1\ \mathrm{m} \\ v_r(t)\pm0.1 & d\leqslant0.1\ \mathrm{m} \end{cases} \tag{7-2}$$

式中，$v_r(t)$ 为实验鼠的速度；$k_1=0.8$。

通过测量实验鼠的速度，可以计算出目标机器鼠的速度（图 7－3（a））。

在中立条件下，当 $d>0.3$ m 时，机器鼠将跟随实验鼠。当 $0.3\ \mathrm{m}\geqslant d\geqslant0.2$ m 时，机器鼠在实验鼠周围缓缓移动。在后一种情况下（$0.3\ \mathrm{m}\geqslant d\geqslant0.2$ m），机器鼠的速度控制是完全开环的，机器鼠的速度用下式计算：

$$v_{rb}(t)=\begin{cases} v_r(t)+k_2(d-0.3) & d>0.3\ \mathrm{m} \\ k_3v_r(t) & 0.3\ \mathrm{m}\geqslant d\geqslant0.2\ \mathrm{m} \\ 0 & d<0.2\ \mathrm{m} \end{cases} \tag{7-3}$$

式中，$k_2=0.5$；$k_3=0.7$。

通过测量实验鼠的速度，可以计算出目标机器鼠的速度（图 7－3（b））。

在友好条件下，机器鼠同步模仿实验鼠所做的动作。具体地说，如果机器

鼠－实验鼠距离 d 满足条件 $d \leqslant 0.3$ m，当实验鼠做出直立/理毛/转动动作时，机器鼠将相应地进行做出直立/理毛/转动动作。在其他情况下，机器鼠只能被控制来跟随实验鼠。机器鼠的移动速度可用下式计算：

$$v_{rb}(t)=\begin{cases} v_r(t)+k_4(d-0.3) & d>0.3\ \text{m} \\ k_5 v_r(t) & 0.3\ \text{m} \geqslant d \geqslant 0.2\ \text{m} \\ 0 & d<0.2\ \text{m} \end{cases} \tag{7-4}$$

式中，$k_4=0.5$；$k_5=1$。

通过测量实验鼠的速度，可计算出目标机器鼠的速度（图 7－3（c））。

总之，在所有条件下，如果实验鼠离得越远，机器鼠移动得越快；如果实验鼠离得越近，机器鼠移动得越慢。在敌对性交互中，机器鼠快速追赶实验鼠并反复攻击它。在友好性交互中，机器鼠缓缓地跟随实验鼠，同时模仿它的行为。

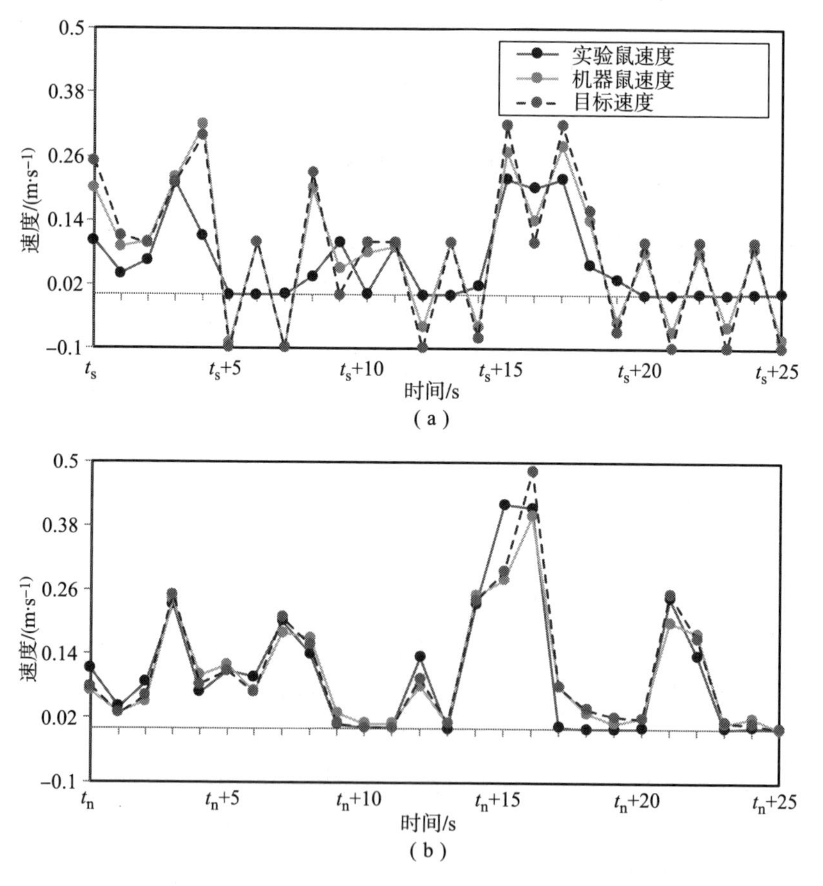

图 7－3 机器鼠和实验鼠在交互过程中的速度控制（见彩插）

（a）敌对性交互；（b）中立性交互

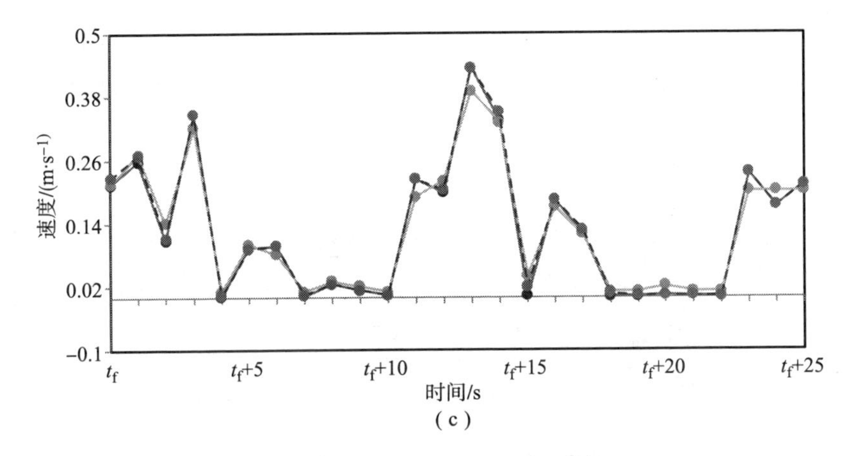

图 7-3　机器鼠和实验鼠在交互过程中的速度控制（续）（见彩插）

（c）友好性交互

注：对于每次交互，选择一个其中实验鼠特别活跃的 25 s 片段。

$t_s/t_n/t_f$ 是指敌对性/中立性/友好性交互中的瞬时时刻。

四、实验步骤

在每次实验前，首先将机器鼠放在实验场地的中心。之后，从饲养笼里挑选出一只实验鼠，放在敞箱中。每次实验结束后，将清洗交互区，防止不同实验鼠的气味产生干扰。

如下所述，将所有 18 只实验鼠平均分为 3 组（Sf、Fd、Nt）。在敌对、中立和友好的实验条件下，分别选择 Sf、Nt 和 Fd 组的实验鼠与机器鼠交互。实验的总时长为 6 天，每天分别对 3 组实验鼠进行实验。为了降低由于实验鼠在不同时间的自发运动不同而导致的数据偏差，实验顺序设置如下：Sf→Nt→Fd，Sf→Fd→Nt，Nt→Sf→Fd，Nt→Fd→Sf，Fd→Nt→Sf，Fd→Sf→Nt。

在一次独立的实验中包括 10 min 的交互和 5 min 的评估。如图 7-4 所示，在最初的 10 min，机器鼠对 Sf、Nt 和 Fd 组的实验鼠分别表现出敌对、中立和友好的行为。在交互阶段，对每一只实验鼠的位置和运动参数 m_r 进行跟踪，并对这些数据进行筛选和计算，以分析它们的行为来评估活跃水平。在剩下的 5 min，机器鼠在敞箱的中心保持静止。在这个阶段，只跟踪实验鼠的位置，而且这些数据用于分析实验鼠的偏好。

五、数据采集和统计分析

根据每只实验鼠的跟踪位置，计算了其活动量 l_a^r。同时，将实验鼠的运动参数 m_r 整合到支持向量机方法中，用于对直立和理毛的动作进行分类，详细

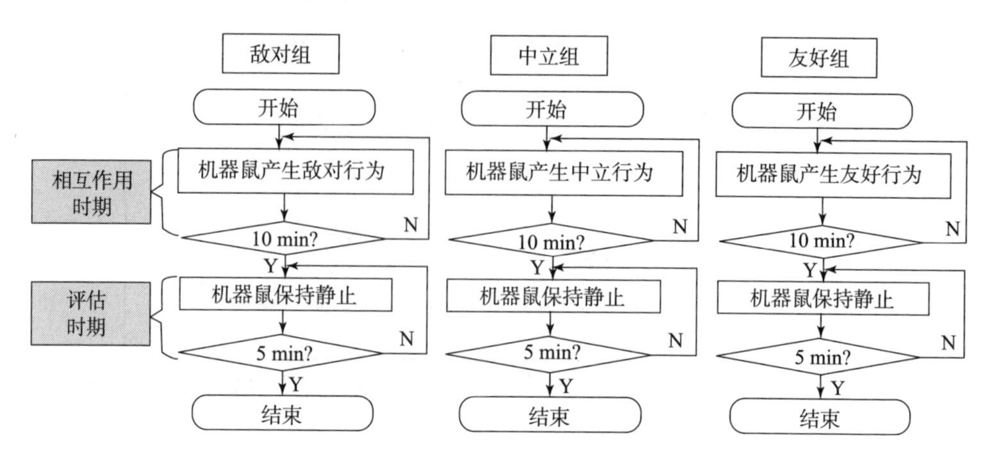

图 7－4　机器鼠在 3 种控制条件下与实验鼠进行交互的实验程序

信息见参考文献［44］。根据交互阶段的行为分类，从而对实验鼠的直立频率 f_r^r和理毛频率 f_g^r进行评分。l_a^r、f_r^r和 f_g^r值作为实验鼠行为活动的指标。在评估阶段，将接触机器鼠的频率 f_c 和机器鼠－实验鼠距离 d 作为机器鼠对实验鼠的吸引力的评价。由于在交互阶段，接触频率和机器鼠－实验鼠距离很容易随机器鼠的运动而变化，因此只能在评估阶段对这两个参数进行评分。总之，对于每次实验，将 l_a^r、f_r^r、f_g^r、f_c 和 d 的值存储并取平均值，以便进一步分析实验鼠的行为。

对于机器鼠，我们计算每次实验中的活动量 l_a^{rb} 并取平均值。但是，只在 Fd 组实验中，机器鼠模仿实验鼠一起做出直立和理毛的动作。因此，只计算友好条件下机器鼠的两个运动参数：直立的频率 f_r^{rb}和理毛的频率 f_g^{rb}。

如前所述，对每种实验条件进行 36 次实验，并分析以计算实验鼠的 l_a^r、f_r^r、f_g^r、f_c 和 d 的值以及机器鼠的 l_a^{rb} 值，即每 15 min 的实验可分为 10 min 表示为 l_a^r、f_r^r、f_g^r、l_a^{rb} 的交互阶段和 5 min 表示为 f_c、d 的评估阶段。每只实验鼠的活动水平与 l_a^r、f_r^r和 f_g^r值有关，而在给定条件下，实验鼠对机器鼠的偏好程度与 f_c 和 d 的值成正比。

利用统计分析软件（SPSS Statistics 21，IBM）对 l_a^r、f_r^r、f_g^r、f_c、d、l_a^{rb}、f_r^{rb}和 f_g^{rb}的值进行了数据分析，并通过 Shapiro－Wilk 检验的方法来检验结果的分布规律。在确定了结果服从正态分布之后，采用单因素方差分析法（ANOVA）来评估因变量 l_a^r、f_r^r、f_g^r、f_c、d 和 l_a^{rb} 平均值的变化，其中实验条件是自变量。同时，重复采用方差分析法（3 个时间点：第 1 天、第 3 天和第 6 天）来了解各组的 l_a^r、f_r^r、f_g^r、f_c、d 和 l_a^{rb} 以及 Fd 组的 f_r^{rb}和 f_g^{rb}是否存在差异。在这种情况下，每组 3 个时间点的 l_a^r、f_r^r、f_g^r、f_c、d 和 l_a^{rb} 值，以及 Fd 组的 f_r^{rb}和 f_g^{rb}值是因

变量，而时间是自变量。对于上述两种统计方法的输出，将显著性水平设置为$p \leqslant 0.05$。在观察到条件变量显著的主要影响情况下，采用 Fisher 最小显著性差异事后检验法。然而，对于时间变量，使用了具有 Bonferroni 校正的事后检验法，这可以抵消多重比较产生的问题。

7.2.2 实验结果

在计算参数的测量结果后，获得了实验鼠的 l_a^r、f_r^r、f_g^r、f_c 和 d 的平均值，以及机器鼠的 l_a^{rb} 相对于实验组的平均值（实验条件）。经 Shapiro－Wilk 检验确认后，l_a^r、f_r^r、f_g^r、f_c、d 和 l_a^{rb} 的平均值均呈正态分布，而且通过方差分析法发现，实验组间的结果存在着显著的差异。此外，检验到关于时间各组的 l_a^r、f_r^r、f_g^r、f_c、d、l_a^{rb} 以及 Fd 组的f_r^{rb}和f_g^{rb}值也呈正态分布。采用 Greenhouse－Geisser 校正的重复测量的方差分析法来检验第 1 天、第 3 天和第 6 天测量结果之间是否存在差异。

一、交互期间实验鼠的行为活动

如图 7－5（a）所示，在交互阶段，对于评分参数 l_a^r，我们发现实验组之间存在显著差异（$F_{2,15}=6.27$、$p \leqslant 0.05$）。具体来说，Fd 组实验鼠的平均活动量高于 Nt 组和 Sf 组。事后比较发现，Sf 组与 Nt、Fd 组存在显著差异，比较发现平均活动量分别降低了 0.99 m/min 和 1.22 m/min。此外，计算了关于时间的每组实验鼠的平均活动量 l_a^r，如图 7－5（b）所示。我们发现在 Sf（$F_{1.19,5.93}=29.43$、$p \leqslant 0.01$）、Nt（$F_{1.38,6.9}=82.83$、$p \leqslant 0.0005$）和 Fd（$F_{1.16,5.65}=70.7$、$p \leqslant 0.0005$）组的时间点间有显著差异。事后检验发现，Nt 和 Fd 组的平均活动量从第 1 天到第 6 天显著增加（Nt：1.3 m/min 到 2.27 m/min、Fd：1.6 m/min 到 2.82 m/min），而 Sf 组的平均活动量从第 1 天到第 6 天显著降低（1.45 m/min 到 0.32 m/min）。

关于图 7－5（c）中所示的评分参数 f_r^r，还观察到条件的影响（$F_{2,15}=8.12$、$p \leqslant 0.01$）。与自主活动量情况类似，Fd 组有最高的平均直立频率（0.63 次/min）。通过事后比较发现，这与 Nt 组（0.36 次/min）和 Sf 组（0.19 次/min）有统计学差异。经过对比还发现，St 组的平均直立频率明显低于 Nt 组和 Fd 组。根据图 7－5（d）所示的f_r^r值，在 Sf（$F_{1.08,5.38}=50.81$、$p \leqslant 0.005$）、Nt（$F_{1.02,5.08}=23.51$、$p \leqslant 0.005$）和 Fd（$F_{1.02,5.09}=27.08$、$p \leqslant 0.005$）组中分别观察到时间的影响。事后比较显示，Sf、Nt 和 Fd 组的第 1 天、第 3 天和第 6 天有显著差异。具体来说，Sf 组在第 1 天表现出最高的f_r^r值

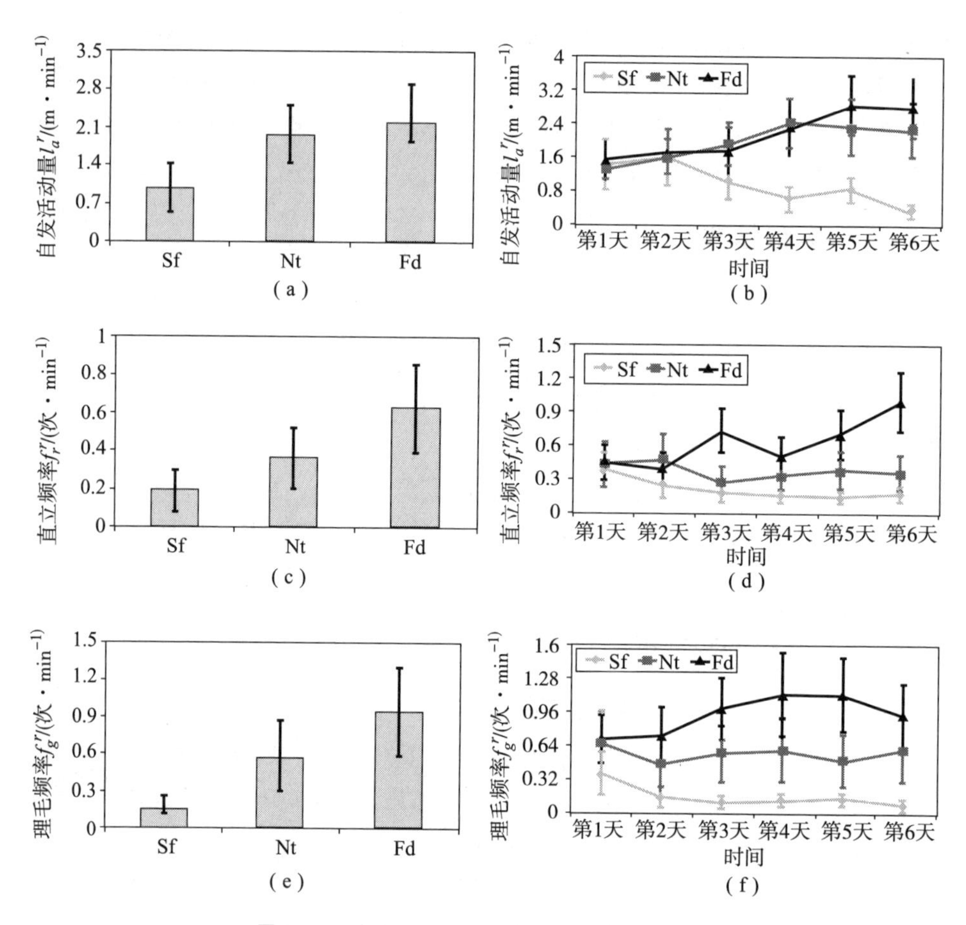

图 7-5　在交互阶段测量到的实验鼠运动参数

(a) 不同实验组的平均自主活动量 l_a^r；(b) 不同时间的平均自主活动量 l_a^r；(c) 不同实验组的平均直立动作频率 f_r^r；(d) 不同时间的平均直立频率 f_r^r；(e) 不同实验组的平均理毛频率 f_g^r；(f) 不同时间的平均理毛频率 f_g^r

注：Sf/Nt/Fd 代表面对敌对的/中立的/友好的机器鼠的 6 只实验鼠。

图中误差线指数据的标准误（下同）。

(0.367 次/min)，并且在第 6 天显著减少至 0.17 次/min；对于 Nt 组的实验鼠，f_r^r的平均值从第 1 天至第 3 天出现显著减少（0.42 次/min 到 0.27 次/min)，然后在第 6 天又出现显著增加（到 0.35 次/min)；Fd 组表现出两个显著的增加：从第 1 天的 0.44 次/min 增长至第 3 天 0.73 次/min 的，以及从第 3 天增长至第 6 天的 1.01 次/min。

对于图 7-5（e）所示的评分参数 f_g^r，观察到显著的条件依赖效应 ($F_{1.08,5.38}=50.81$、$p\leqslant 0.005$)。具体来说，通过事后比较，Sf 组实验鼠的 f_g^r与

Nt 组和 Fd 组实验鼠的 f_g^r 存在显著差异，这表明进行理毛的平均频率降低了 0.41 次/min 和 0.78 次/min。此外，如图 7－5（f）所示，在 Sf（$F_{1,5.01}=11.32$、$p\leqslant 0.05$）、Nt（$F_{1.44,7.18}=21.56$、$p\leqslant 0.005$）和 Fd（$F_{1.01,5.03}=31.49$、$p\leqslant 0.005$）组中，观察到 f_g^r 值分别存在显著的时间依赖性效应。基于事后比较，Sf 组的 f_g^r 值从第 3 天至第 6 天出现显著减少（0.1 次/min 到 0.067 次/min）；Nt 组从第 1 天至第 6 天出现减小（0.67 次/min 到 0.6 次/min）；Fd 组从第 1 天至第 3 天出现显著增加（0.7 次/min 到 1 次/min），而从第 3 天减少至第 6 天的 0.93 次/min。

二、机器鼠在交互过程中做出的行为

测量的机器鼠运动参数如图 7－6 所示。对于 l_a^{rb}，我们发现实验组之间存在显著差异（$F_{2,15}=12.34$、$p\leqslant 0.05$）（图 7－6（a））。具体来说，处于 Nt 组的机器鼠平均活动量低于 Sf 组和 Fd 组。事后比较发现，Nt 组和 Sf、Fd 组有显著差异，比较发现活动量分别降低 1.03 m/min 和 0.49 m/min。l_a^{rb} 关于时间的值如图 7－6（b）所示。在 Sf（$F_{1.76,8.8}=53.84$、$p\leqslant 0.0005$）、Nt（$F_{1.02,5.11}=$

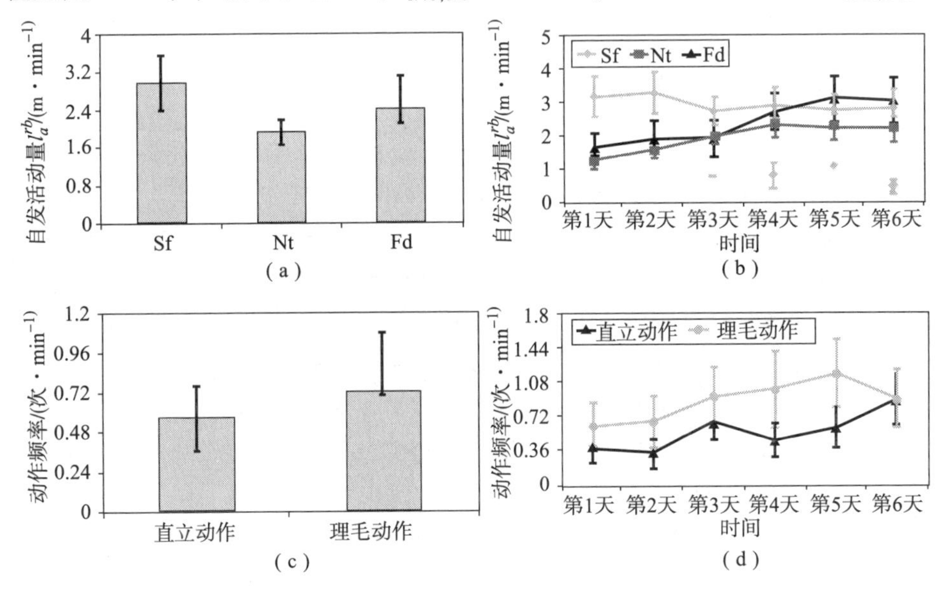

图 7－6　在交互阶段测量到的机器鼠运动参数

（a）机器鼠对于不同实验组的平均自发活动量 l_a^{rb}；（b）机器鼠的平均自发活动量 l_a^{rb} 随时间变化情况；（c）机器鼠的平均直立频率 f_r^{rb} 和理毛频率 f_g^{rb}；（d）机器鼠的平均直立频率 f_r^{rb} 和理毛频率 f_g^{rb} 随时间变化情况

注意：Sf/Nt/Fd 代表机器鼠输出敌对性/中立性/友好性行为。

362. 94、$p \leqslant 0.0005$）和 Fd（$F_{1.08,5.39} = 68.51$、$p \leqslant 0.0005$）组中发现了 LRB 关于时间点的显著差异。通过事后检验，Sf 组从第 1 天到第 3 天，以及从第 1 天到第 6 天分别出现显著减少（3. 33 m/min 到 2. 77 m/min，3. 33 m/min 到 2. 86 m/min）；Nt 组从第 1 天到第 3 天，以及从第 3 天到第 6 天分别出现显著增加（1. 31 m/min 到 1. 99 m/min，1. 99 m/min 到2. 21 m/min）；与 Nt 组相似，Fd 组从第 1 天到第 3 天，以及从第 3 天到第 6 天分别出现显著增加（1. 69 m/min 到 2. 75 m/min，2. 75 m/min 到 3. 09 m/min）。

图 7 – 6（c）表明了在与 Fd 组实验鼠交互时，机器鼠执行直立 f_r^{rb} 和理毛 f_g^{rb} 动作的频率。f_r^{rb}(0. 56 次/min）和 f_g^{rb}(0. 88 次/min）的平均值接近于机器鼠的 f_r^r(0. 62 次/min）和实验鼠的 f_g^r(0. 94 次/min）。根据图 7 – 6（d）所示的随时间变化的结果，f_r^{rb}($F_{1,5.02} = 38.3$、$p \leqslant 0.005$）和 f_g^{rb}($F_{1.01,5.04} = 36.81$、$p \leqslant 0.005$）的平均值分别关于时间点存在显著差异。事后比较发现，f_r^{rb} 从第 1 天到第 3 天，以及从第 3 天到第 6 天分别出现了显著增加（0. 4 次/min 到 0. 67 次/min，0. 67 次/min 到 0. 9 次/min）；对于 f_g^{rb}，通过事后比较发现从第 1 天到第 3 天出现了显著增加（0. 63 次/min 到 0. 93 次/min），从第 3 天到第 6 天出现了显著减少（0. 93 次/min 到 0. 89 次/min）。

三、实验鼠对机器鼠的偏好

在如图 7 – 7（a）所示的评估阶段，发现评分参数 d 是条件相关的（$F_{2,15} = 10.11$、$p \leqslant 0.01$）。事后比较显示，Fd 组与 Sf 组、Nt 组有显著差异，其中 Fd 组距离最近（0. 26 m），与 SF 组和 NT 组相比，该距离分别拉近了 0. 07 m 和 0. 04 m。对于如图 7 – 7（b）所示的关于时间的结果，分别观察到在 Sf（$F_{1.35,6.75} = 280.44$、$p \leqslant 0.0005$）和 Fd（$F_{1.45,7.25} = 122.17$、$p \leqslant 0.0005$）组中时间的影响。然而，Nt 组无显著性差异（$F_{2,10} = 5.66$、$p = 0.06$）。基于事后比较，分别从第 1 天的 0. 25 m 显著增加到第 3 天的 0. 34 m，从第 3 天增加到第 6 天的 0. 36 m；在 Fd 组中，从第 1 天的 0. 26 m 增加到第 3 天 0. 29 m，而从第 3 天到第 6 天出现了显著减少（0. 29 m 到 0. 20 m）。

对于图 7 – 7（c）所示的评分参数 f_c，在 3 个组中也发现了显著的条件依赖效应（$F_{2,15} = 11.36$、$p \leqslant 0.01$）。相反，Fd 组表明了机器鼠与实验鼠的最高平均接触频率为 0. 89 次/min，事后比较发现，Nt 组和 Sf 组接触的最高平均频率与 Fd 组的差距分别为 0. 33 次/min 和 0. 72 次/min，存在显著差异。关于时间的变化如图 7 – 7（d）所示，在 Sf（$F_{1,5.02} = 15.4$、$p \leqslant 0.05$）、Nt（$F_{1.02,5.1} = 10.23$、$p \leqslant 0.05$）和 Fd（$F_{1.09,5.45} = 167.2$、$p \leqslant 0.0005$）组中发现了显著的时间依赖效应。通过事后检验，Sf 组分别从第 1 天到第 3 天和从第 1 天到第 6

天出现显著减少（0.33 次/min 到 0.13 次/min，0.33 次/min 到 0.13 次/min）。在 Nt 组中，从第 1 天到第 3 天出现显著增加（0.53 次/min 到0.63 次/min），而从第 3 天到第 6 天出现显著减少（0.63 次/min 到 0.5 次/min）；在 Fd 组中，从第 1 天到第 3 天和从第 3 天到第 6 天分别出现显著增加（0.73 次/min 到 0.8 次/min，0.8 次/min 到 1.13 次/min）。

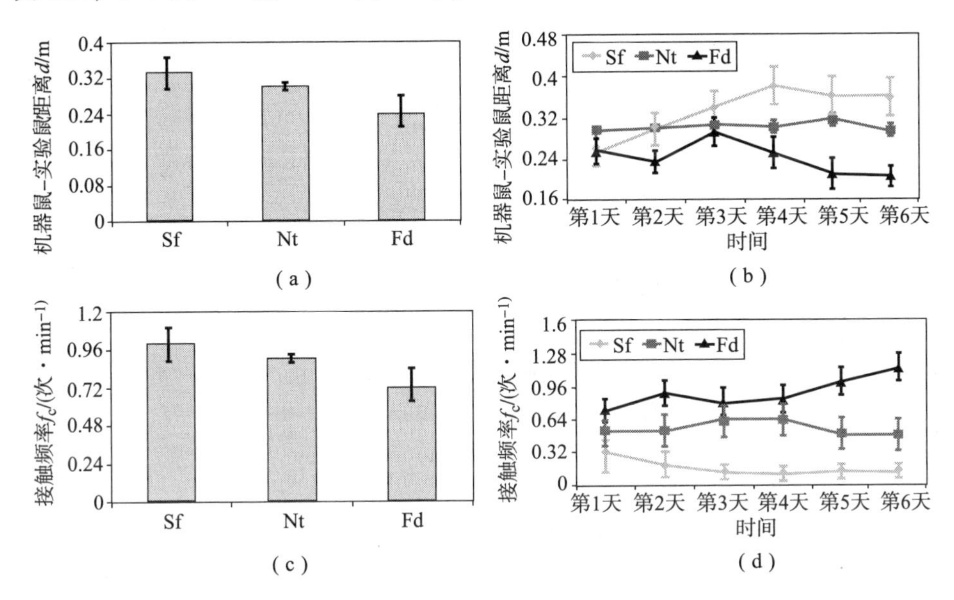

图 7－7　在评估阶段测量到的实验鼠运动参数

（a）针对不同实验组的机器鼠－实验鼠平均距离 d；（b）不同时间的机器鼠－实验鼠平均距离 d；（c）不同实验组下的实验鼠与机器鼠平均接触频率 f_c；（d）不同时间的实验鼠与机器鼠平均接触频率 f_c

注意：Sf/Nt/Fd 代表面对敌对的/中立的/友好的机器鼠的 6 只实验鼠。

四、总结

3 组实验鼠分别与敌对的（Sf 组）或中立的（Nt 组）或友好的（Fd 组）机器鼠进行交互后，之后的行为有所不同。结果表明，机器鼠能够根据其行为模式不同程度地影响实验鼠的活动并吸引它们。具体来说，机器鼠对实验鼠的吸引程度取决于其移动速度以及与实验鼠行为对应的输出行为。此外，机器鼠行为的影响在重复后得到加强，导致对不同群体的影响差异增大。

与 Nt 组相比，行为活动（l'_a、f'_r和f'_g）值越高，说明 Fd 组的多数实验鼠面对更活跃的机器鼠时，其活跃性越强。如早期研究所示，实验鼠周围环境中存在更活跃的同伴时，发现实验鼠的活动水平也更高[25,26]。换句话说，同伴表现出的活动水平可被视为决定实验鼠社会行为的一个更加重要的环境因素[26]。因此，可以利用同伴的社会活动水平（轻度的社会活动或高度的社会活动）来反映社会环境因素在改变幼龄鼠社会活动的有关信息。此外，在实验鼠之间进行的实验确定了外在的影响，如伙伴在实验鼠打闹中的活跃程度[25]。结果表明，一个高度活跃的动物刺激它的同伴也去更频繁地打闹。在本研究中，机器鼠扮演着同伴的角色，这使它可以通过交互行为诱使实验鼠兴奋地打闹，从而提高它们的活动水平。

同样地，较低的行为活动值（l_a^r、f_r^r和f_g^r）表明，Sf组的实验鼠比其他两组的实验鼠活跃度更低。在这一组中，机器鼠虽然表现得非常活跃，但却猛烈地追逐和攻击实验鼠。在交互过程中，实验鼠可能会感到恐惧和痛苦，并且妨碍了其兴奋的打闹，因此导致极低的活动水平。具体来说，被机器鼠追逐会引起实验鼠的恐惧，而被机器鼠攻击则会引起实验鼠的恐惧和痛苦。此外，较高的d值和较低的f_c值表明实验鼠在敌对的交互后试图移动来避开机器鼠。因此，面对敌对同伴的实验鼠具有较高的焦虑水平，并且可以用于RMMDs来支持相关的研究结果[36]。相反，机器鼠以友好的方式与实验鼠交互，则实验鼠表现出更高的活动水平和对机器鼠更高的偏好程度。通过总结敌对和友好性交互，机器鼠因此被认为能够以有效的方式调节实验鼠的行为。然而，实验鼠在和中立组的同伴交互展现出了中等的活动水平以及对同伴的中等兴趣水平，因此，在开环控制下，实验鼠受到的直接影响较小。

我们观察到时间对各组实验鼠行为活动（l_a^r、f_r^r和f_g^r）的影响。Sf组中的影响从第1天到第6天显著下降。在重复过程中有一些例外，如实验鼠第2天l_a^r的平均值高于第1天的平均值。然而，一般来说，实验鼠的行为活动逐日下降。因此，我们可以得出这样的结论：与一个机器鼠进行持续敌对性交互会导致实验鼠行为活动在统计学上的显著降低。相反，从第1天到第6天，Fd组实验鼠的行为活动显著增加。同样地，从结果中可以得出以下结论：与一个机器鼠进行持续友好的互动会导致实验鼠行为活动在统计学上的显著增加。在Nt组，从第1天到第6天，实验鼠的l_a^r平均值显著增加，而从第1天到第6天，实验鼠的f_g^r平均值显著减少。更有趣的是：从第1天到第3天，f_r^r的平均值显著增加；之后，从第3天到第6天，f_r^r的平均值显著减少。因此，持续中立性交互对实验鼠行为活动的影响可能相对较小。此外，显著减少的d和增加的f_c表明，在接受持续友好性交互后，实验鼠对机器鼠的偏好程度显著增加。相反，显著增加的d和减少的f_c表明，实验鼠在持续地交互后，逐渐增加了远离敌对的机器鼠的倾向。然而，在Nt组中没有发现上升或下降趋势，这进一步支持了中立性交互对实验鼠行为几乎没有影响的论点。

放入Nt组的机器鼠的平均活动量 l_a^{rb} 明显更低表明，机器鼠在输出中立的行为时缓缓地跟着实验鼠。结果可以用机器鼠的速度控制来解释，如图7-3所示。当与Nt组实验鼠交互时，机器鼠一般在实验鼠周围缓缓移动，只有当机器鼠-实验鼠的距离 $d>0.3$ m时才会高速移动，然而Sf组的机器鼠需要高速追赶并且反复攻击实验鼠。因此，机器鼠在输出敌对的行为时表现最为活跃。对于Fd组，机器鼠具有与实验鼠几乎相同的活动量，证实了机器鼠速度控制的有效性。此外，在Nt和Fd组中，绘制的机器鼠 l_a^{rb} 随时间变化的曲线与实验鼠的相似，这进一步证明了这种有效性。与实验鼠相比，机器鼠每天以几乎相同的频率做出直立或理毛动作。这种相似性表明，机器鼠能够模仿这两种实验鼠的行为。此外，它还证明了参考文献［44］所述先前开发的行为识别系统具有较高的分类精度。

7.2.3　讨论与展望

在实际应用方面，在本研究中提出的机器鼠-实验鼠交互可以取代传统的社会交互来评估RMMDs模型的社交性和焦虑性。例如，作为评分的运动参数（l_a^r、f_r^r、f_g^r、f_c 和 d）可作为表示实验鼠社会性和焦虑性的指标[39]。此外，与敌对性交互相比，友好性交互可以在一定程度上降低实验鼠的焦虑水平。因此，机器鼠与实验鼠之间友好性交互表现出减轻或治疗精神疾病的希望。与正常实验鼠相比，精神疾病的实验鼠模型有更高的焦虑程度，表现出更低的活动量。因此，可以根据以下思路设计评估实验：将几个基于敌对交互研制的RMMDs模型的实验鼠展现给一个友好的机器鼠。作为比较，同样数量的正常实验鼠将面对一个中立的机器鼠。因此，如果这些RMMDs实验鼠与正常实验鼠表现出相似的活性，则说明它们之前已经诱发了精神疾病，这也验证了精神疾病的实验鼠模型研制方法的有效性。

综上所述，研究表明实时视觉反馈使机器鼠能够吸引实验鼠并影响它们的行为。面对不同类型机器鼠行为，实验鼠表现的行为不同，表明机器鼠能够以可控和可预测的方式影响实验鼠的行为。该系统在精神障碍研究中具有潜在的应用价值，如利用敌对性交互产生精神疾病的实验鼠模型，利用友好性交互则可以降低实验鼠的焦虑程度。

7.3　机器鼠-多实验鼠行为交互

实验鼠作为群居动物，其在独处和群居时的表现存在差异性。因此，实验鼠在多鼠相互作用中对机器鼠的行为反应也是本章的研究内容之一，本节主要来自作者前期所发表的研究论文[48]。

前期的一些相关研究已经可以表明机器鼠与实验鼠进行交互，可以调节实验鼠的行为[33,42,49]。然而，实验鼠是群居性动物并且在野外生活在一起[50-54]，需要从个体之间的合作中得到可被理解的刺激。实际上，在没有理解它们的社会行为时不能区分群体生物的行为特点，因为社会进程的影响在它们身上作用很大[55]。因此，如果实验鼠周围有更多的同伴，实验鼠也许会和机器鼠有更为自然的交互方式。这就变得有意义去测试机器鼠和多鼠的交互进程。

在实验中引入了充当“观察者”角色的实验鼠，进而研究机器鼠与实验鼠的交互行为，之后由旁观鼠与参与交互实验鼠的行为变化来分析机器鼠在多实验鼠交互中的影响作用。

7.3.1 实验方法

一、动物和饲养环境

本研究所用实验鼠为 18 只雄性 Long - Evans 鼠（LE，8 周龄，（210 ± 5.3）g）和 18 只雄性 F - 344/JCL 鼠（FJ，8 周龄，（190 ± 5.3）g）。我们把所有的实验鼠分为两组，分别为 FJ 和 LE。同时，将每组分为 6 个子组，各由 3 只实验鼠组成。对于每个小组，1 只实验鼠作为目标鼠，而另外 2 只实验鼠作为旁观鼠。其中，将目标鼠染上绿色，用紫红色的实验鼠和紫青色的实验鼠作为旁观鼠。在本实验中，实验鼠被放置在 12 h 明亮/12 h 黑暗的照明周期内，保证白天活动。因此在实验期间，要保证相同的照明周期在试验室使用。环境室温保持在（20 ± 1）℃，并且相对湿度为50% ~60% 。

二、实验的开展与实施

实验装置如图 7 - 8（a）所示，实验场地是敞箱[56]，四周悬挂遮光帘。顶部固定一台相机，实现了对整个实验场的观察，4 盏 50 W 荧光灯用于敞箱的照明。与图 2 - 15 不同的是，该实验装置针对了多只实验鼠交互进行改进，相机通过算法可以识别不同的实验对象。

实验在打开照明的敞箱（图 7 - 8（b））下进行，实验时间为实验鼠活动周期中的黑暗阶段（晚上 9 点至白天 9 点）。每组 12 只实验鼠（一半为红色以及一半为青色）作为旁观鼠，而其他 6 只实验鼠标记为绿色，作为目标鼠。每个目标鼠接受了 7 次 10 min 的实验（时间间隔 1 天）。实验内容如下：①一次“交互前”实验，实验中每个目标鼠分别与两只旁观鼠待在一起；②五次“交互”实验，其中每个目标鼠与机器鼠和两只旁观鼠一起被放置到敞箱；③一

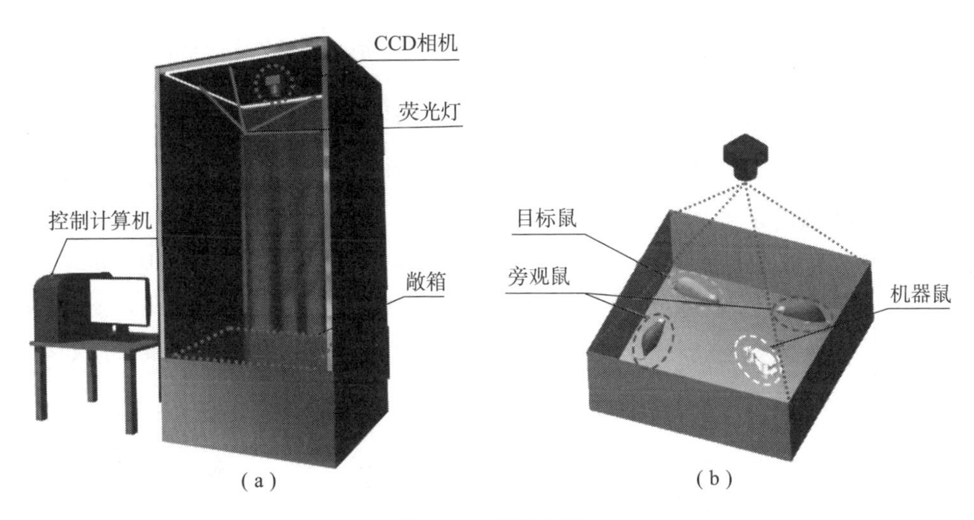

图7-8 实验装置

(a) 围栏和操作室的前视图，包括一个用于实验的敞箱；(b) 敞箱中放置了机器鼠与三只实验鼠

次“交互后”实验，在实验中每个目标鼠与两只旁观鼠待在一起进行再一次实验。

在交互过程中，控制机器鼠持续地跟踪目标鼠。考虑到目标鼠产生的吸引力 F_a 和旁观鼠产生的排斥力 F_r，通过以下平衡方程可以得出机器鼠的牵引力：

$$F_t = ma = F_a - F_r - F_f \tag{7-5}$$

式中，m 为机器鼠的质量；a 为其加速度；F_f 为机器鼠与地面之间的摩擦力。

F_a 值由机器鼠和目标鼠之间的距离 d_t 决定，即

$$F_a = k_a \cdot e_{AR} \cdot (d_t - d_{\min}) \tag{7-6}$$

式中，e_{AR}为指向机器鼠到目标鼠单位方向向量；k_a 为一个正定常系数；$d_{\min}$为避免机器鼠头部和目标鼠头部直接物理碰撞的最小距离，在本研究中将其设置为 10 cm。

排斥力的计算公式为

$$F_r = F_r^r + F_r^c = [k_r^r \quad k_r^c] \cdot \begin{bmatrix} e_{RR}^r / d_o^r \\ e_{RR}^c / d_o^c \end{bmatrix} \tag{7-7}$$

式中，e_{RR}^r为机器鼠的头到旁观鼠的向量距离；$k_r^r = k_r^c$ 为正定常系数；d_o 为机器鼠和旁观鼠之间的距离；F_r 为通过结合两只旁观鼠产生的两个排斥力（F_r^r 和 F_r^c）得到的；上标 r 表示红色的实验鼠；上标 c 表示青色的实验鼠。

考虑敞箱与机器鼠车轮之间摩擦力的系数 k_f，可以计算出机器鼠的加速度 a。因此，在敞箱内，可以输出所需要的运动速度 $v_t = v_o + a \cdot t$ 来控制机器鼠

跟随目标鼠，避开其他旁观鼠。在毫米级的尺度下，通过使用一个试误法确定了参数的值 $k_a = 0.1$，$k_r^r = k_r^c = 1$。

基于式（7－5）~式（7－7），控制机器鼠去跟踪一个目标鼠，同时避免和两只旁观鼠接触。通过图像处理的方式测量它们的 x 和 y 的坐标值，记录机器鼠和目标鼠的运动轨迹。图7－9所示为一个关于机器鼠和目标鼠的轨迹的样例。为了更加清晰地表示出机器鼠和目标鼠的运动情况，这些10 min的轨迹线被分成3个部分，分别为0~200 s、200~400 s和400~600 s，如图7－9（c）所示。这些图例说明了机器鼠在多鼠交互中实现了好的跟踪轨迹效果。

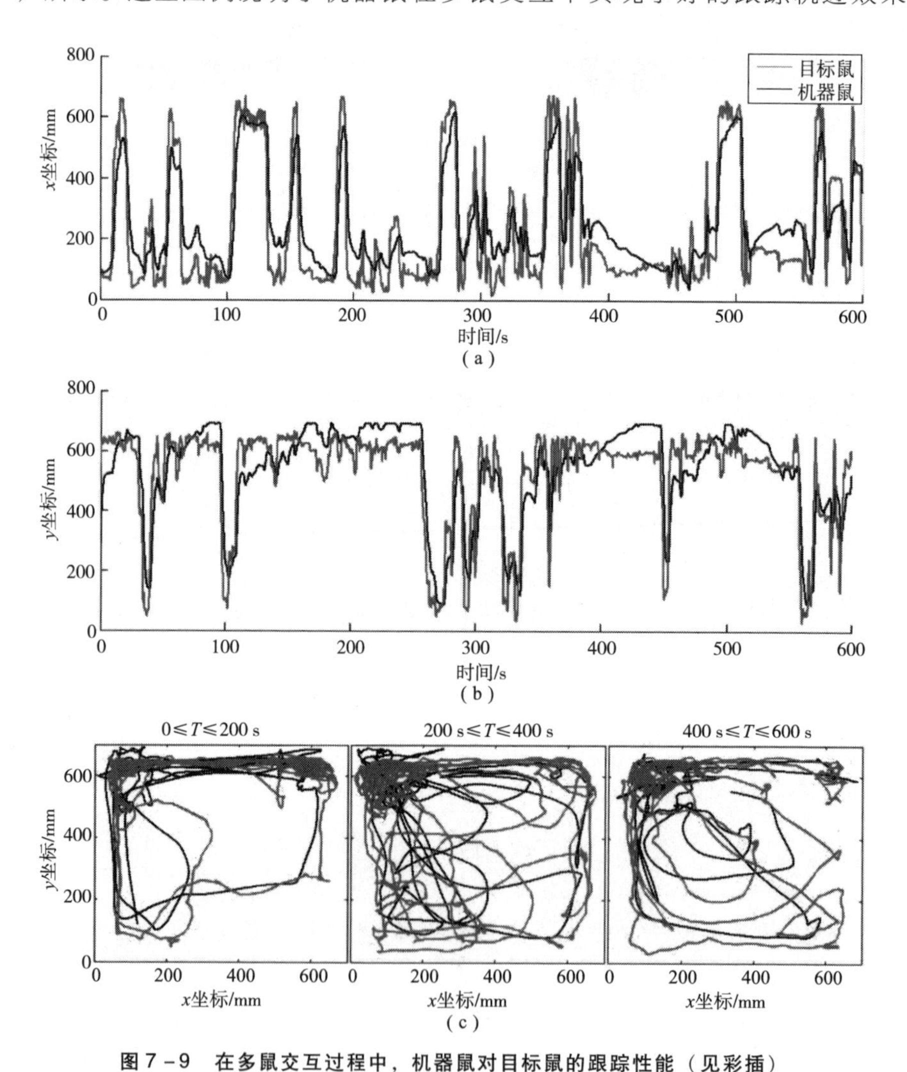

图7－9　在多鼠交互过程中，机器鼠对目标鼠的跟踪性能（见彩插）

（a）x 相对于时间的坐标；（b）y 相对于时间的坐标；（c）机器鼠和目标鼠的 $x-y$ 平面轨迹

此外，轨迹的整个延迟速度小于 100 ms，这使机器鼠和目标鼠做到了实时的交互。机器鼠的头部和目标鼠距离的坐标大概一直保持在 10 ~ 20 cm，这也证明了机器鼠能够在这种控制方法下较近地跟随目标鼠。

三、数据获取和统计分析

交互实验片段通过使用基于 Opencv 库的监视器软件来分析。由此，可以区分出所有鼠的边缘信息，如绿色的目标鼠，红色的旁观鼠。在机器鼠的背部放置一块黄蓝色各半的底板，用来更好地识别出机器鼠。如图 7 - 10 所示，通过图像提取机器鼠瞬时质心的坐标（x^c_{wr5}，y^c_{wr5}）、目标鼠的质心坐标（x_t，y_t）和旁观鼠的质心坐标（x^c_{ob}，y^c_{ob}）和（x^r_{ob}，y^r_{ob}）。同时，机器鼠和实验鼠尾巴和鼻子的瞬时坐标也可以从中提取得到。

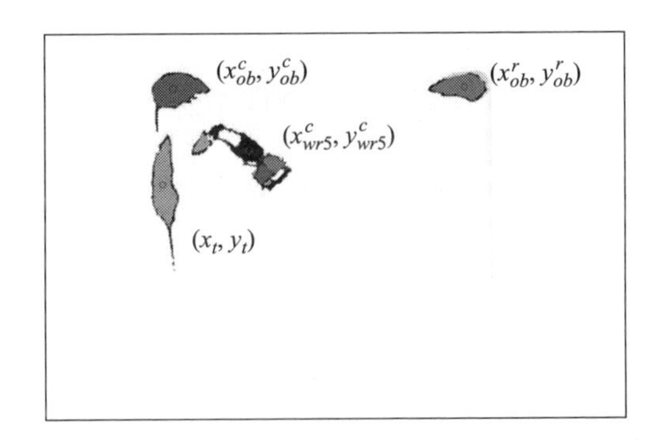

图 7 - 10　利用图像分割技术提取了机器鼠和 3 只实验鼠的轮廓（见彩插）

x^c_{wr5}，y^c_{wr5} —机器鼠的质心坐标；x_t，y_t —目标鼠的质心坐标；

x^c_{ob}，y^c_{ob} 和 x^r_{ob}，y^r_{ob} —旁观鼠的质心坐标。

为了智能地识别和分析实验鼠的行为，这里采用了如 7.2 节所述的基于直线行走图像处理和分类技术的识别系统[44]。我们应用了标签和边缘检测去提取实验鼠行为的固定参数，根据实验鼠身体中心、尾巴和鼻子的瞬时坐标，可以通过计算得到运动速度、旋转角速度等动力学参数。这些固定的动力学特征参数作为支持向量机模型的输入向量对实验鼠的行为进行分类[57]。正如参考文献［44］中所述，系统对于实验鼠动作识别的准确率达到了 90% 以上。因此，它满足了对于测量运动参数和评估在交互实验中的实验鼠行为特征的需要。

在社会性交互实验中，运动行为（实验鼠的行走和跑动），动作的频率

（如抬起身体的动作，自身清洁的动作，抱头身体蜷曲），还有身体上的接触（如一只实验鼠攀爬到另一只实验鼠身上），这些都是可以测量的[35,38,39]。这些行为动作的频率可以用于评价在开放环境中多只机器鼠交互实验中，实验鼠的社会学特性。特别是，实验鼠的行为动作，主要是运动行为、直立身体和身体清洁动作，这些动作可以使用来评估它的兴奋程度。

总的来说，更高的行为运动次数和更低的焦虑水平相关。由于在实验鼠本体交互中，攀爬动作是一个激烈的接触行为，所以它对理解多鼠交互中的社会学行为有重要作用。为了分析目标鼠的行为特性，测量了自主活动量 l_a、卷曲身体的频率 f_r、清洁身体的频率 f_g、攀爬的频率 f_m 和被攀爬的频率 f_{bm}。所述的几个特征值 l_a、f_r 和 f_g 作为实验鼠行为动作的观测器，f_m 和 f_{bm} 参数被使用来进行评估实验鼠的社会性。总而言之，对于每一次的跟踪，所有这些参数的值都被分类，并且做平均化的处理作为对实验鼠行为的分析。所有的数据需要被测试和创建去使用 ShapiroWilk 数据集分配。随后，使用一个因变量为时间的测试（置信水平 $p\leq 0.05$）在机器鼠和实验鼠的预实验和交互实验中，去比较上述这些特征值的平均值。

为了在交互中描述机器鼠和两只旁观鼠的关系，测量了一只旁观鼠在一个圆形区域停留时间的平均值（圆心：机器鼠的中心，半径10 cm）。我们定义了这个圆形的区域为 CR。同时，定义了青色实验鼠所停留的平均时间为 τ_c，红色实验鼠停留的时间 τ_r。为了去观察旁观鼠对于机器鼠的被吸引程度，使用了一个重复的测量 ANOVA（有 3 个时间点：第 1 天、第 2 天和第 5 天）去理解 τ_c 和 τ_r 是否有区别。在观察到条件变量的显著影响的情况下，使用了具有 Bonferroni 校正的事后试验。

7.3.2 实验结果

图 7－11 标明了所有的目标鼠在预交互和交互实验之后的各项运动参数。在图 7－11 中所示的参数 l_a 中观察到了交互行为的影响（$p<0.05$）。目标鼠在与机器鼠交互过程中有明显的更为活跃的运动（从 6.04 min 到 6.85 min）。尽管在 FJ 实验鼠的 l_a 参数上（图 7－11（b））没有明显的区别，但是有一个每分钟 0.58 m 的增长。对于评分参数 f_r，没有在 LE 和 FJ 实验鼠的卷曲运动的平均频率中发现显著的差异（图 7－11（c）和（d））。尽管 LE 实验鼠有一个轻微的提升，从 2.28 次/min 到 2.58 次/min，而 FJ 实验鼠从 1.13 次/min 下降到 0.93 次/min。同时，如图 7－11（e）和（f）所示，LE 和 FJ 实验鼠理毛运动的平均频率 f_g 有特别明显的提升（$p<0.05$），从 0.17 次/min 到 0.48 次/min 和从 0.13 次/min 到 0.3 次/min。

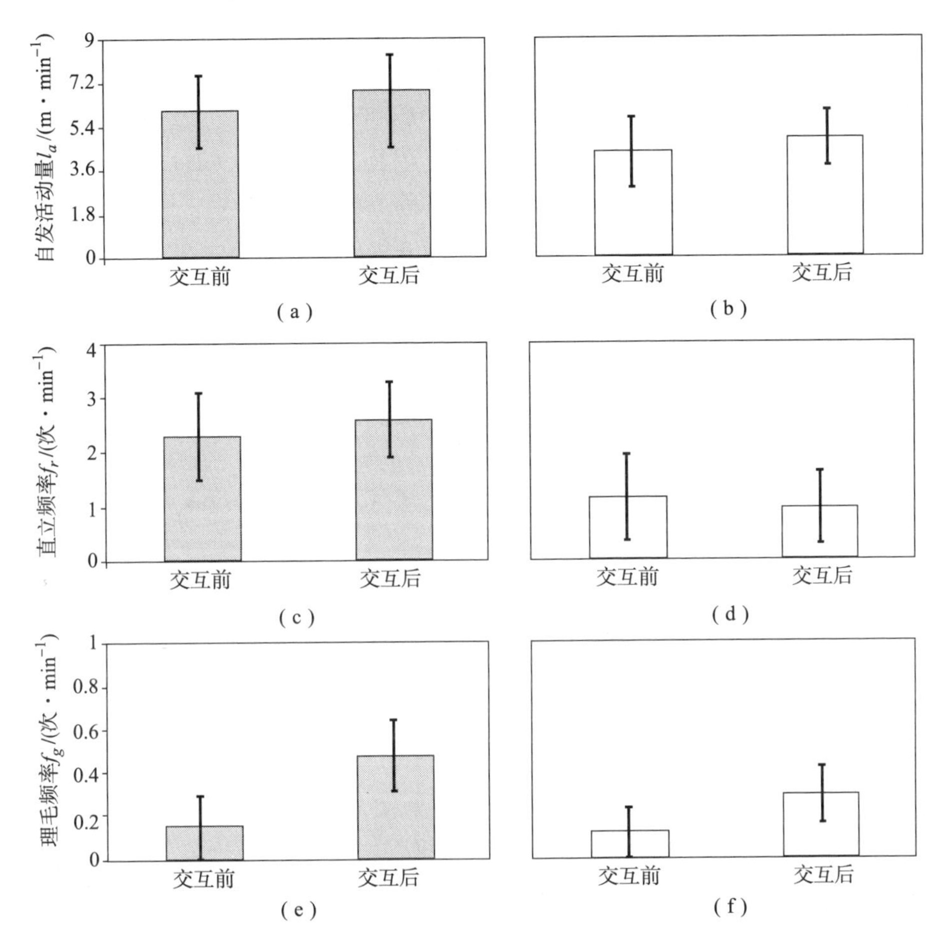

图7－11 在“交互前”和“交互后”期间，与所有目标鼠和机器鼠的行为活动相关的测量运动参数

(a) 和 (b)：自发运动活性 l_a；(c) 和 (d)：执行直立动作的平均频率 f_r；

(e) 和 (f)：执行理毛动作的平均频率 f_g

注：灰色条是 LE 的运动数据，空心条是 FJ 的运动数据。

考虑实验鼠的社会性，我们计算了目标鼠和一只旁观鼠的攀爬动作的平均频率。LE 实验鼠的评分参数 f_m 和 f_{bm} 如图 7－12 (a) 和 (c) 所示，在两次实验中出现了明显的区别 ($p<0.05$)。特别是，在交互实验之后，实验鼠表现更多的攀爬动作（从 0.32 次/min 到 0.57 次/min），并且更多地被其他实验鼠攀爬（从 0.32 次/min 到 0.58 次/min）。考虑实验鼠 FJ，虽然关于 f_m 有一个 0.12 次/min 的提升和 f_{bm} 一个关于 0.07 次/min 的提升记录下来，但是没有明显的区别。

考虑 τ_c 和 τ_r 的值，图 7－12 显示了每一只旁观鼠在 CR 的范围内经过 1 天 6 次的实验的平均的一个停留时间。如图 7－12（a）所示，在 LE 组中有一个明显区别的时间点（$F_{1.19,5.99}=511.305$，$p\leqslant 0.0005$）。之前的一些实验表明 LE 组中的青色实验鼠从第 1 天到第 5 天出现了明显的增加（45.2 s 到 214.2 s）。然而，第 1 天和第 2 天并没有发现明显的区别。相似于 LE 组，时间的效果也可以在 FJ 组中观察到（$F_{1.13,5.66}=115.86$，$p\leqslant 0.0005$）。虽然第 1 天和第 2 天并没有效果出现，但是在后面的第 1 天和第 5 天的对比中有了明显的区别。特别是，FJ 组显示了在第 1 天的极高的 τ_c 值，并且在第 5 天提升至 156.5 s。如图 7－12（c）所示，观察到显著的时间依赖效应（$F_{1.11,5.53}=702.42$，$p\leqslant 0.0005$）。之后比较显示第 1 天、第 2 天和第 5 天之间有显著差异，这表明平均花费时间分别增加了 7 s 和 138.2 s。此外，如图 7－12（d）所示，在 FJ 组中发现 τ_r 与时间点存在显著差异（$F_{1.13,5.66}=115.86$，$p\leqslant 0.0005$）。通过之后的实验，FJ 组从第 1 天到第 5 天显著增加（35.8 s 到 122.3 s），但是从第 1 天到第 2 天也没有显著增加。

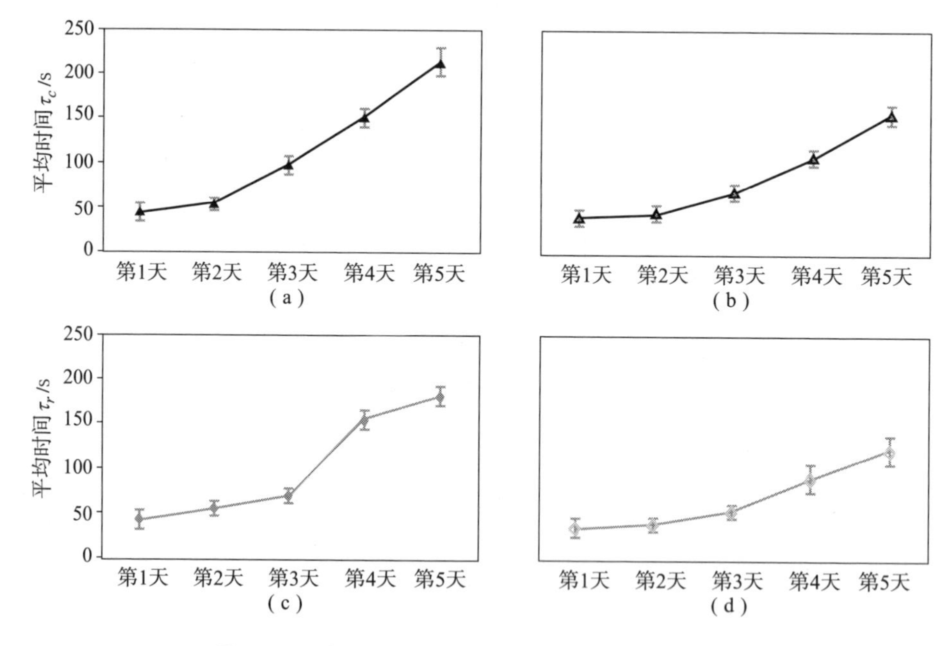

图 7－12　旁观鼠在 CR 中“交互”所花费的平均时间

（a），（b）青色实验鼠花费的平均时间 τ_c；

（c），（d）红色实验鼠花费的平均时间 τ_r；图中的误差条指标准误

注：实心三角形和菱形表示 LE 组花费的平均时间，而空心三角形和菱形表示 FJ 组花费的平均时间。

一、目标鼠的回应

从图7－11的测量动作的结果中可以发现，机器鼠可以在多鼠交互的过程中影响实验鼠的行为。与FJ实验鼠组对比，在放置了一个运动的机器鼠后，LE组实验鼠的典型动作的次数增加（运动行为、卷曲身体、身体清洁和互相攀爬的动作）。因此，当被其他实验鼠包围时，LE组实验鼠的行为可能更容易受到跟随机器鼠的影响。在参考文献［58］中验证了不同的行为表现，其中LE实验鼠比FJ实验鼠更活跃，表现出更高的警觉性。然而，LE和FJ实验鼠的身体清洁动作均呈增长趋势，这说明了实验鼠有一个行为更加活跃的趋势。之前有报道称，实验鼠在与机器鼠互动后表现更为活跃，这似乎与环境因素有关，因此环境因素在决定实验鼠行为方面起着重要作用[25,26]。

LE和FJ的目标鼠在多鼠相互作用后，随着互相攀爬动作频率的增加，其打闹行为增强。此外，其他旁观鼠也更多地攀爬了LE和FJ的目标鼠。机器鼠的引入使得目标鼠和旁观鼠之间具有强烈的刺激关系。虽然在多鼠互动过程中只跟踪目标鼠，但是机器鼠似乎能够影响目标鼠与旁观鼠之间的社会关系。在未来，将考虑在机器鼠和多只实验鼠之间进行互动，看看一只机器鼠是否能安抚一只已经“紧张”的实验鼠。

二、旁观鼠对机器鼠的回应

所有的旁观鼠从第1天到第5天（图7－12）在机器鼠周围花费的时间显著提高。因此，可以得到以下结论：一个持续的多鼠交互过程引起了实验鼠待在机器鼠附近时间的统计显著增加。旁观鼠在CR中花费的时间越少，这可能意味着它们开始对机器鼠感到恐惧。然而，由于停留时间的增加，它们逐渐表现出对机器鼠的兴趣。例如，我们测量了青色实验鼠与机器鼠在交互作用的第1天和最后1天之间的距离，如图7－13（a）所示。青色实验鼠与机器鼠之间从第一次实验到最后一次实验的距离明显减少，表明了青色实验鼠对机器鼠表现出更大的倾向性。图7－13（b）所示的另一只红色实验鼠也发现了类似的结果。可以认为，当看到机器鼠仅仅攻击目标鼠时，旁观鼠的恐惧感逐渐消失。一组旁观鼠更为活跃，表现出较低的新恐惧症和对新物体的好奇。因此，目前的结果是根据早期关于社会环境影响的调查结果得出的[59－61]。

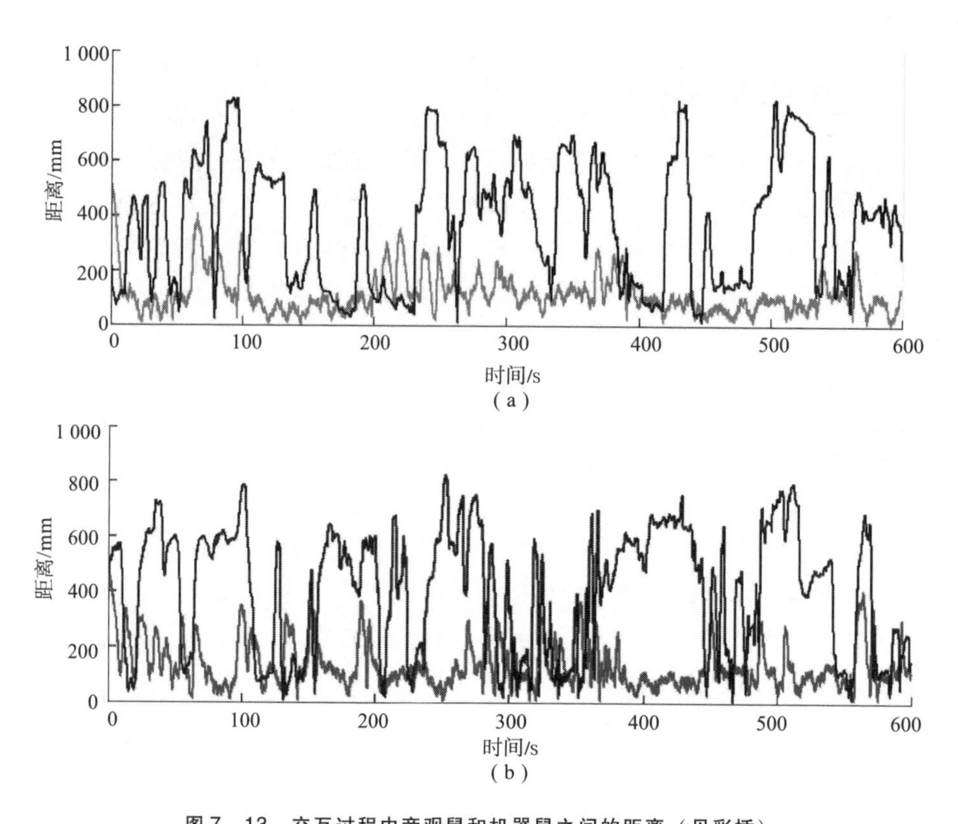

图 7-13　交互过程中旁观鼠和机器鼠之间的距离（见彩插）

（a）LE 组青色实验鼠和机器鼠交互实验中，在第一天（黑线）和最后一天（蓝线）的测量距离；（b）LE 组红色实验鼠和机器鼠交互实验中，在第一天（黑线）和最后一天（红线）的测量距离

7.3.3　讨论与展望

如前所述，仿生机器人如机器鼠在与实验鼠进行交互时通过表现出友好的交互行为吸引实验鼠[33]，或者机器鱼在与真实鱼进行互动时通过改变拍尾频率吸引真实的鱼[32,62]，这些研究在理解与仿生机器人直接交互后的动物反应方面取得了重大进展。同时，在这项研究中，机器人还表现出了在不与动物受试者直接交互的情况下调节动物行为这一可能性。这一新发现可能为模拟群居动物的社会性提供了一条新的途径。

研究结果表明，实验鼠在面对敌对的机器鼠时活动水平和偏好程度降低，而在面对友好的机器鼠时活动水平和偏好程度增加，这说明机器鼠能够以可控的、可预测的方式调节实验鼠行为。当被其他实验鼠包围时，被机器鼠持续跟踪的目标鼠变得更活跃。在行为特征活跃的实验鼠身上发现更明显的变化。旁观鼠被机器鼠所吸引，甚至在多鼠互动过程中被忽略。此外，将机器鼠和多只实验鼠结合起来的新型相互作用在精神障碍研究中具有潜在的应用前景，如安抚已经“焦虑”的实验鼠。

参考文献

[1] Krause J, Winfield A F T, Deneubourg J L. Interactive robots in experimental biology [J]. Trends in Ecology & Evolution, 2011, 26 (7): 369 - 375.

[2] Fong T, Nourbakhsh I, Dautenhahn K. A survey of socially interactive robots [J]. Robotics & Autonomous Systems, 2002, 42 (3): 143 - 166.

[3] Garnier S. From Ants to robots and back: how robotics can contribute to the study of collective animal behavior [M]//Meng Y, Jin Y, Bio - inspired self - organizing robotic systems. Berlin: Springer, 2011, 105 - 122.

[4] Winfield A F. Foraging robots [M]//Meyers R A. Encyclopedia of complexity and systems science, New York: Springer, 2009, 3682 - 3700.

[5] Halloy J, Sempo G, Caprari G, et al. Social integration of robots into groups of cockroaches to control self - organized choices [J]. Science, 2007, 318 (5853): 1155 - 1158.

[6] Sara M, Dario F, Laurent K. The evolution of information suppression in communicating robots with conflicting interests [J]. Proceedings of the National Academy of Sciences of the United States of America, 2009, 106 (37): 15786 - 90.

[7] Webb B. What does robotics offer animal behaviour? [J]. Animal Behaviour, 2000, 60 (5): 545 - 558.

[8] Holland O, Mcfarland D. Artificial ethology [J]. New York: Oxford University Press, 2000.

[9] Jonathan K. Animal behaviour: when robots go wild [J]. Nature, 2005, 434 (7036): 954 - 955.

[10] Webb B. Chapter 1 using robots to understand animal behavior [J]. Advances in the Study of Behavior, 2008, 38 (08): 1 - 58.

[11] Landgraf T, Moballegh H, Rojas R. Design and development of a robotic bee for the analysis of honeybee dance communication [J]. Applied Bionics & Biomechanics, 2014, 5 (3): 157 - 164.

[12] Faria J J, Dyer J R G, Cl Ment R O, et al. A novel method for investigating the collective behaviour of fish: introducing "Robofish" [J]. Behavioral Ecology and Sociobiology, 2010, 64 (8): 1211 - 1218.

[13] Thomas L, Moore T Y, Evan C S, et al. Tail - assisted pitch control in lizards, robots and dinosaurs [J]. Nature, 2012, 481 (7380): 181 - 184.

[14] Justin W, Kirstin P, Radhika N. Designing collective behavior in a termite - inspired robot construction team [J]. Science, 2014, 343 (6172): 754 - 758.

[15] Fuller S B, Karpelson M, Censi A, et al. Controlling free flight of a robotic fly using an onboard vision sensor inspired by insect ocelli [J]. Journal of the Royal Society Interface, 2014, 11 (97): 369 - 386.

[16] Hamidreza M, Chaohui G, Nick G, et al. Sidewinding with minimal slip: snake and robot ascent of sandy slopes [J]. Science, 2014, 346 (6206): 224.

[17] Nathaniel H, Mooney D J. Inspiration and application in the evolution of biomaterials [J]. Nature, 2009, 462 (7272): 426.

[18] Peter F, Barth F G. Biomaterial systems for mechanosensing and actuation [J]. Nature, 2009, 462 (7272): 442 - 448.

[19] Mazzolai B, Margheri L, Cianchetti M, et al. Soft - robotic arm inspired by the octopus: II. From artificial requirements to innovative technological solutions [J]. Bioinspiration & Biomimetics, 2012, 7 (2): 025005.

[20] Ananthanarayanan A, Azadi M, Kim S. Towards a bio - inspired leg design for high - speed running [J]. Bioinspiration & Biomimetics, 2012, 7 (4): 046005.

[21] Tramacere F, Kovalev A, Kleinteich T, et al. Structure and mechanical properties of Octopus vulgaris suckers [J]. Journal of The Royal Society Interface, 2013, 11 (91): 20130816.

[22] Michmizos K, Rossi S, Castelli E, et al. Robot - aided neurorehabilitation: a pediatric robot for ankle rehabilitation [J]. IEEE Transactions on Neural Systems & Rehabilitation Engineering, 2015, 23 (6): 1056 - 1067.

[23] F Josef V D S. Animal models of behavioral dysfunctions: basic concepts and classifications, and an evaluation strategy [J]. Brain Research Reviews, 2006, 52 (1): 131 - 159.

[24] Jonason P K, Webster G D, Lindsey A E. Solutions to the problem of diminished social interaction [J]. Evolutionary Psychology, 2008, 6 (4): 637 -

651.

[25] Pellis S M, Mckenna M M. Intrinsic and extrinsic influences on play fighting in rats: effects of dominance, partner's playfulness, temperament and neonatal exposure to testosterone propionate [J]. Behavioural Brain Research, 1992, 50 (1 - 2): 135 - 145.

[26] Varlinskaya E I, Spear L P, Spear N E. Social behavior and social motivation in adolescent rats: role of housing conditions and partner's activity [J]. Physiology & Behavior, 1999, 67 (4): 475 - 482.

[27] Henley C L, Nunez A A, Clemens L G. Hormones of choice: the neuroendocrinology of partner preference in animals [J]. Frontiers in Neuroendocrinology, 2011, 32 (2): 146 - 154.

[28] Bailey K R, Crawley J N. Chapter 5 - anxiety - related behaviors in mice [M]//Bucaffusco J J, Methods of behavior analysis in neuroscience. Boca Raton: CRC Press/Taylor & Francis 2009.

[29] Landgraf T, Oertel M, Rhiel D, et al. A biomimetic honeybee robot for the analysis of the honeybee dance communication system [C]//IEEE/RSJ International Conference on Intelligent Robots & Systems. IEEE, 2010.

[30] Gribovskiy A, Halloy J, Deneubourg J L, et al. Towards mixed societies of chickens and robots [C]//IEEE/RSJ International Conference on Intelligent Robots & Systems, IEEE, 2010.

[31] Polverino G, Abaid N, Kopman V, et al. Zebrafish response to robotic fish: preference experiments on isolated individuals and small shoals [J]. Bioinspiration & Biomimetics, 2012, 7 (3): 036019.

[32] Kopman V, Laut J, Polverino G, et al. Closed - loop control of zebrafish response using a bioinspired robotic - fish in a preference test [J]. Journal of the Royal Society Interface, 2013, 10 (78): 20120540.

[33] Shi Q, Ishii H, Kinoshita S, et al. Modulation of rat behaviour by using a rat - like robot [J]. Bioinspiration & Biomimetics, 2013, 8 (4): 046002.

[34] Staay F J V D. Animal models of behavioral dysfunctions: Basic concepts and classifications, and an evaluation strategy [J]. Brain Research Reviews, 2006, 52 (1): 131 - 159.

[35] Remington G. From mice to men: What can animal models tell us about the relationship between mental health and physical activity? [J]. Mental Health & Physical Activity, 2009, 2 (1): 10 - 15.

[36] Ishii H, Shi Q, Fuminos, et al. A novel method to develop an animal model of depression using a small mobile robot [J]. Advanced Robotics, 2013, 27 (1): 61 - 69.

[37] Endo Y, Shiraki K. Behavior and body temperature in rats following chronic foot shock or psychological stress exposure [J]. Physiology & Behavior, 2000, 71 (3): 263 - 268.

[38] File S E, Hyde J R. Can social interaction be used to measure anxiety? [J]. British Journal of Pharmacology, 2012, 62 (1): 19 - 24.

[39] File S E, Seth P. A review of 25 years of the social interaction test [J]. European Journal of Pharmacology, 2003, 463 (1): 35 - 53.

[40] Shi Q, Miyagishima S, Fumino S, et al. Development of a novel quadruped mobile robot for behavior analysis of rats [C]//IEEE/RSJ International Conference on Intelligent Robots & Systems, IEEE, 2010.

[41] Shi Q, Ishii H, Fumino S, et al. A robot - rat interaction experimental system based on the rat - inspired mobile robot WR - 4 [C]//IEEE International Conference on Robotics & Biomimetics, IEEE, 2011.

[42] Shi Q, IshiiH, Miyagishima S, et al. Development of a hybridwheel - legged mobile robot WR - 3 designed for the behavior analysis of rats [J]. Advanced Robotics, 2011, 25 (18): 2255 - 2272.

[43] Jackson H F, Broadhurst P L. The effects of parachlorophenylalanine and stimulus intensity on open - field test measures in rats [J]. Neuropharmacology, 1982, 21 (12): 1279 - 1282.

[44] Shi Q, Ishii H, Konno S, et al. Image processing and behavior planning for robot - rat interaction [C]//IEEE Ras & Embs International Conference on Biomedical Robotics & Biomechatronics, IEEE, 2012.

[45] Roth K A, Katz R J. Stress, behavioral arousal, and open field activity—Areexamination of emotionality in the rat [J]. Neuroscience & Biobehavioral Reviews, 1979, 3 (4): 247 - 263.

[46] Islam M M, Murase K. Chaotic dynamics of a behavior - based miniature mobile robot: effects of environment and control structure [J]. Neural Networks, 2005, 18 (2): 123 - 144.

[47] Swain D T, Couzin I D, Leonard N E. Real - time feedback - controlled robotic fish for behavioral experiments with fish schools [J]. Proceedings of the IEEE, 2011, 100 (1): 150 - 163.

[48] Shi Q, Ishii H, Tanaka K, et al. Behavior modulation of rats to a robotic rat in multi - rat interaction [J]. Bioinspir Biomim, 2015, 10 (5): 056011.

[49] Shi Q, Ishii H, Sugahara Y, et al. Design and control of a biomimetic robotic rat for interaction with laboratory rats [J]. IEEE/ASME Transactions on Mechatronics, 2015, 20 (4): 1832 - 1842.

[50] Meaney M J, Stewart J. Environmental factors influencing the affiliative behavior of male and female rats (Rattus norvegicus) [J]. Animal Learning & Behavior, 1979, 7 (3): 397 - 405.

[51] Beck C H M, Chow H L. Solitary and social behavior of male rats in the open - field [J]. Physiology & Behavior, 1984, 32 (6): 941 - 944.

[52] Kathleen P - C. Rats [M]//Cathy L, Kenneth L, Dave T, et al. , Comfortable quarters for laboratory animals. Washington, DC: Animal Welfare Institute, 2015: 19 - 37.

[53] Whishaw I Q, Kolb B. The behavior of the laboratory rat: a handbook with tests [M]. New York: Oxford University Press, 2004.

[54] Weiss O, Segev E, Eilam D. "Shall two walk together except they be agreed?" Spatial behavior in rat dyads [J]. Animal Cognition, 2015, 18 (1): 39 - 51.

[55] Webster M M, Ward A J. Personality and social context [J]. Biology Reviews of the Cambridge Philosophical Society, 2011, 86 (4): 759 - 773.

[56] Barrow P, Leconte I. The influence of body weight on open field and swimming maze performance during the post - weaning period in the rat [J]. Laboratory Animals, 1996, 30 (1): 22 - 27.

[57] Cristianini N. An introduction to support vector machines and other kernel - based learning methods [J]. Kybernetes, 2001, 32 (1): 1 - 28.

[58] Ambrogi Lorenzini C, Bucherelli C, GIACHETTI A, et al. Spontaneous and conditioned behavior of wistar and long evans rats [J]. Archives Italiennes De Biologie, 1987, 125 (2): 155 - 170.

[59] Joanna M Dally, Nicola S Clayton, Nathan J Emery. Social influences on foraging by rooks (corvus frugilegus) [J]. Behaviour, 2008, 145 (8): 1101 - 1124.

[60] Wiebke Schuett, Sasha R X Dall. Sex differences, social context and personality in zebra finches, Taeniopygia guttata [J]. Animal Behaviour, 2009, 77 (5): 1041 - 1050.

[61] Ashley J W Ward. Social facilitation of exploration in mosquitofish (Gambusia holbrooki) [J]. Behavioral Ecology & Sociobiology, 2012, 66 (2): 223 - 230.

[62] Phamduy P, Polverino G, Fuller R C, et al. Fish and robot dancing together: bluefin killifish females respond differently to the courtship of a robot with varying color morphs [J]. Bioinspiration & Biomimetics, 2014, 9 (3): 036021.

彩 插

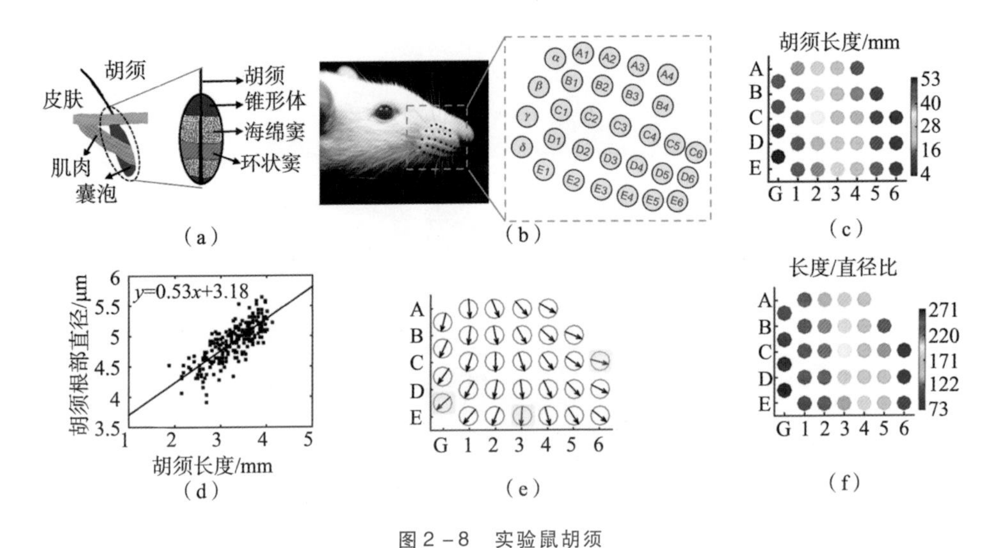

图 2－8 实验鼠胡须

(a) 囊泡结构；(b) 胡须分布；(c) 胡须长度；(d) 胡须长度与直径分布；(e) 胡须弯曲方向；(f) 长度/直径比

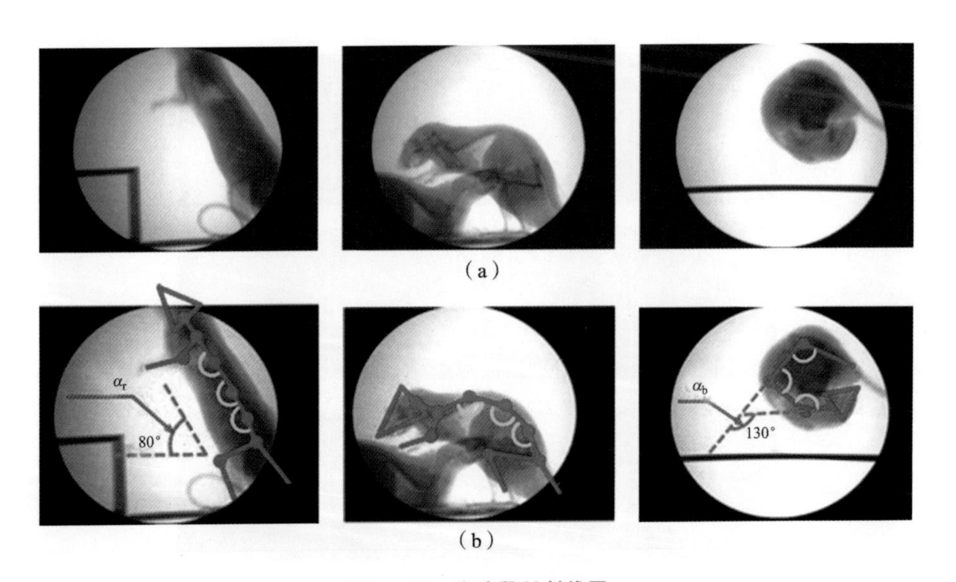

图 2－17 实验鼠 X 射线图

(a) 原 X 射线图；(b) 经简化、标记后的 X 射线图

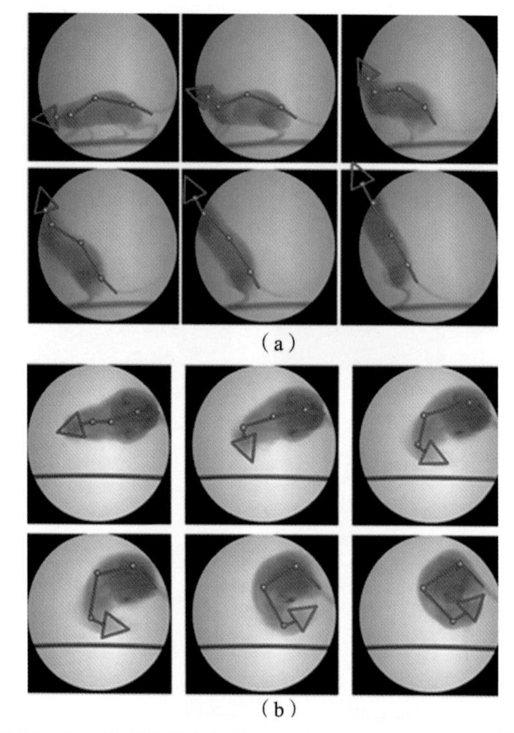

（a）

（b）

图 3－2　实验鼠俯仰与偏航运动 X 射线图像与分析[5]

（a）攀爬运动；（b）理毛运动

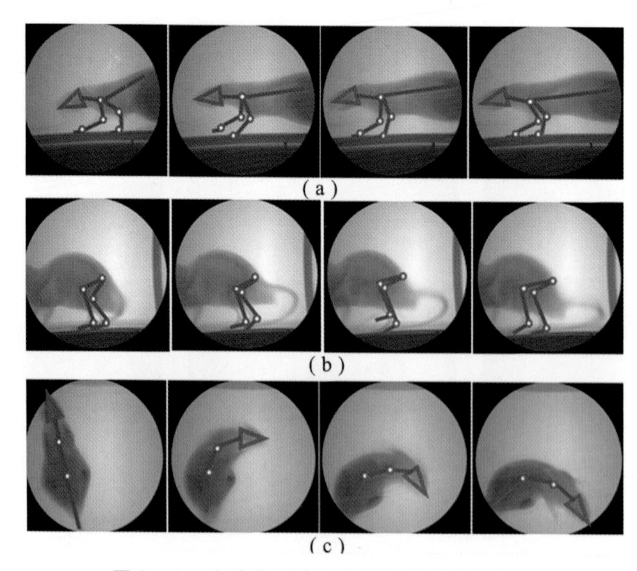

（a）

（b）

（c）

图 3－4　实验鼠四肢运动 X 射线图像与分析

（a）前肢；（b）后肢；（c）转弯运动时的躯干

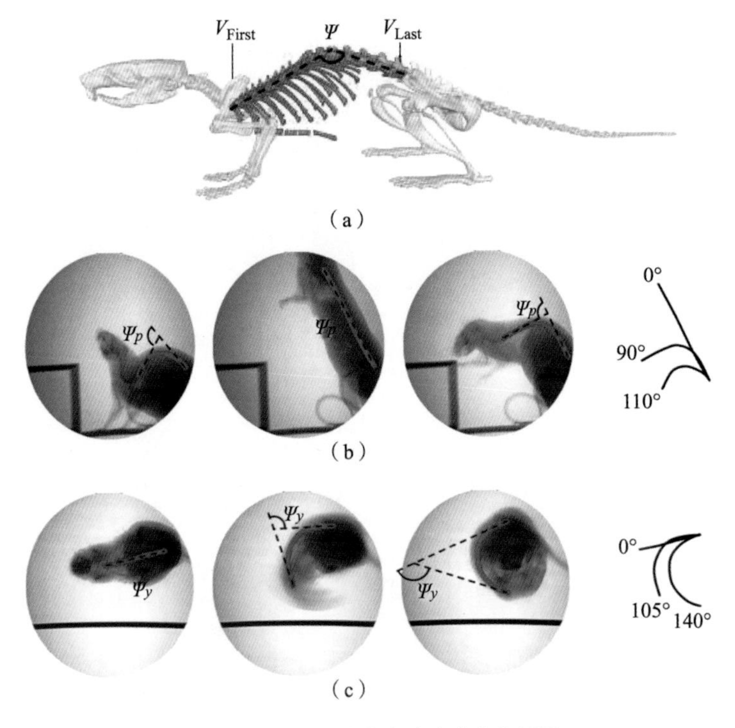

(a)

(b)

(c)

图 3-6 实验鼠腰部自由度分布分析图

(a) 骨骼解剖图；(b) 俯仰运动；(c) 偏航运动

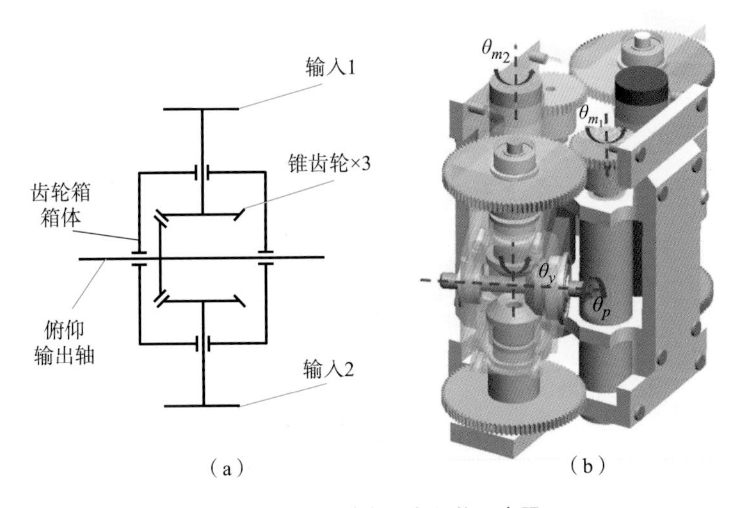

(a) (b)

图 3-7 差动齿轮腰部机构示意图

(a) 差动齿轮机构简图；(b) 差动齿轮腰部结构

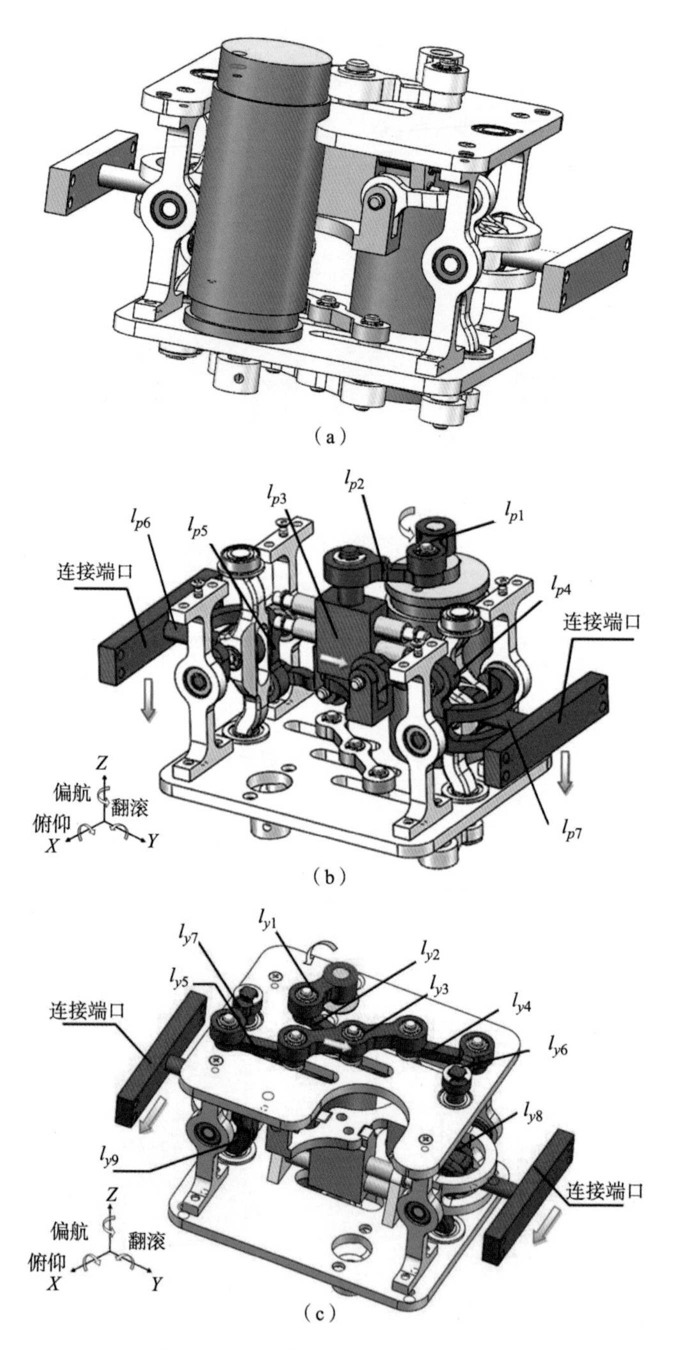

图 3－11　连杆传动腰部机构示意图

（a）腰部结构总体示意图；（b）俯仰运动连杆机构示意图；

（c）偏航运动连杆机构示意图

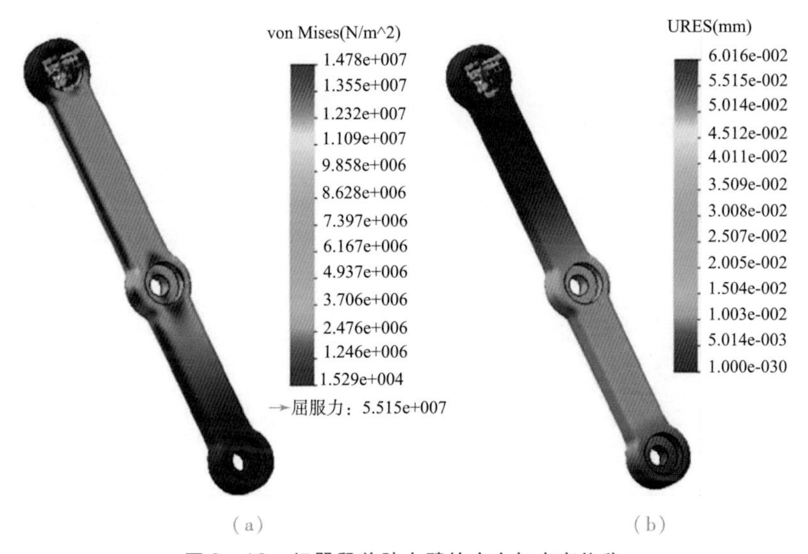

图 3-18　机器鼠前肢大臂的应力与应变位移

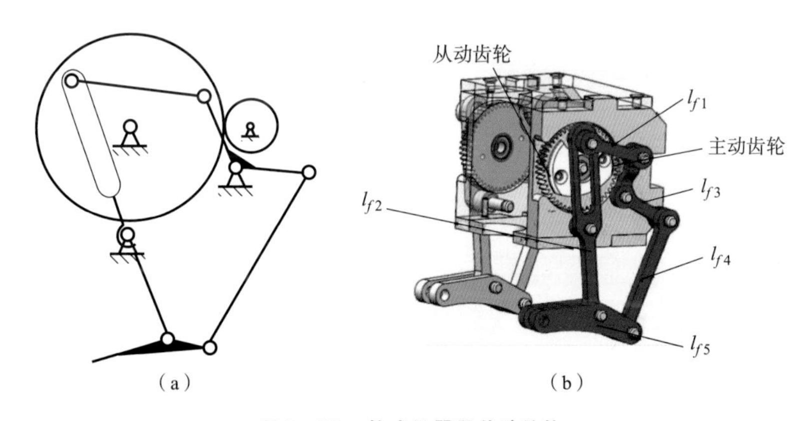

图 3-20　轮式机器鼠前肢结构

(a) 前肢机构简图；(b) 前肢结构设计

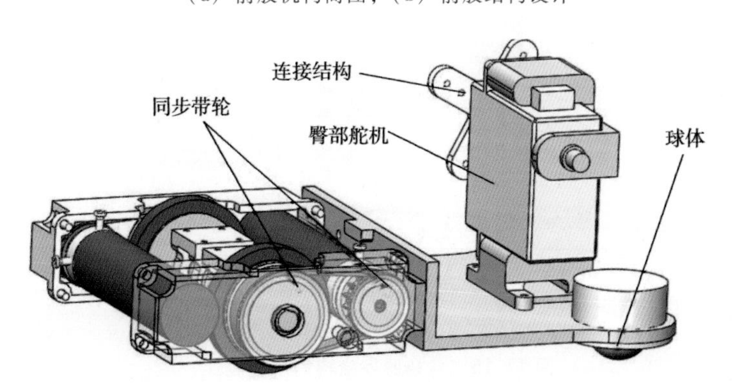

图 3-21　轮式底座结构

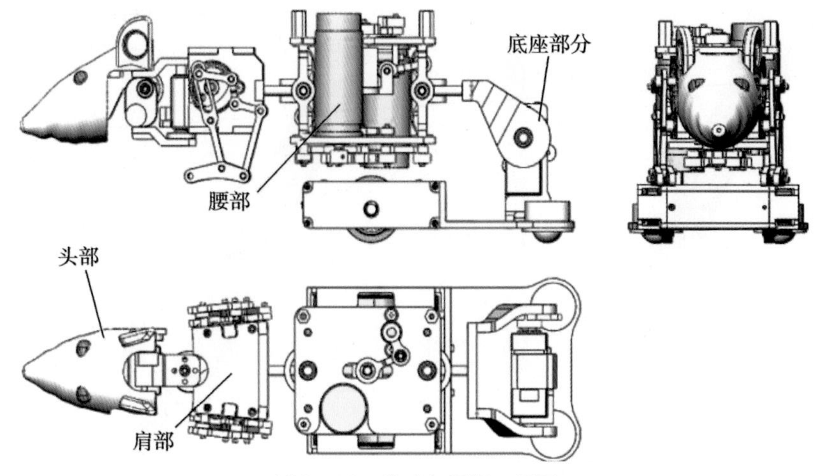

图 3－22　轮式机器鼠三视图

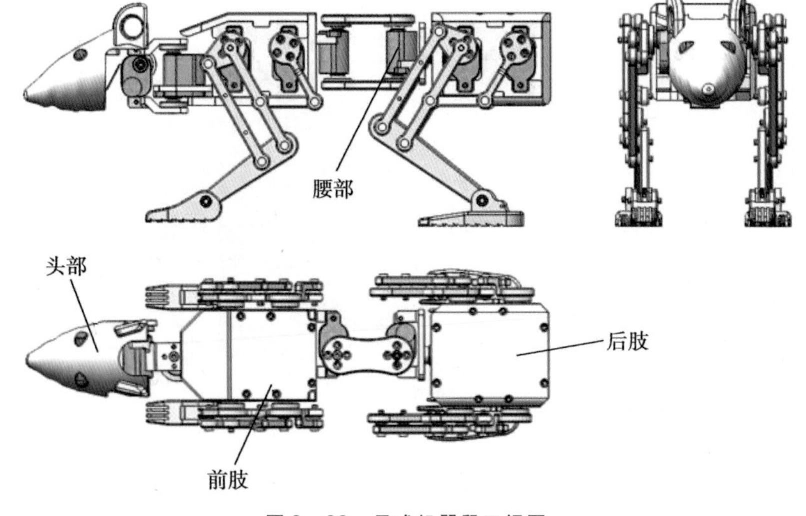

图 3－23　足式机器鼠三视图

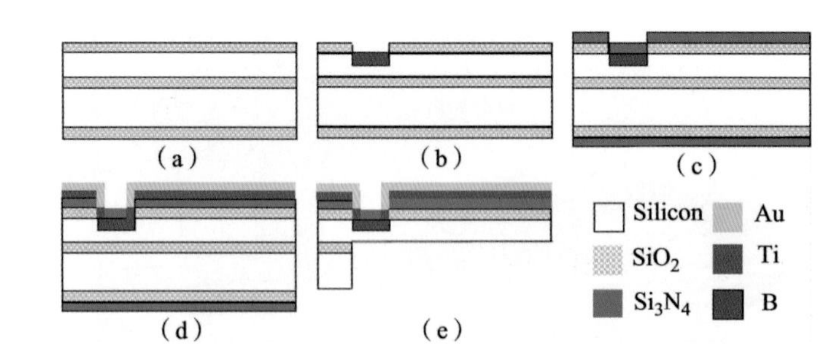

图 4－15　传感器梁结构的制造过程

（a）准备硅片；（b）硼离子注入；（c）沉积钝化层；（d）沉积金属引线；（e）刻蚀

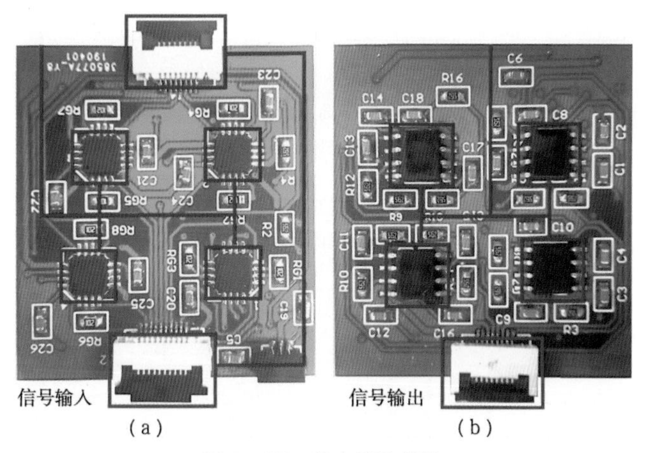

图4－17　放大滤波模块

(a) 仪表放大器；(b) 运算放大器

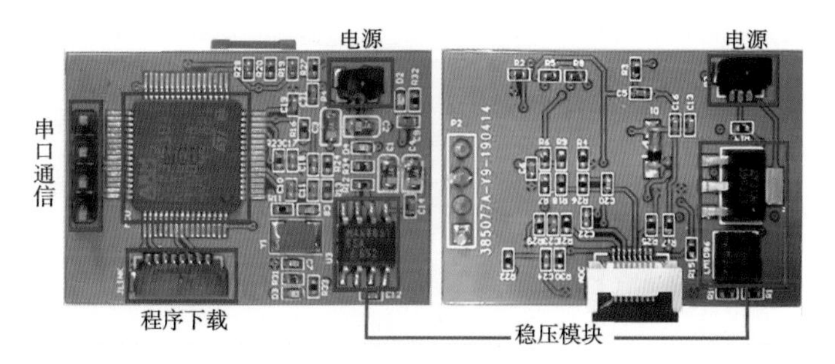

图4－18　主控模块

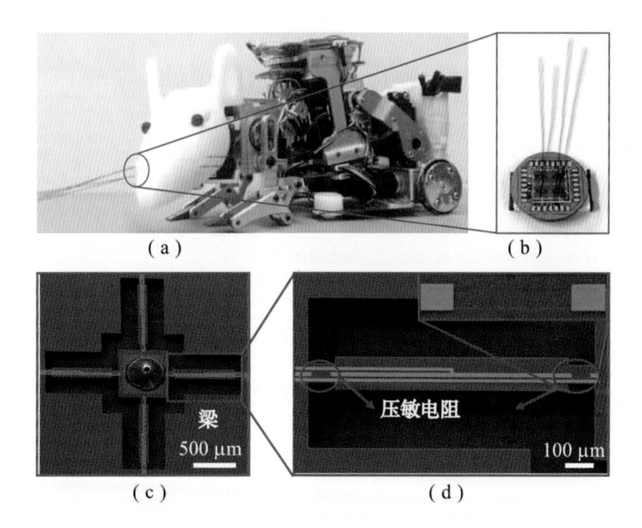

图4－19　实验测试平台

(a) 机器鼠 WR－5M；(b) 胡须传感器；(c) 感知单元结构；(d) 梁结构

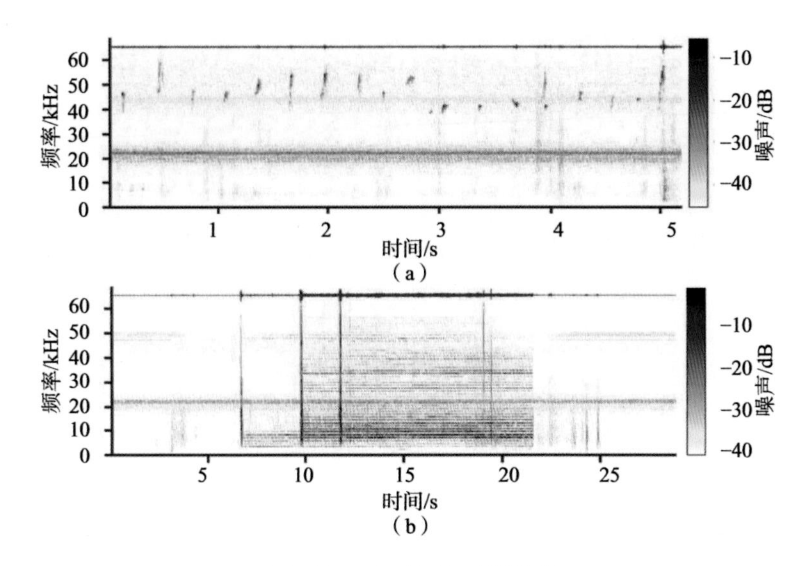

图 4-26 实验数据的时频谱图

(a) 实验鼠超声信号；(b) 机器鼠运动噪声

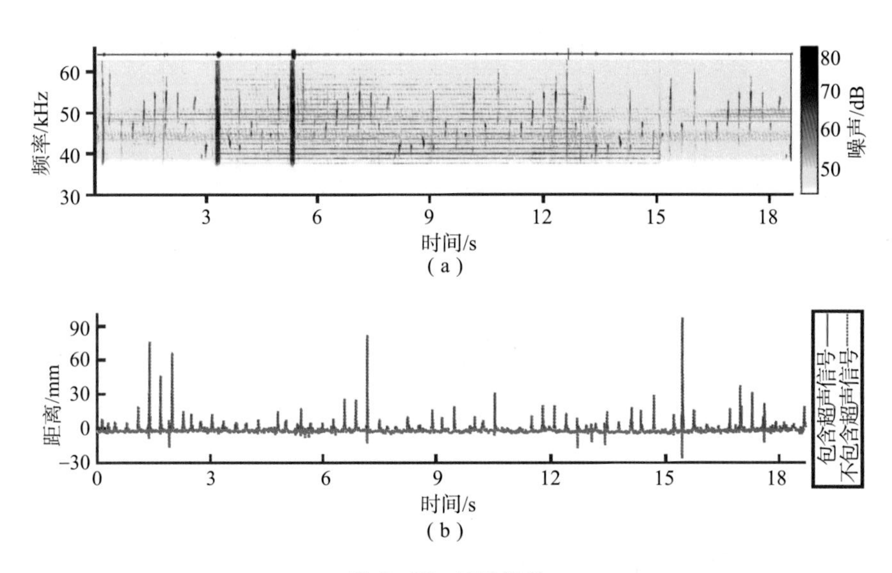

图 4-30 实验结果

(a) 实验鼠超声信号与机器鼠运动声音的掺杂信号在滤波之后的时频谱图；

(b) 图 (a) 的 SVM 识别结果

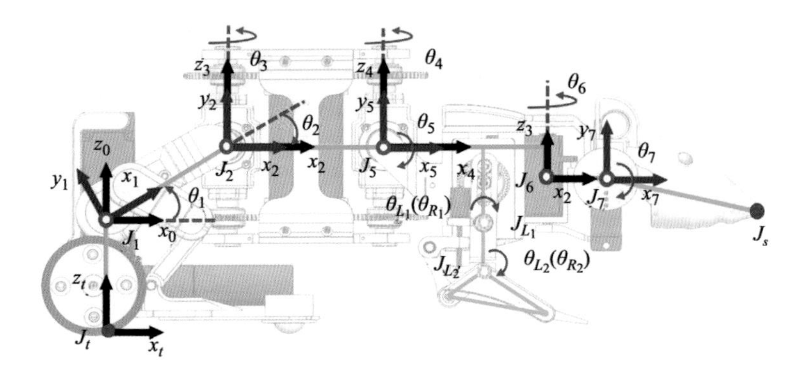

图 5－4　机器鼠运动坐标系

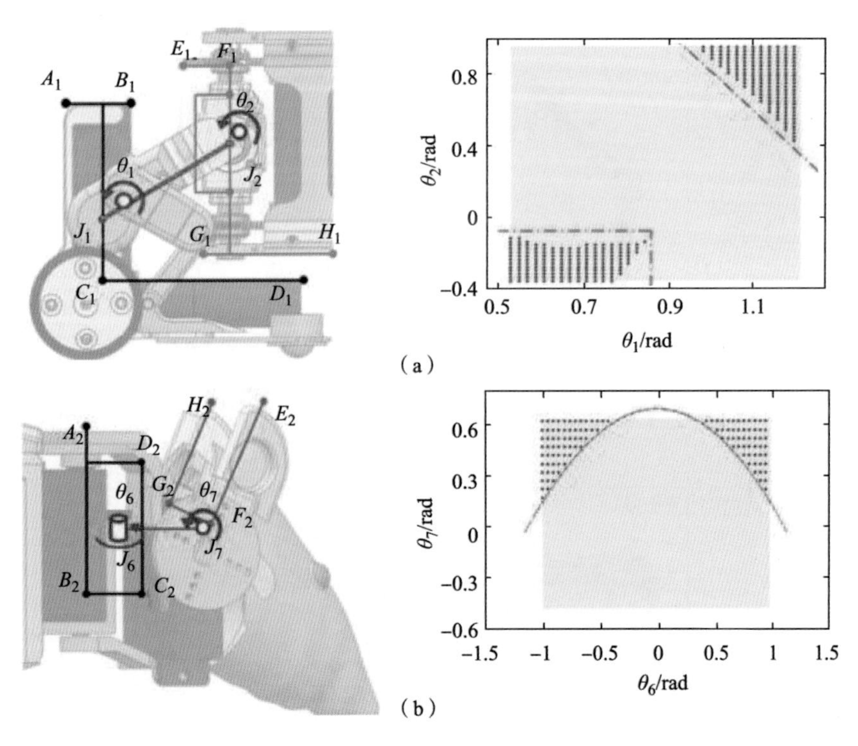

图 5－5　机器鼠运动干涉模型

（a）尾部；（b）前端

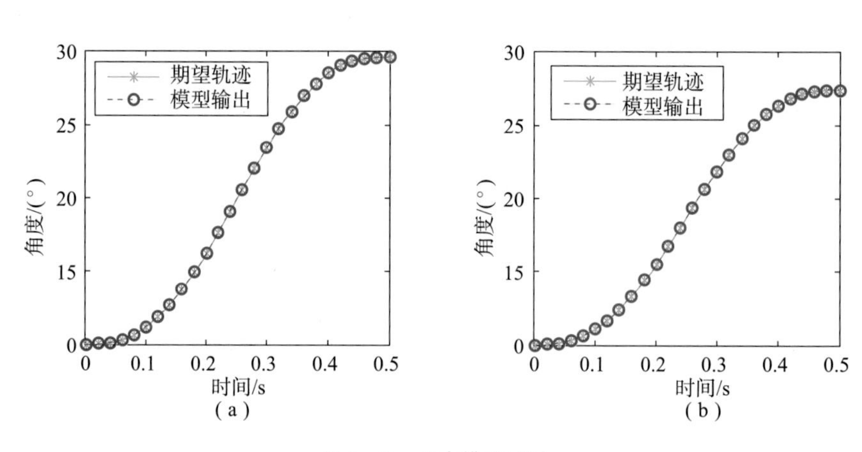

图 5-9　仿真模拟结果

(a) 关节 2；(b) 关节 4

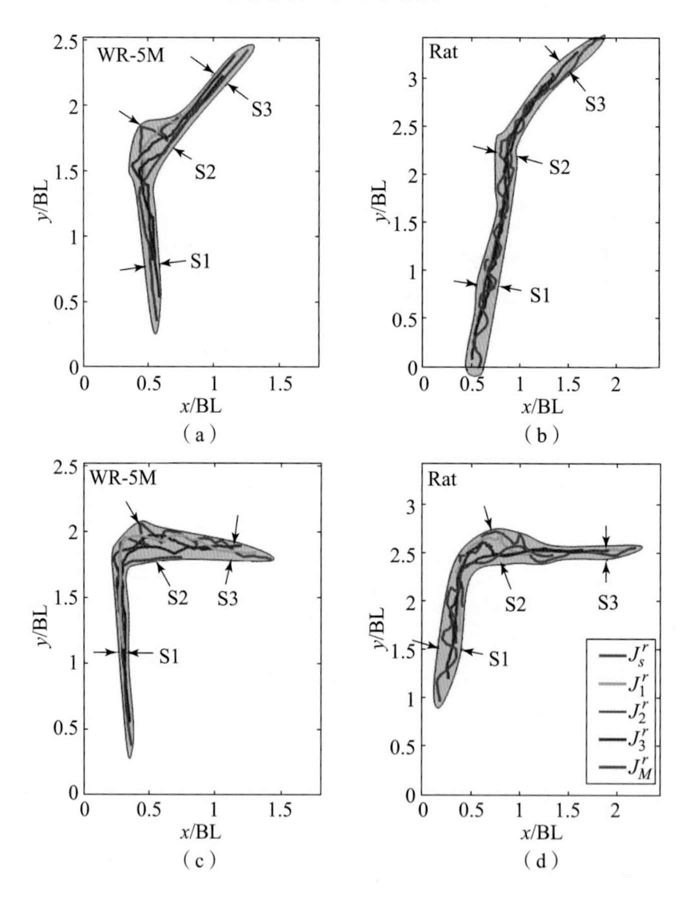

图 5-30　结果对比

(a) 机器鼠直接转弯；(b) 实验鼠直接转弯；(c) 机器鼠两步转弯；(d) 实验鼠两步转弯

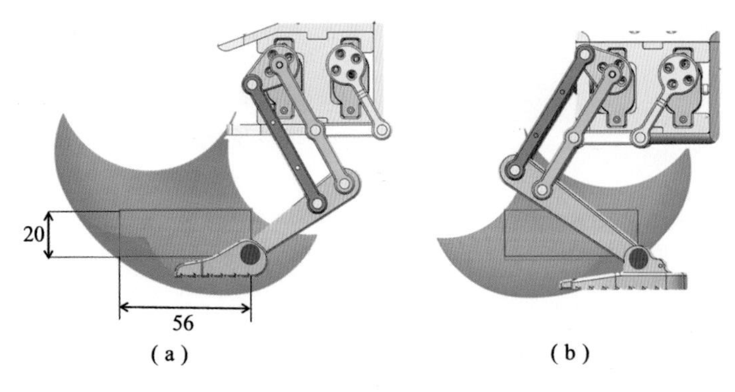

图 5－34　机器鼠左侧前肢和后肢运动空间

（a）左侧前肢；（b）后肢

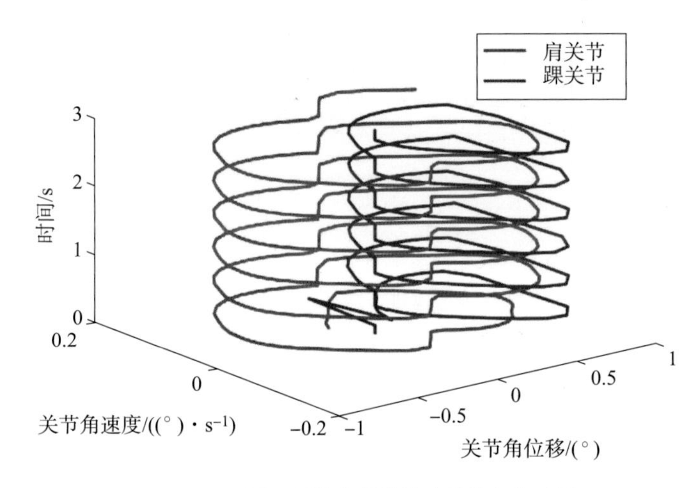

图 5－40　CPG 网络的关节输出量的相轨迹图

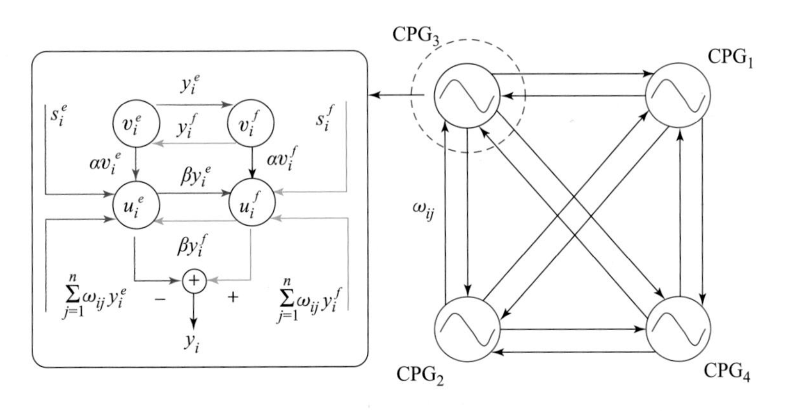

图 5－43　机器鼠 CPG 拓扑结构

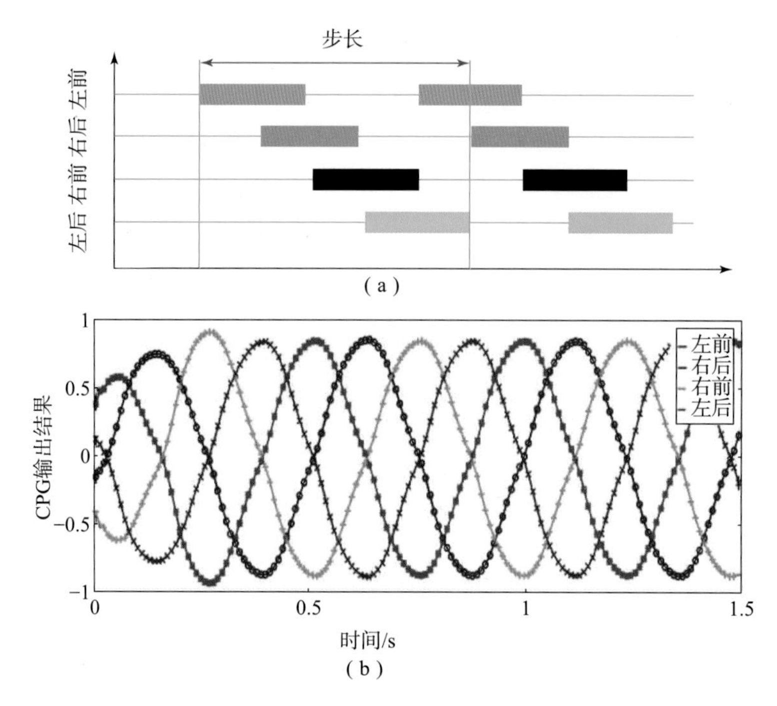

图 5－45　经参数整定后的 CPG 输出信号

（a）步态规划；（b）CPG 输出结果

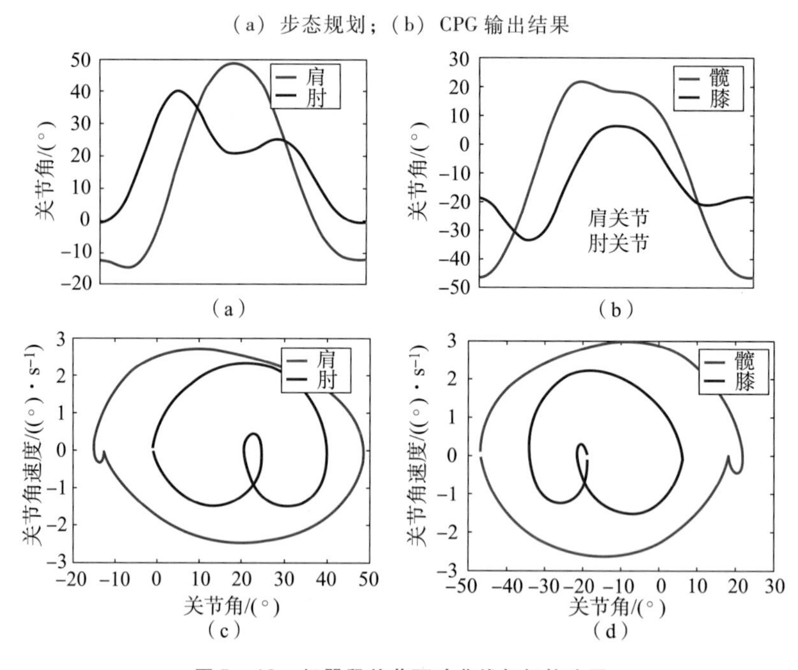

图 5－48　机器鼠关节驱动曲线与相轨迹图

（a）左前肢关节曲线；（b）左后肢关节曲线；（c）左前肢相轨迹图；（d）左后肢相轨迹图

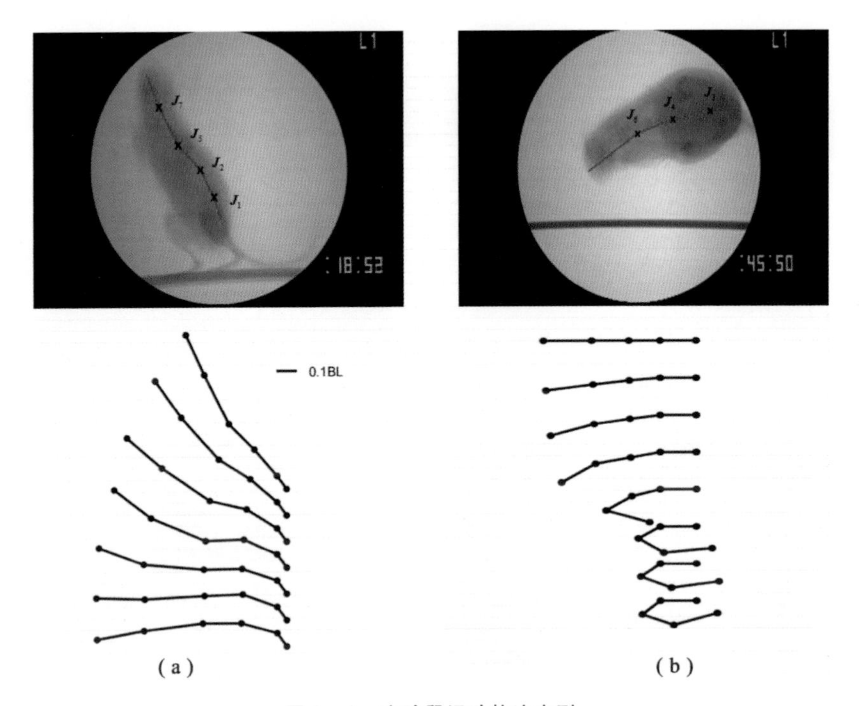

图6-1　实验鼠运动轨迹序列

（a）俯仰运动；（b）偏航运动

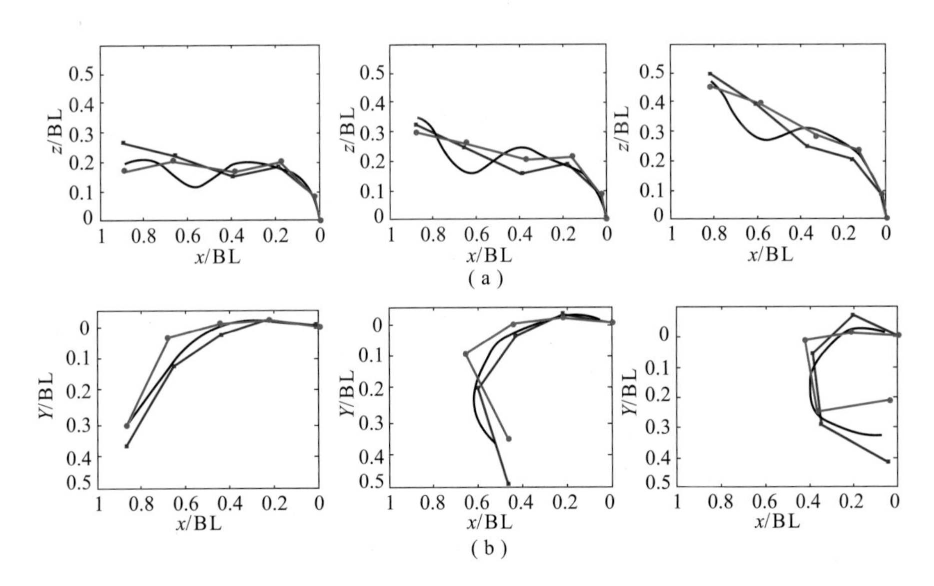

图6-2　机器鼠运动轨迹对比图

（a）俯仰运动；（b）偏航运动

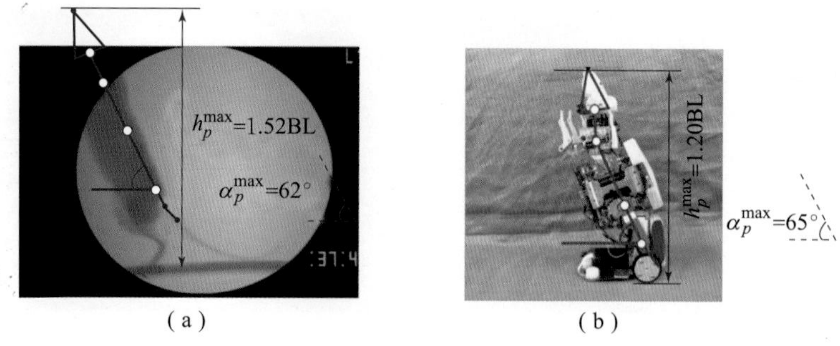

图 6－6　实验鼠与机器鼠俯仰运动参数对比

（a）实验鼠俯仰参数；（b）机器鼠俯仰参数

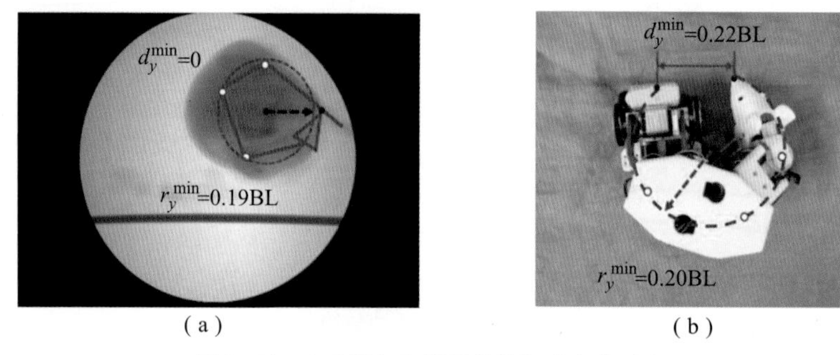

图 6－7　实验鼠与机器鼠偏航运动参数对比

（a）实验鼠偏航参数；（b）机器鼠偏航参数

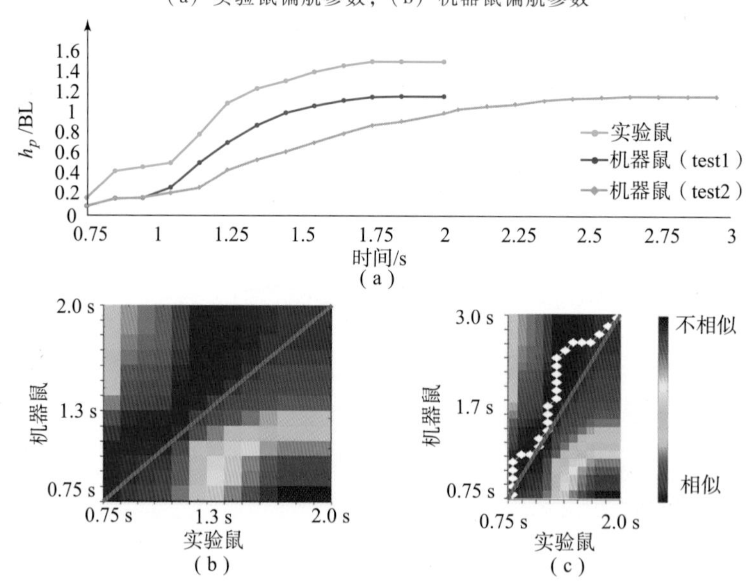

图 6－9　BP－Ⅰ动态相似度比较

（a）实验鼠与机器鼠的俯仰高度时间序列；（b）正常速度下机器鼠和实验鼠的 DTW 结果；（c）慢速下机器鼠和实验鼠的 DTW 结果

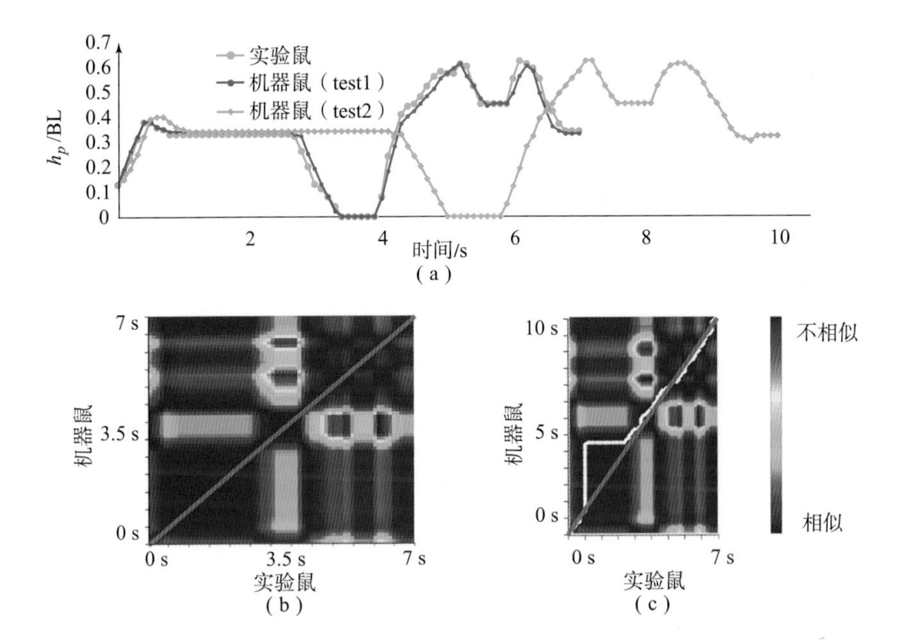

图6－10　BP－Ⅱ动态相似度比较

（a）实验鼠与机器鼠的俯仰高度时间序列；（b）正常速度下机器鼠和实验鼠的DTW结果；（c）慢速下机器鼠和实验鼠的DTW结果

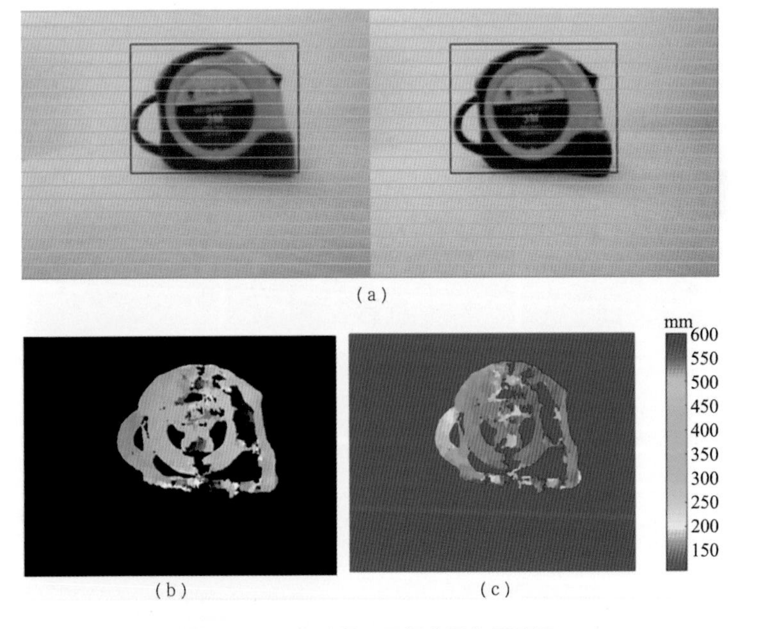

图6－11　实验鼠双目视差图与深度图

（a）被识别物体；（b）视差图；（c）根据视差图还原的深度图

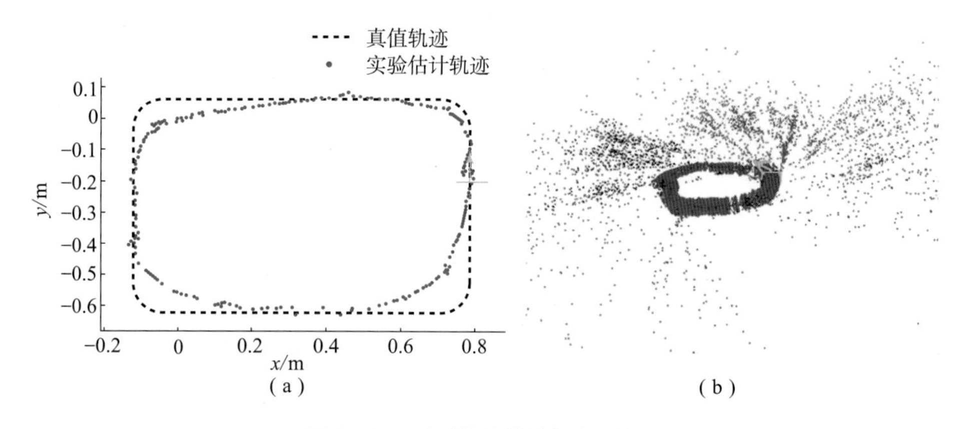

图 6－17　实时位姿估计与建图结果

（a）SLAM 轨迹与真值轨迹；（b）SLAM 构建的稀疏点云

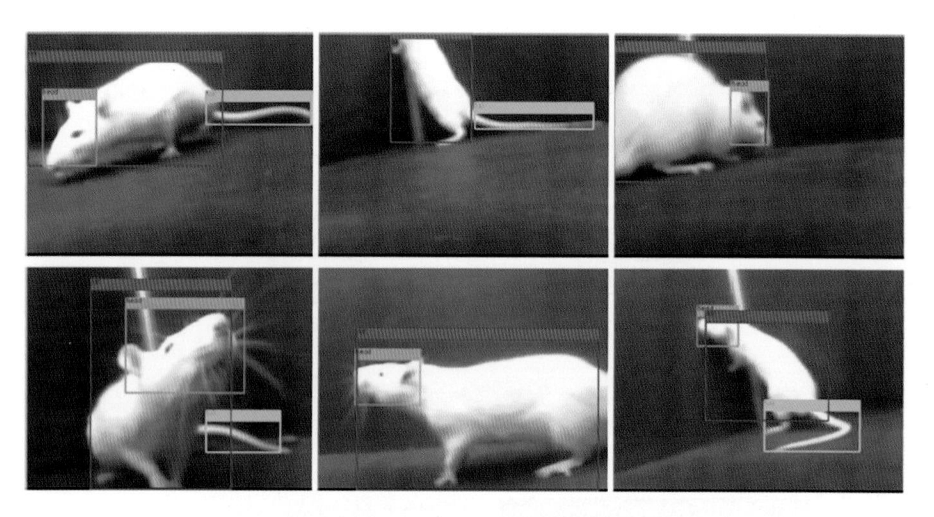

图 6－21　基于单目的目标检测结果

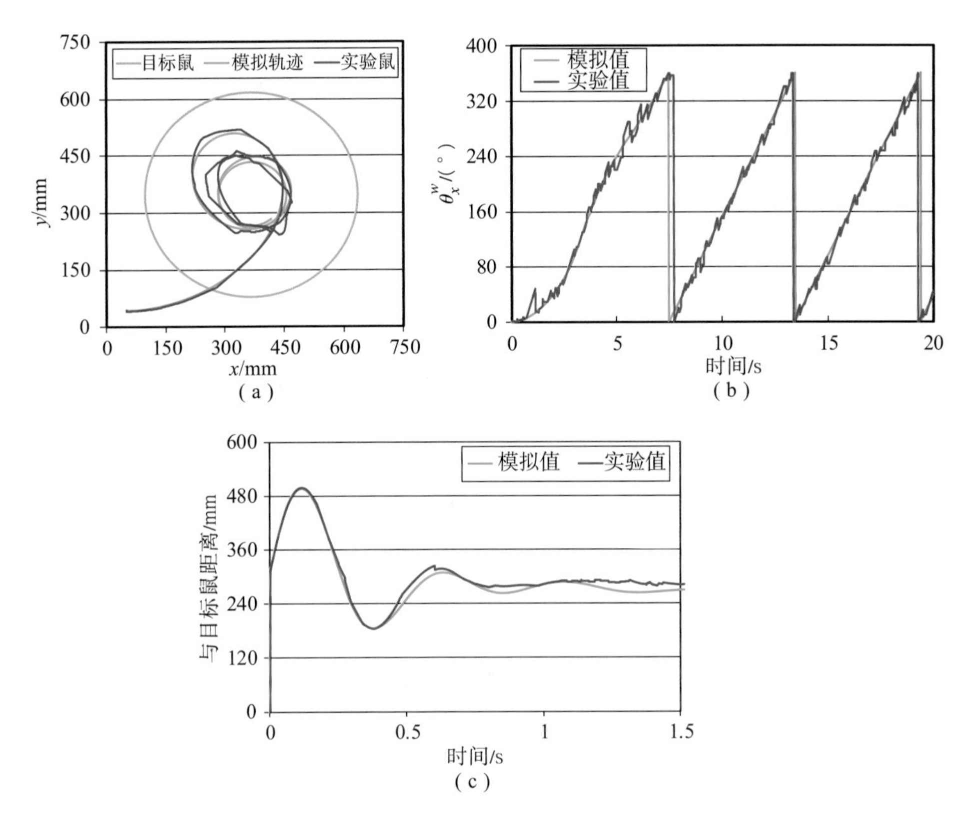

图 6-28 机器鼠行为控制仿真与实验结果

(a) 机器鼠质心轨迹；(b) 机器鼠臀部夹角 θ_w^x；(c) 机器鼠与目标鼠的距离

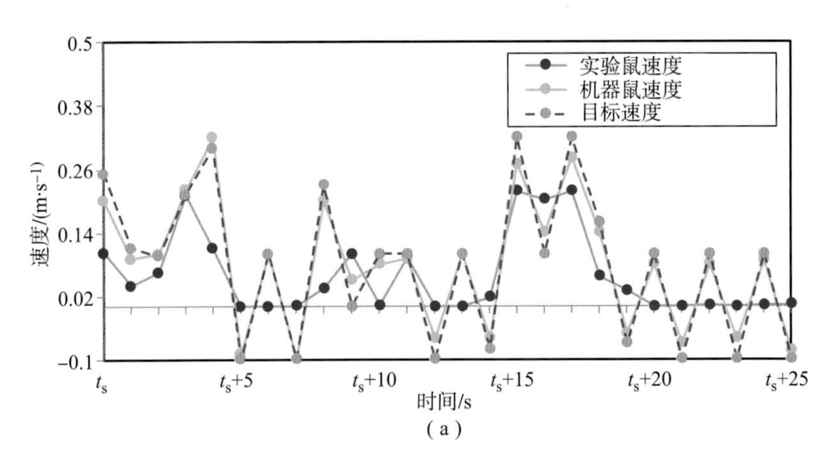

图 7-3 机器鼠和实验鼠在交互过程中的速度控制

(a) 敌对性交互

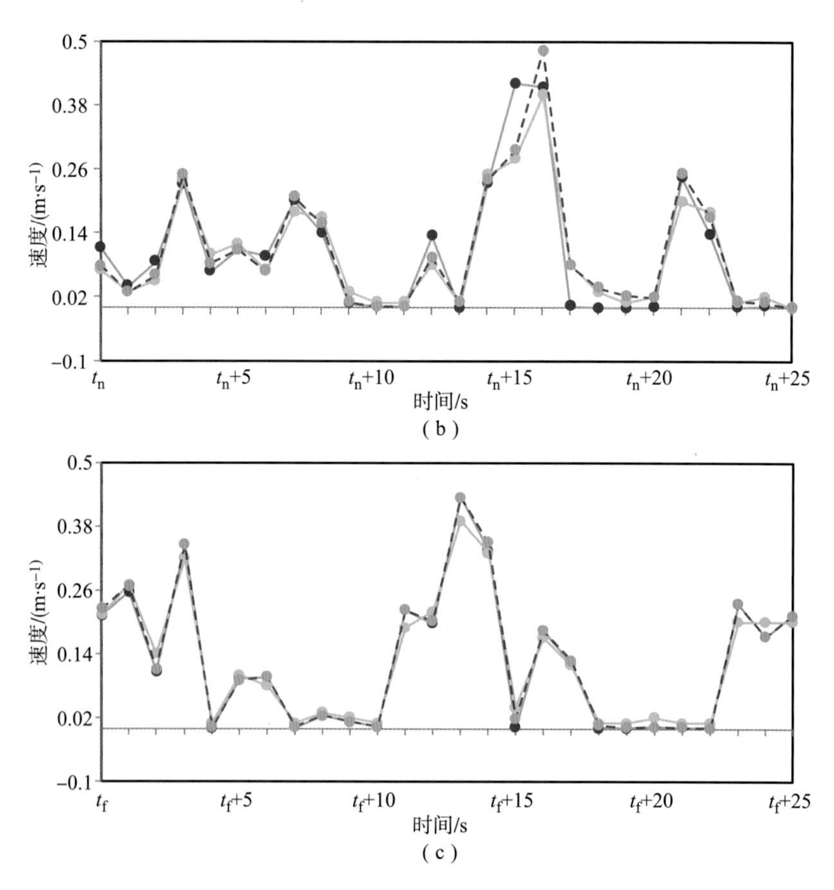

(b)

(c)

图 7－3　机器鼠和实验鼠在交互过程中的速度控制（续）

(b) 中立性交互；(c) 友好性交互

注：对于每次交互，选择一个其中实验鼠特别活跃的 25 s 片段。

$t_s/t_n/t_f$ 是指敌对性/中立性/友好性交互中的瞬时时刻。

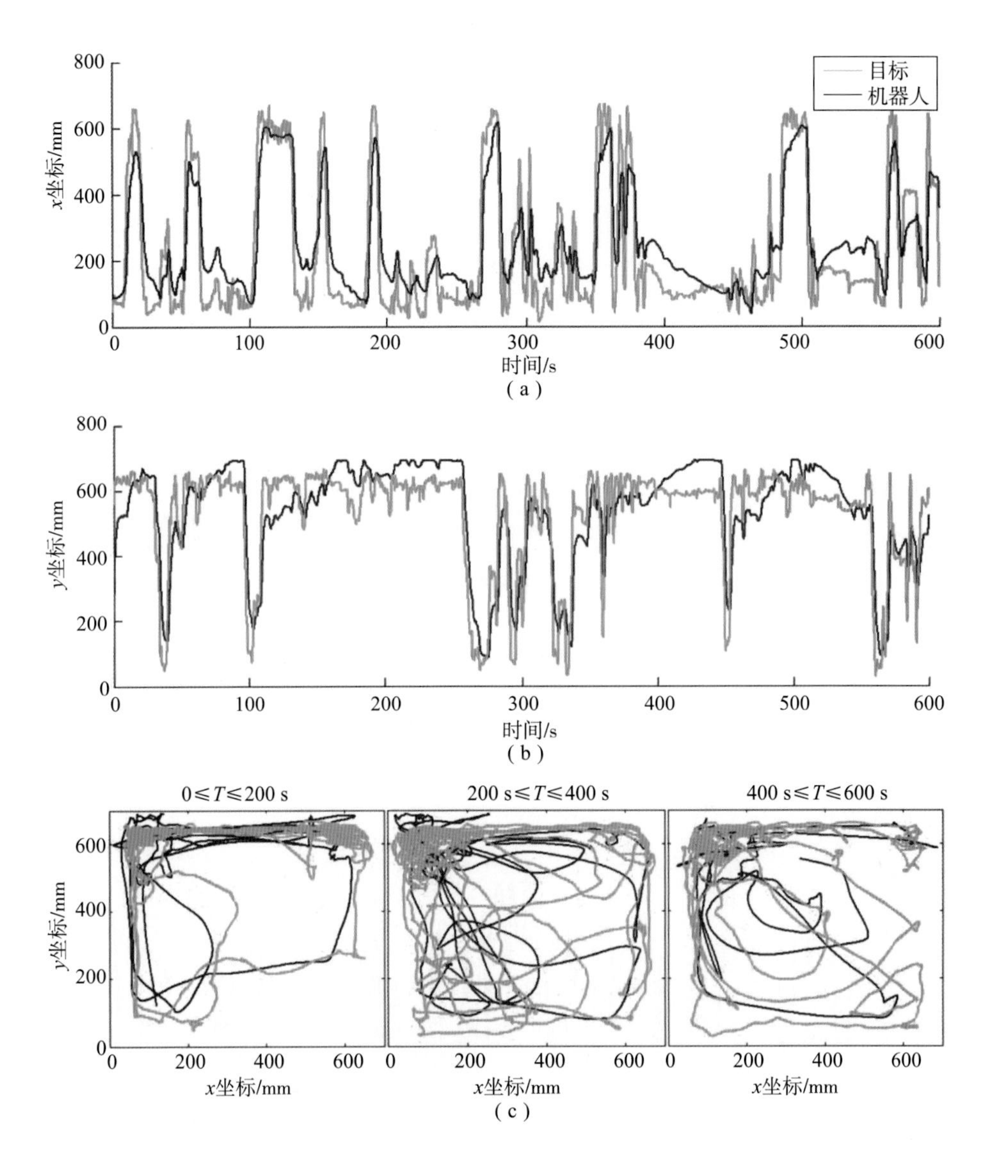

图 7－9　在多鼠交互过程中，机器鼠对目标鼠的跟踪性能

(a) x 相对于时间的坐标；(b) y 相对于时间的坐标；

(c) 机器鼠和目标鼠的 $x-y$ 平面轨迹

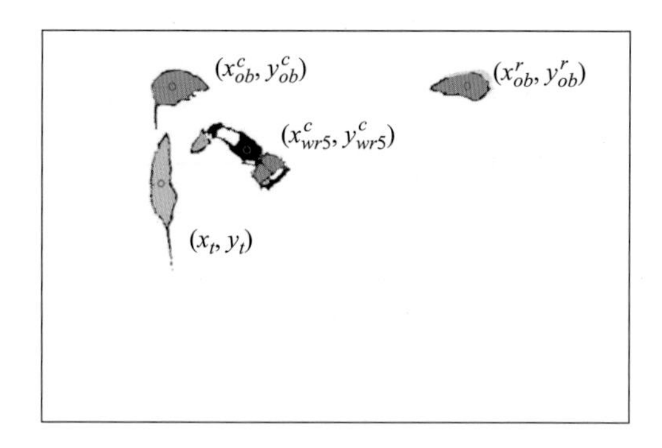

图 7－10　利用图像分割技术提取了机器鼠和
3 只实验鼠的轮廓

x_{wr5}^c，y_{wr5}^c—机器鼠的质心坐标；x_t，y_t—目标鼠的质心坐标；
x_{ab}^c，y_{ab}^c和 x_{ob}^c，y_{ob}^c—旁观鼠的质心坐标

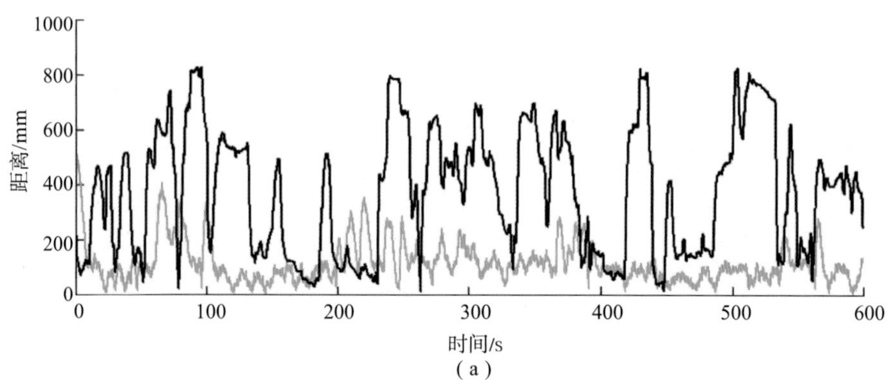

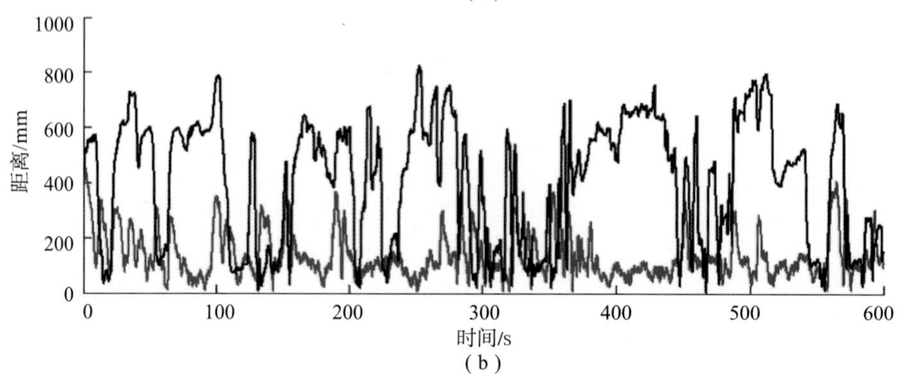

图 7－13　交互过程中旁观鼠和机器鼠之间的距离

(a) LE 组青色实验鼠和机器鼠交互实验中，在第一天（黑线）和
最后一天（蓝线）的测量距离；(b) LE 组红色实验鼠和机器鼠交互实验中，
在第一天（黑线）和最后一天（红线）的测量距离